国家自然科学基金(No. 40702041、No. 41572335)
中央高校基本科研业务费专项资金(No. CUG120505)　联合资助

地热系统来源典型有害组分的
阴离子黏土处理

郭清海　曹耀武　余正艳　天　娇　张　寅　著

科学出版社

北　京

内 容 简 介

来源于深部地热系统的氟、砷、硼等典型有害物质在环境中的迁移和蓄积是当前需要高度重视的环境问题。本书分析了上述有害物质的存在形态和环境效应，并有针对性地选择羟镁铝石、水滑石、水铝钙石、水氯铁镁石等阴离子黏土为材料，开展了去除水溶液中氟、砷、硼的系统实验研究。在此基础上，基于最佳阴离子黏土组合，对不同水化学类型地热流体和增强型地热系统返排液中的上述有害组分进行了有效处理。

本书可供环境工程学、水文化学、地热学、水文水资源学、应用化学等领域的相关科研人员、管理人员和高校师生参考。

图书在版编目(CIP)数据

地热系统来源典型有害组分的阴离子黏土处理／郭清海等著. —北京：科学出版社，2017.6

ISBN 978-7-03-053592-4

Ⅰ.①地… Ⅱ.①郭… Ⅲ.①地热系统–黏土–阴离子–离子交换 Ⅳ.①P314.2

中国版本图书馆 CIP 数据核字(2017)第 132037 号

责任编辑：霍志国／责任校对：张小霞
责任印制：张　伟／封面设计：东方人华

科 学 出 版 社 出版
北京东黄城根北街 16 号
邮政编码：100717
http://www.sciencep.com

北京建宏印刷有限公司 印刷
科学出版社发行　各地新华书店经销

*

2017 年 6 月第 一 版　开本：720×1000　B5
2018 年 1 月第二次印刷　印张：13
字数：260 000

定价：88.00 元
(如有印装质量问题，我社负责调换)

前　　言

当前,人类社会进入前所未有的高速发展时代,能源问题成为人类不能回避的重大课题。由于煤炭、石油、天然气等化石能源迅速消耗,所产生的温室气体使全球气候变化日益加剧,世界范围内生态环境不断恶化,社会可持续发展受到严重威胁。严峻的能源形势与全球环境问题促使世界各国努力寻求新的替代能源以构建多元化能源结构,开发洁净的可再生能源已成为世界经济可持续发展的迫切需要。地热能作为一种可再生的新清洁能源日渐受到重视,其开发利用正成为全球热点。目前全球范围内约 80 个国家利用地热能,利用方式包括发电和直接利用。

作为地热能所赋存的地质场所,地热系统可分为水热型地热系统、干热岩型地热系统和岩浆型地热系统。水热型地热能的埋藏深度一般小于 3 km,以地下水或地下蒸汽为载体;干热岩型地热能赋存于裂隙不发育,因而基本不含水的岩层,需通过储层激发的方式加以利用;岩浆型地热能则指赋存于未冷凝岩浆中的热能,埋藏深度大,在当前经济技术条件下人类还不具备开采能力。此外,对于目前利用热泵技术所提取的赋存于地下几百米浅的能量,由于其来源不仅包括传导自地球内部的热能,还包括太阳辐射,因此在狭义上并不完全属于地热能的范畴。

我国是世界能源生产和消费大国,随着经济和社会的不断发展,能源需求持续增长,开发利用可再生新能源的重要性也日益凸显。我国同时也是具有丰富地热能的国家,各种类型的地热能广泛分布,且几乎每个省级行政区都存在地表地热显示。加强地热能开发利用,对于我国能源结构优化有重要意义。然而,在地热能的开发利用过程中,地热来源有害组分向环境的排放是制约其利用水平和程度的重要因素之一。此外,即便在未开发利用条件下,也不乏因地热流体的天然排泄(以热泉的形式)而引发的环境问题。这样,对地热系统来源有害组分施以有效处理,以避免其负面环境效应及其形成的人类健康风险,是当前地热研究者和开发利用部门需要面对的重大课题。鉴于来源于地热系统的典型有害组分(如氟、砷、硼、硫酸盐、氯化物等)在液相中往往以阴离子形式存在,本研究以阴离子黏土为材料,系统开展了去除水溶液中氟、砷、硼等有害组分的实验研究,并在此基础上对不同水化学类型地热流体以及增强型地热系统返排液中的上述有害组分进行了同时、高效处理。

全书共 7 章。第 1 章对地热系统来源的典型有害组分(氟、砷、硼)进行了概述(由郭清海执笔);第 2 章介绍了阴离子黏土的主要性质、合成方法及其在水处理领域的应用进展(由曹耀武、天娇、郭清海执笔);第3、4、5章为不同类型阴离子黏土去除水溶液中氟、砷、硼的系统实验研究(第3章由郭清海、天娇执笔,第4章由曹耀武、天娇、郭清海执笔,第5章由郭清海、张寅、曹耀武执笔);第6、7章分别为阴离子黏土在处理天然地热流体和增强型地热系统返排液中有害组分方面的应用(由余正艳、郭清海、曹耀武执笔)。郭清海负责前言、结论撰写和全书统稿工作。研究生赵倩、庄亚芹、王敏黛、刘明亮、张晓博、李洁祥、周超等参加了部分室内实验工作和野外样品采集工作。本书相关研究得到国家自然科学基金(No. 40702041、No. 41572335)和中央高校基本科研业务费专项资金(No. CUG120505)的联合资助,特此致谢。

作者谨记

2017 年 5 月于武汉南望山麓

目　　录

第1章　环境中来源于地热系统的典型有害组分

1.1　天然地热流体中的典型有害组分

　　氟、砷、硼是环境中危害性非常大的物质。高氟或高砷环境人群经各种途径长期摄入过量氟化物或砷化物后可导致不同程度的人体病变：氟中毒不仅影响骨骼和牙齿，而且累及心血管、中枢神经、消化、内分泌、皮肤等多种器官（刘鸿德和曹学义，1981；Teotia and Teotia，1988）；砷中毒则以皮肤病变、消化系统紊乱、神经衰弱乃至器官癌变为主要特征（林年丰，1991；王连方，1997；Wang et al.，2010）。高剂量硼同样对动植物生长和人类健康有不良影响：摄入高浓度的硼可影响动物受孕与妊娠；植物实验则表明当土壤中的硼酸盐含量异常高时，可导致植被覆盖率大幅度下降，甚至完全没有植被（Dotsika et al.，2006）。然而，地质环境中氟、砷、硼含量天然异常在世界范围内非常普遍，原生高氟和高砷地下水分布区居民罹患地方性氟中毒和砷中毒的情况更已屡见于国内外文献（数量庞大，在此不赘引）。

　　鉴于高氟、高砷、高硼地质环境对人类健康的巨大威胁，大量研究集中于与环境中氟、砷、硼的来源有关的天然过程，如火山活动，地表岩石风化，地下水系统中含氟、砷、硼矿物的溶解，甚至大气沉降（文献数量庞大，在此不赘引）。然而，来源于地热系统的氟、砷、硼近年来虽时见于文献讨论（张天华和黄琼中，1997；Guo et al.，2008b；Zhang et al.，2008；Guo，2012），但总体来看远未得到足够的重视。对于具有岩浆热源的地热流体，其中的氟、砷、硼很可能主要来自于深部岩浆房逐渐冷却过程中分异出来的挥发性物质。具体而言，岩浆的不混溶性导致其往往由硅酸盐熔浆、富氯卤水和低密度气体组成，因而热田深部充作热源的岩浆在冷却和结晶过程中，将析出以 H_2O、CO_2、S 和 Cl 为主且可能富含氟、砷、硼等多种元素的多组分强酸性流体（Candela and Holland，1984；Shinohara，1994；Harris et al.，2003；Fulignati et al.，2011），并在升流过程中通过强烈溶解热储岩石而进一步改变其地球化学特征；虽然热储内的水热蚀变过程将导致地热流体中包括氟、砷、硼在内的组分以蚀变矿物的形式发生不同程度的沉淀，但与水化学组成主要受环境温度下水–岩相互作用控制的地下冷水系统相比，地热流体仍常具有氟、砷、硼含量非常高的特点，且往往同时富集以上元素。例如，美国黄石国家公园（Yellowstone）水热系统 Tantalus 河谷中热泉的氟、砷、硼含量分别为 5.3 mg/L、1.50 mg/L、7.6 mg/L

表 1.1　西藏和云南部分水热区地热流体样品的地球化学组成

样品编号	采样位置	采样时间	采样温度(℃)	pH	F (mg/L)	As (mg/L)	B (mg/L)	Na (mg/L)	K (mg/L)	Ca (mg/L)	Mg (mg/L)	Li (mg/L)	Rb (mg/L)	Cs (mg/L)	HCO$_3^-$ (mg/L)	CO$_3^{2-}$ (mg/L)	SO$_4^{2-}$ (mg/L)	Cl (mg/L)	SiO$_2$ (mg/L)	Al (mg/L)	Fe (mg/L)	硫化物 (mg/L)	TDS (mg/L)
ZK04	西藏羊八井	2006/6/18	106.9	8.35	19.1	3.03	42.8	290.4	38.1	4.5	0.25	6.20	n.a.	n.a.	156	1.5	57	504	162	0.25	0.14	n.a.	1142
ZK05	西藏羊八井	2006/6/18	110.4	8.34	19.6	3.12	58.7	300.2	38.6	4.7	0.23	6.40	n.a.	n.a.	164	1.5	58	514	166	0.26	0.10	n.a.	1172
ZK302	西藏羊八井	2006/6/19	108.8	9.49	18.5	2.99	53.6	303.2	41.6	3.6	0.20	6.70	n.a.	n.a.	151	25.1	60	560	171	0.24	0.10	n.a.	1248
ZK329	西藏羊八井	2006/6/19	108.8	9.72	18.5	2.86	47.4	293.5	39.7	4.1	0.21	6.30	n.a.	n.a.	175	26.6	58	507	166	0.23	0.13	n.a.	1190
ZK355	西藏羊八井	2006/6/19	110.4	8.36	19.4	3.03	52.6	306.4	41.8	3.9	0.20	6.50	n.a.	n.a.	184	1.6	60	547	169	0.24	0.10	n.a.	1229
ZK357	西藏羊八井	2006/6/18	104.8	8.21	17.9	2.92	56.0	281.8	36.3	4.2	0.22	6.10	n.a.	n.a.	178	1.2	56	518	161	0.24	0.10	n.a.	1154
ZK359	西藏羊八井	2006/6/19	110.4	9.57	19.2	3.00	55.9	308.1	42.7	4.6	0.28	6.90	n.a.	n.a.	160	25.7	59	513	172	0.22	0.14	n.a.	1213
ZK4001	西藏羊八井	2007/8/25	155.0	6.37	28.5	6.82	165	785.4	153.9	1.6	0.02	17.42	n.a.	n.a.	385	0.6	29	1073	739	1.41	1.32	n.a.	2995
YYT01	西藏羊易	2007/8/27	84.0	9.19	20.4	1.95	40.8	374.2	24.0	3.8	0.95	7.78	n.a.	n.a.	179	100.2	225	169	218	1.08	2.87	n.a.	1217
YYT02	西藏羊易	2007/8/27	79.0	9.21	21.6	2.01	42.4	430.0	25.0	1.4	0.87	8.41	n.a.	n.a.	223	119.0	245	175	216	0.48	1.33	n.a.	1334
YYT03	西藏羊易	2007/8/27	86.0	9.42	22.7	2.14	44.6	432.8	29.3	1.1	1.06	9.11	n.a.	n.a.	148	152.2	253	182	226	0.04	0.03	n.a.	1361
YYT04	西藏羊易	2007/8/27	88.0	9.12	22.3	1.97	41.4	439.8	24.7	1.5	0.97	8.50	n.a.	n.a.	242	126.9	242	174	211	0.56	1.25	n.a.	1352
YYT05	西藏羊易	2007/8/27	84.0	8.03	13.1	1.67	38.5	398.0	19.9	18.7	1.16	5.74	n.a.	n.a.	515	24.7	224	161	94	n.a.	0.27	n.a.	1206
YYT06	西藏羊易	2007/8/27	89.0	7.96	20.5	2.06	45.5	489.6	56.5	6.5	0.96	10.46	n.a.	n.a.	645	28.7	255	182	377	0.74	0.05	n.a.	1731
YYT07	西藏羊易	2007/8/27	84.0	7.93	20.0	2.08	44.0	478.8	50.6	6.6	0.94	9.51	n.a.	n.a.	639	23.5	247	180	350	0.63	0.37	n.a.	1668
YYT08	西藏羊易	2007/8/27	86.0	8.02	13.0	2.11	45.7	597.0	41.2	25.8	0.95	6.64	n.a.	n.a.	815	51.1	255	185	195	0.32	1.02	n.a.	1766
MZGKT01	西藏日多	2008/7/22	79.1	6.43	1.2	2.15	1.69	300.1	26.9	73.8	3.94	2.25	n.a.	n.a.	452	0.8	282	165	43	0.31	1.52	n.a.	1126
NMT01	西藏续迈	2008/7/17	65.2	8.03	5.6	0.45	28.4	148.2	7.9	10.5	0.48	1.91	n.a.	n.a.	99	2.1	138	89	55	0.15	0.14	n.a.	503
XTMT01	西藏湖通门	2008/7/20	62.0	6.44	0.0	2.99	109	576.6	29.8	125.1	8.59	26.37	n.a.	n.a.	655	1.1	151	797	71	0.06	0.54	n.a.	2115

续表

样品编号	采样位置	采样时间	温度 (℃)	pH	F (mg/L)	As (mg/L)	B (mg/L)	Na (mg/L)	K (mg/L)	Ca (mg/L)	Mg (mg/L)	Li (mg/L)	Rb (mg/L)	Cs (mg/L)	HCO_3^- (mg/L)	CO_3^{2-} (mg/L)	SO_4^{2-} (mg/L)	Cl (mg/L)	SiO_2 (mg/L)	Al (mg/L)	Fe (mg/L)	硫化物 (mg/L)	TDS (mg/L)
XTMT02	西藏卡嘎	2008/7/20	31.6	9.11	7.0	0.24	2.30	104.6	3.3	22.9	1.47	0.26	n.a.	n.a.	130	17.3	82	35	26	0.24	0.35	n.a.	358
XTMT03	西藏卡嘎	2008/7/20	49.7	8.86	10.2	0.34	1.81	104.5	1.8	3.4	0.16	0.28	n.a.	n.a.	88	6.9	77	31	31	0.07	0.05	n.a.	300
XTMT04	西藏卡嘎	2008/7/20	58.8	8.77	10.3	0.34	1.44	105.8	1.6	2.9	0.07	0.28	n.a.	n.a.	89	6.7	77	31	31	0.05	0.03	n.a.	301
XTMT05	西藏卡嘎	2008/7/20	53.5	8.91	10.3	0.33	1.02	106.3	1.7	5.7	0.19	0.27	n.a.	n.a.	90	9.0	78	32	31	0.19	0.21	n.a.	310
XTMT06	西藏卡嘎	2008/7/20	52.9	8.79	10.4	0.32	0.62	103.4	1.2	3.0	0.07	0.25	n.a.	n.a.	86	6.1	77	31	26	0.06	0.03	n.a.	291
DX01	西藏宁中	2016/8/5	67.0	7.88	8.0	2.46	34.9	678.6	111.1	172.9	7.62	8.93	n.a.	n.a.	719	6.9	220	500	127	0.18	0.94	0.07	1571
QC01	西藏曲才	2016/8/5	74.2	7.06	3.6	1.30	24.4	331.5	92.9	173.9	9.44	9.83	n.a.	n.a.	471	0.7	17	439	75	1.76	0.44	0.00	1049
QC03	西藏曲才	2016/8/5	61.4	6.87	3.5	1.19	20.7	333.0	94.7	157.8	9.53	10.07	n.a.	n.a.	467	0.4	17	444	71	1.48	0.35	0.00	1123
QC04	西藏曲才	2016/8/5	69.5	6.80	3.5	1.29	18.6	359.7	81.0	96.2	9.37	9.68	n.a.	n.a.	479	0.4	17	423	67	0.14	0.08	0.02	1064
QC05	西藏曲才	2016/8/5	40.8	6.99	3.1	0.64	15.8	266.2	82.3	148.0	10.58	8.19	n.a.	n.a.	591	0.5	16	357	49	0.57	0.30	0.02	926
DCJ00	西藏打加	2016/8/8	79.3	8.59	24.5	9.16	102	453.9	52.9	43.1	1.34	5.56	n.a.	n.a.	394	18.0	86	155	295	0.31	0.15	0.15	918
DCJ01	西藏打加	2016/8/8	79.5	8.24	24.1	9.00	100	440.1	52.1	39.4	1.30	5.60	n.a.	n.a.	506	10.3	83	153	293	0.27	0.16	0.09	935
DCJ02	西藏打加	2016/8/8	36.7	3.00	0.4	0.33	1.16	6.3	3.7	9.6	0.90	0.16	n.a.	n.a.	0	0.0	105	2	182	0.77	2.03	0.00	216
DCJ03	西藏打加	2016/8/8	69.1	4.46	0.2	0.05	1.09	8.4	2.4	20.2	1.32	0.07	n.a.	n.a.	0	0.0	145	1	67	0.13	0.08	0.04	190
DCJ04	西藏打加	2016/8/8	80.1	7.40	24.8	8.32	93.9	409.5	51.2	42.7	1.66	5.43	n.a.	n.a.	680	2.0	92	154	295	0.26	0.18	0.07	937
DCJ05	西藏打加	2016/8/8	78.9	8.25	26.3	9.69	107	482.4	56.9	33.9	0.65	6.06	n.a.	n.a.	536	11.3	90	162	359	0.36	0.22	0.13	982
DCJ06	西藏打加	2016/8/8	74.1	6.96	24.7	8.98	100	432.3	53.7	26.0	0.93	5.59	n.a.	n.a.	671	0.7	87	152	321	0.17	0.10	0.15	939
DCJ07	西藏打加	2016/8/8	82.1	6.97	24.1	8.96	103	451.2	53.0	23.5	0.77	6.01	n.a.	n.a.	697	0.8	88	149	325	0.19	0.15	0.11	909
DCJ08	西藏打加	2016/8/8	75.5	6.92	24.8	8.92	98.8	436.5	51.2	7.2	0.26	5.72	n.a.	n.a.	742	0.7	85	155	324	0.13	0.03	0.09	978

续表

样品编号	采样位置	采样时间	采样温度(℃)	pH	F (mg/L)	As (mg/L)	B (mg/L)	Na (mg/L)	K (mg/L)	Ca (mg/L)	Mg (mg/L)	Li (mg/L)	Rb (mg/L)	Cs (mg/L)	HCO₃⁻ (mg/L)	CO₃²⁻ (mg/L)	SO₄²⁻ (mg/L)	Cl (mg/L)	SiO₂ (mg/L)	Al (mg/L)	Fe (mg/L)	硫化物 (mg/L)	TDS (mg/L)
DCJ09	西藏打加	2016/8/8	41.5	6.90	26.2	8.87	97.7	411.0	43.9	21.1	0.58	5.16	n.a.	n.a.	663	0.5	76	148	259	0.08	0.09	0.20	823
DCJ10	西藏打加	2016/8/9	81.9	7.35	24.9	8.70	102	442.8	54.2	34.0	1.31	5.78	n.a.	n.a.	671	1.8	84	154	299	0.30	0.20	0.49	983
DCJ11	西藏打加	2016/8/9	79.9	6.99	25.8	9.10	101	445.5	52.1	15.2	0.38	5.67	n.a.	n.a.	735	0.8	87	159	329	0.26	0.08	0.26	964
DCJ12	西藏打加	2016/8/9	77.8	7.00	21.7	8.66	96.8	407.7	46.0	6.1	0.24	5.24	n.a.	n.a.	651	0.7	78	145	270	0.01	0.01	0.15	885
DCJ13	西藏打加	2016/8/9	80.2	5.31	18.5	6.60	72.5	309.3	35.9	8.6	0.29	5.52	n.a.	n.a.	600	0.0	66	118	221	0.01	0.07	0.12	736
SM01	西藏色米	2016/8/10	85.9	n.a.	6.9	6.87	122	227.6	45.5	308.6	21.14	5.87	n.a.	n.a.	26	0.0	860	173	226	n.a.	0.15	0.06	1109
SM02	西藏色米	2016/8/10	79.5	n.a.	5.4	7.07	130	239.5	47.3	311.2	17.5	5.77	n.a.	n.a.	5	0.0	1217	132	209	n.a.	0.72	0.20	1305
SM04	西藏色米	2016/8/10	84.9	n.a.	19.0	11.28	526	945.5	161.8	15.8	1.38	35.49	n.a.	n.a.	189	7.4	29	752	498	0.00	0.21	2.95	2050
QZM-A1	西藏曲卓木	2016/8/15	64.6	6.50	1.9	0.08	26.6	170.3	32.7	264.2	21.58	3.12	n.a.	n.a.	411	0.2	345	209	53	n.a.	2.57	0.00	934
QZM-A2	西藏曲卓木	2016/8/15	63.1	6.80	2.2	0.10	25.2	182.3	35.4	246.2	21.41	3.81	n.a.	n.a.	430	0.3	385	201	62	0.38	1.38	0.00	989
QZM-A3	西藏曲卓木	2016/8/15	62.9	7.00	2.2	0.08	25.8	181.8	35.5	246.7	21.60	3.88	n.a.	n.a.	434	0.5	384	208	61	0.15	1.20	0.02	966
QZM-B1	西藏曲卓木	2016/8/15	56.9	7.00	2.3	0.10	21.9	195.2	33.6	236.3	26.13	3.79	n.a.	n.a.	455	0.5	430	174	63	0.19	0.13	0.00	986
QZM-B2	西藏曲卓木	2016/8/15	76.9	7.00	2.5	0.05	30.7	237.8	36.4	295.6	21.70	3.84	n.a.	n.a.	436	0.5	439	245	77	n.a.	0.83	0.00	1088
QZM-B3	西藏曲卓木	2016/8/15	63.0	7.00	2.8	0.06	26.7	228.4	39.5	219.1	20.82	3.84	n.a.	n.a.	422	0.5	439	256	67	n.a.	0.04	0.00	1097
QZM-B4	西藏曲卓木	2016/8/15	60.3	7.00	2.8	0.07	33.0	239.3	38.4	285.8	21.98	3.72	n.a.	n.a.	428	0.5	436	278	70	n.a.	0.05	0.00	1133
QZM-B5	西藏曲卓木	2016/8/15	76.2	6.80	2.7	0.08	34.1	222.8	42.6	330.0	21.19	4.11	n.a.	n.a.	508	0.4	438	304	69	n.a.	0.31	0.01	1241
QZM-C1	西藏曲卓木	2016/8/15	75.2	7.00	2.6	0.14	35.1	207.4	43.1	314.9	21.89	4.12	n.a.	n.a.	569	0.7	387	309	61	n.a.	1.13	0.01	1230
QZM-D1	西藏曲卓木	2016/8/15	66.0	6.50	2.9	0.10	40.6	263.1	47.6	239.5	19.79	4.86	n.a.	n.a.	448	0.2	363	383	71	n.a.	0.44	0.03	1255
QZM-D2	西藏曲卓木	2016/8/15	74.9	7.50	2.8	0.19	44.6	285.9	50.0	290.8	20.14	5.31	n.a.	n.a.	505	2.0	362	385	74	n.a.	0.31	0.04	1296

续表

样品编号	采样位置	采样时间	采样温度(℃)	pH	F(mg/L)	As(mg/L)	B(mg/L)	Na(mg/L)	K(mg/L)	Ca(mg/L)	Mg(mg/L)	Li(mg/L)	Rb(mg/L)	Cs(mg/L)	HCO_3^-(mg/L)	CO_3^{2-}(mg/L)	SO_4^{2-}(mg/L)	Cl(mg/L)	SiO_2(mg/L)	Al(mg/L)	Fe(mg/L)	硫化物(mg/L)	TDS(mg/L)
GD01	西藏古堆	2016/8/16	41.7	6.50	9.8	2.19	79.4	513.0	79.6	16.9	0.57	14.85	n.a.	n.a.	360	0.1	169	558	100	n.a.	0.04	0.00	1310
GD02	西藏古堆	2016/8/16	70.9	7.00	9.7	1.55	95.9	667.2	91.1	54.7	4.43	19.09	n.a.	n.a.	759	1.0	164	648	171	n.a.	0.12	0.29	1831
GD03	西藏古堆	2016/8/16	78.4	8.00	11.7	3.03	118	798.3	105.0	55.6	1.13	21.36	n.a.	n.a.	492	6.5	173	727	356	0.22	0.24	0.18	1882
BLZ01	云南龙陵邦腊掌	2013/5/23	97.0	8.54	24.3	0.14	3.56	204.8	15.9	2.7	0.07	2.51	0.320	0.64	359	26.0	63	35	124	0.25	0.06	3.50	655
BLZ02	云南龙陵邦腊掌	2013/5/23	72.6	8.15	27.0	0.16	3.51	182.0	14.0	4.3	0.38	2.34	0.300	0.63	352	9.9	93	33	117	0.17	0.02	1.50	633
BLZ03	云南龙陵邦腊掌	2013/5/23	62.9	7.29	18.6	0.07	2.52	173.4	16.7	23.5	2.50	2.47	0.330	0.61	420	2.0	142	29	106	0.24	0.10	0.00	709
BLZ04	云南龙陵邦腊掌	2013/5/24	66.5	8.10	16.0	0.07	2.31	135.6	10.5	2.0	0.09	1.56	0.220	0.43	307.9	5.9	59.4	28.3	85	0.12	0.01	2.75	483
BLZ05	云南龙陵邦腊掌	2013/5/24	52.0	8.67	24.9	0.12	3.60	213.7	14.2	1.2	0.05	2.98	0.290	0.58	440.7	27.1	72.3	32.9	120	0.13	0.01	4.80	705
BLZ06	云南龙陵邦腊掌	2013/5/24	94.4	8.48	25.4	0.09	3.58	212.9	16.3	1.4	0.09	2.80	0.330	0.64	417.5	36.0	72.0	33.2	125	0.42	0.12	8.75	710
BLZ07	云南龙陵邦腊掌	2013/5/24	77.1	7.62	24.7	0.09	3.50	192.1	17.5	2.9	0.12	2.65	0.370	0.76	463.8	4.2	66.8	32.4	126	0.67	0.16	5.00	678
BLZ08	云南龙陵邦腊掌	2013/5/24	60.5	6.55	6.1	0.02	0.86	59.8	6.1	9.0	1.18	0.66	0.110	0.21	194.7	0.1	21.6	7.1	56	0.00	0.18	0.00	260
BLZ09	云南龙陵邦腊掌	2013/5/24	85.8	7.61	24.5	0.11	3.55	209.1	16.1	7.2	0.41	2.93	0.350	0.71	432.2	5.2	115.2	33.1	117	2.42	0.95	5.25	726
BLZ10	云南龙陵邦腊掌	2013/5/24	23.9	8.37	0.6	0.00	0.10	13.1	2.3	22.2	2.81	0.04	0.010	0.02	116.2	2.3	7.7	5.2	15	0.36	0.21	0.00	129
BLZ11	云南龙陵邦腊掌	2013/5/25	82.4	7.97	23.6	0.14	3.31	186.7	17.2	2.5	0.15	2.58	0.370	0.73	446.8	9.6	61.2	32.7	121	0.12	0.09	3.50	658
BLZ12	云南龙陵邦腊掌	2013/5/25	58.9	7.91	24.6	0.07	3.38	190.4	17.2	0.9	0.05	2.64	0.360	0.72	481.0	5.7	51.8	32.2	124	0.14	0.01	4.25	666
BLZ13	云南龙陵邦腊掌	2013/5/25	46.6	6.80	6.2	0.02	0.99	64.4	5.4	7.4	0.56	0.72	0.080	0.12	209.9	0.1	12.9	8.0	53	0.01	0.01	0.00	257
BLZ14	云南龙陵邦腊掌	2013/5/25	87.4	8.59	25.9	0.09	3.70	207.5	19.2	1.4	0.17	2.85	0.400	0.77	405.7	39.5	62.3	33.3	128	0.70	0.06	8.50	699
BLZ15	云南龙陵邦腊掌	2013/5/25	76.5	7.27	26.3	0.17	3.64	201.2	18.8	1.7	0.14	2.72	0.400	0.76	487.1	1.9	80.6	33.8	131	0.32	0.03	3.50	717
BLZ16	云南龙陵邦腊掌	2013/5/25	70.7	7.74	25.3	0.14	3.50	192.2	17.9	1.4	0.05	2.62	0.380	0.73	477.6	4.8	53.5	32.5	129	0.20	0.01	3.25	674

续表

样品编号	采样位置	采样时间	采样温度(℃)	pH	F(mg/L)	As(mg/L)	B(mg/L)	Na(mg/L)	K(mg/L)	Ca(mg/L)	Mg(mg/L)	Li(mg/L)	Rb(mg/L)	Cs(mg/L)	HCO₃⁻(mg/L)	CO₃²⁻(mg/L)	SO₄²⁻(mg/L)	Cl(mg/L)	SiO₂(mg/L)	Al(mg/L)	Fe(mg/L)	硫化物(mg/L)	TDS(mg/L)
BLZ17	云南龙陵邦腊掌	2013/5/25	93.3	8.09	20.5	0.10	2.90	156.3	22.8	1.9	0.20	2.11	0.35	0.64	356.0	10.8	45.0	34.6	109	0.25	0.07	5.25	562
BLZ18	云南龙陵邦腊掌	2013/5/25	73.3	7.00	8.3	0.08	3.32	182.6	17.5	6.2	1.83	2.59	0.37	0.71	465.0	1.0	28.6	25.0	114	0.19	0.03	n.a.	613
BLZ19	云南龙陵邦腊掌	2013/5/25	21.1	8.71	0.1	0.02	0.03	3.2	1.1	21.8	6.08	0.00	0.01	0.01	99.6	4.2	5.5	4.3	9	0.39	0.35	n.a.	105
BLZ20	云南龙陵邦腊掌	2013/5/25	32.8	8.70	8.1	0.02	1.42	80.6	30.6	7.4	1.53	0.61	0.56	0.55	229.8	9.8	36.3	9.3	35	0.54	0.16	n.a.	328
DHB01	云南龙陵大河坝	2013/5/24	55.2	6.95	5.8	0.04	1.62	83.5	9.1	39.3	8.22	0.68	0.11	0.22	372.3	0.9	44.9	23.3	26	0.03	0.13	0.30	422
DHB02	云南龙陵大河坝	2013/5/24	56.9	6.87	6.0	0.03	1.68	85.4	9.3	38.0	8.03	0.69	0.12	0.23	382.4	0.8	49.9	24.2	27	0.00	0.00	n.a.	434
DZL01	云南龙陵大竹林	2013/5/24	55.6	7.75	7.4	0.03	0.90	66.5	2.3	4.0	0.07	0.30	0.04	0.07	164.2	1.1	33.0	8.5	35	0.04	0.01	0.00	234
HCB01	云南龙陵黄草坝	2013/5/24	50.4	8.33	8.1	0.02	0.21	52.4	1.0	2.9	0.04	0.15	0.02	0.03	127.0	2.7	16.1	5.4	30	0.14	0.04	1.30	174
HCB02	云南龙陵黄草坝	2013/5/24	53.0	8.39	8.7	0.01	0.23	56.3	0.9	2.3	0.01	0.16	0.02	0.02	136.7	3.4	16.3	5.4	29	0.04	0.01	n.a.	182
HCB03	云南龙陵黄草坝	2013/5/24	61.0	8.23	9.0	0.01	0.23	56.7	1.1	2.2	0.03	0.17	0.02	0.03	143.0	2.7	17.7	5.7	31	0.02	0.00	1.20	189
LH01	云南梁河老澡塘	2009/7/3	82.0	8.04	12.1	0.00	0.33	118.8	3.3	3.5	0.04	0.24	0.08	0.04	205	4.4	10	20	184	0.06	0.03	n.a.	446
LH02	云南梁河龙窝	2009/7/3	97.0	7.74	7.3	0.01	0.33	112.6	3.6	8.8	0.28	0.31	0.08	0.08	161	2.8	38	13	201	0.02	0.01	n.a.	462

注:n.a.:未检测;TDS:总溶解固体。

表 1.2 西藏和云南部分水热区内受地热水排泄影响的其他天然水体的地球化学组成

样品编号	采样位置	采样时间	样品类型	采样温度(℃)	pH	F(mg/L)	As(mg/L)	B(mg/L)	Na(mg/L)	K(mg/L)	Ca(mg/L)	Mg(mg/L)	Li(mg/L)	Rb(mg/L)	Cs(mg/L)	HCO_3^-(mg/L)	CO_3^{2-}(mg/L)	SO_4^{2-}(mg/L)	Cl(mg/L)	SiO_2(mg/L)	Al(mg/L)	Fe(mg/L)	硫化物(mg/L)	TDS(mg/L)
YBJ-M-7	西藏羊八井季节性河流	2007/8/29	河水	18.1	8.30	5.31	1.047	4.59	112.6	11.9	46.6	7.64	1.62	n.a.	n.a.	178	2.9	20.8	130	37.4	5.20	3.90	n.a.	511
YBJ-S-3	西藏羊八井藏布曲	2007/8/22	河水	19.4	8.05	1.31	0.202	0.95	26.1	2.5	15.2	2.07	0.19	n.a.	n.a.	67	0.5	12.6	34.1	24.0	1.93	7.19	n.a.	166
YBJ-S-4	西藏羊八井藏布曲	2007/8/22	河水	15.3	8.63	0.46	0.037	0.12	5.3	1.0	14.8	2.08	0.02	n.a.	n.a.	49	1.2	8.7	17.9	15.3	1.73	5.54	n.a.	92
YBJ-S-5	西藏羊八井藏布曲	2007/8/22	河水	15.0	9.07	0.57	0.037	0.08	4.4	0.9	15.5	2.19	0.02	n.a.	n.a.	44	3.1	10.1	18.2	14.2	1.72	5.92	n.a.	93
YBJ-S-14	西藏羊八井藏布曲	2007/8/29	河水	20.3	8.35	1.13	0.070	0.45	22.6	1.5	24.7	3.72	0.07	n.a.	n.a.	87	1.6	17.3	24.6	17.4	2.90	6.10	n.a.	168
YBJ-S-15	西藏羊八井藏布曲	2007/8/29	河水	20.9	8.25	0.62	0.060	0.31	11.3	1.4	16.2	2.47	0.06	n.a.	n.a.	50	0.6	15.0	23.1	16.9	1.95	7.07	n.a.	116
YBJ-S-16	西藏羊八井藏布曲	2007/8/29	河水	13.1	8.40	0.61	0.051	0.09	7.2	1.0	14.4	2.18	0.04	n.a.	n.a.	56	0.8	11.4	22.1	14.7	1.47	4.75	n.a.	99
YYC-1	西藏羊易罗朗曲	2007/8/27	河水	16.0	7.62	0.32	0.020	0.72	5.0	0.5	15.6	2.51	0.01	n.a.	n.a.	60	0.2	5.0	1.9	18.4	n.a.	n.a.	n.a.	80
YYC-2	西藏羊易罗朗曲	2007/8/27	河水	13.3	7.14	0.19	0.010	0.57	4.0	0.4	12.5	1.63	0.00	n.a.	n.a.	51	0.0	3.1	1.8	10.1	n.a.	n.a.	n.a.	60

续表

样品编号	采样位置	采样时间	样品类型	采样温度(℃)	pH	F(mg/L)	As(mg/L)	B(mg/L)	Na(mg/L)	K(mg/L)	Ca(mg/L)	Mg(mg/L)	Li(mg/L)	Rb(mg/L)	Cs(mg/L)	HCO$_3^-$(mg/L)	CO$_3^{2-}$(mg/L)	SO$_4^{2-}$(mg/L)	Cl(mg/L)	SiO$_2$(mg/L)	Al(mg/L)	Fe(mg/L)	硫化物(mg/L)	TDS(mg/L)
YYC-3	西藏羊易罗朗曲	2007/8/27	河水	13.6	7.16	0.25	0.020	0.65	4.8	0.5	11.8	1.76	0.02	n.a.	n.a.	46	0.0	7.3	2.3	11.5	n.a.	n.a.	n.a.	64
YYC-4	西藏羊易罗朗曲	2007/8/27	河水	13.8	7.87	0.31	0.030	0.67	5.5	0.5	12.8	2.26	0.03	n.a.	n.a.	47	0.2	8.9	2.7	12.5	n.a.	n.a.	n.a.	70
ZTO5-201412	云南腾冲澡塘河	2014/12/3	河水	37.5	8.33	2.55	0.084	1.68	137.6	26.4	8.2	1.64	1.50	0.33	0.17	302	0.9	11.6	98.3	62.6	0.08	0.34	0.26	505
ZTO6-201412	云南腾冲澡塘河	2014/12/3	河水	20.6	8.44	1.20	0.037	0.74	60.8	11.7	10.7	2.27	0.58	0.13	0.07	132	0.4	8.7	38.7	42.4	0.08	0.42	0.06	245
ZTO7-201412	云南腾冲澡塘河	2014/12/3	河水	19.2	8.25	1.20	0.036	0.68	57.0	11.0	10.9	2.31	0.53	0.12	0.06	132	0.3	8.5	38.5	41.2	0.06	0.39	0.04	239
ZTO8-201412	云南腾冲澡塘河	2014/12/3	河水	20.7	8.29	1.26	0.031	0.69	58.0	11.3	10.7	2.28	0.57	0.13	0.06	132	0.3	8.6	39.0	41.4	0.06	0.39	n.d.	241
ZTO9-201412	云南腾冲澡塘河	2014/12/3	河水	20.2	8.62	1.60	0.046	0.87	73.2	14.3	11.8	2.58	0.67	0.15	0.07	156	0.4	10.4	51.4	46.10	0.09	0.42	n.d.	292

注：n.a.：未检测；n.d.：未检出。

（Nordstrom et al. ,2009），意大利 Phlegraean 热田的热泉为 7. 8 mg/L、1. 61 mg/L、22. 0 mg/L（Valentino and Stanzione,2003）。在我国,《西藏温泉志》（佟伟等,2000）、《横断山区温泉志》（佟伟和章铭陶,1994）和《腾冲地热》（佟伟和章铭陶,1989）中也记录了大量同时富集氟、砷、硼的高温热泉,如西藏日喀则地区色米沸泉的氟、砷、硼含量分别高达 13. 3 mg/L、30. 8 mg/L、431. 5 mg/L,山南地区竹墨沙热泉为 9. 0 mg/L、19. 9 mg/L、504. 2 mg/L,阿里地区多果曲热泉为 11. 0 mg/L、22. 5 mg/L、291. 0 mg/L；云南腾冲热海水热区大滚锅热泉的氟、砷、硼含量也分别达 20 mg/L、0. 9 mg/L、12. 8 mg/L。即便对于已确证不具备岩浆热源的深部地热系统,由于热储埋深大、温度高,强烈的流体-岩石相互作用也将使地热流体中富集氟、砷、硼等有害组分——例如青海省海南州共和盆地新近系热储的地热流体中的氟、砷、硼含量可分别高达 4. 8 mg/L、0. 62 mg/L、26. 4 mg/L。表 1. 1 列出了本书作者近 10 年来在西藏和云南的水热区所采集的部分地热流体样品的地球化学组成——其中相当一部分样品的氟、砷、硼含量远超过《生活饮用水卫生标准》（GB 5749—2006）和"地热水有害成分最高允许排放浓度标准"（见《地热资源评价方法》（DZ 40-85））。表 1. 2 所列为上述水热区内作为饮用或灌溉水源且受到地热水排泄影响的河水中相关有害组分的含量,也均明显超过《生活饮用水卫生标准》（GB 5749—2006）。

因此,水热型地热系统的排泄常是环境中氟、砷、硼的不可忽视的来源之一。对我国滇藏一带的高温水热区而言,一则地热流体中氟、砷和硼的含量较高;二则工农业和城市发展水平低而人类活动影响小,地热系统还可能成为环境中的主要氟、砷、硼污染源。在地热系统规模化开发利用（特别是地热发电）后,地热尾水的排放量将远超过天然条件下热泉的排放量,输入环境的氟、砷、硼等有害元素的总量就更加可观。这样,来源于水热系统的氟、砷、硼等有害物质在环境中的迁移和蓄积是水热区及其周边地区需要重视的环境问题之一。在对上述有害物质的存在形态和环境效应进行深入分析的基础上,开展地热水或受地热水排放影响的其他天然水体中有害组分的去除试验研究,并研发地热水处理系统,具有重要实际意义。

1.2 增强型地热系统返排液中的典型有害组分

增强型地热系统（EGS）指通过人工储层激发的方法从低渗透性热岩体［即干热岩（HDR）］中开发利用热能的工程。热岩体中热能的开发利用一般通过高压注入冷水并使其在热储层裂隙中充分吸收岩体热量后升温,再通过生产井将热水或蒸汽提取至地面的方式来进行。对低渗透性热岩体而言,由于其天然裂隙网络非常不发育,难以保证产能要求,因而在实际开发利用过程中,对拟定注水井和生产井之间储层的渗透性的改造是建立 EGS 系统的关键,目前国际上常采用水力压裂辅以化学刺激的方法。化学刺激指以低于地层破裂压力的注入压力向井孔附近热储层注入化学刺激剂,依靠其溶蚀作用使岩石中矿物溶解来增加岩层渗透性及增加注、抽井间连通性的方法,最早应用于油、气产业,或应用于解决地热流体生产井附近因矿物沉淀而引起的堵塞问题(王贵玲等,2015),目前已在国外被尝试应用于增强型地热系统工程。

在水力压裂和化学刺激过程中,压裂液和化学刺激剂注入热储层后,必然与围岩矿物发生强烈化学反应。所形成的返排液中有害组分复杂,其化学组成与压裂液配方、化学刺激剂性质、热储层岩性及其矿物/化学组成、热储层流体水质(如热储中先前有少量天然流体存在)以及返排液在地下与干热岩体相互作用的时间和环境条件等多重因素有关。在此,我们分析了化学刺激过程对增强型地热系统返排液水质特征和其中有害组分含量的影响,并总结了国外几个典型增强型地热系统产生的返排液的一般化学特征,以期为我国今后增强型地热系统实施过程中返排液的净化处理提供基础资料。

1.2.1 化学刺激过程对增强型地热系统返排液水质特征和其中有害组分的影响

当水力压裂过程辅以化学刺激手段时,所产生返排液的化学特征以及其中有害组分的类型和含量将受到化学刺激剂的强烈影响。一方面,强酸性化学刺激剂的加入大大增强了注入流体和热岩体之间的相互作用,从岩石中淋滤入液相的组分的含量远高于不采用化学刺激时的情况;另一方面,化学刺激剂的酸度在返排液形成早期一般不能全部被流体-岩石相互作用所消耗,因而使返排液呈酸性特征,同时化学刺激剂中原有的保守性阴离子往往成为返排液的主要有害组分。例如,土酸是油气储层压裂领域中一种较为成熟的化学刺激剂,常应用于砂岩储层;该化学刺激剂其后在 EGS 工程实践中被移植使用,广泛应用于岩性为中酸性岩浆岩(如花岗岩、花岗闪长岩)的干热岩体,并获得了较好的效果(Nasreldin 和 Hisham,2000;康燕,2005)。由于土酸为一定比例的盐酸和氢氟酸混合而成,因此 EGS 工程储层激发试验结束后所形成的返排液中常含有浓度极高的氯离子和氟离子。此外,在高温条件下,加入化学刺激剂后呈酸性的注入流体和热储岩层的相互作用可从岩石中淋滤出硫酸盐、硼、砷等在水中以阴离子形式存在的组分。上述有害组分的含量往往远超过"地热水有害成分最高允许排放浓度标准"(见《地热资源评价方法》(DZ 40-85));因此,在干热岩开发利用过程中,对 EGS 返排液的化学特征应加强监测,未经处理的返排液不可直接排入环境。

1.2.2　国外典型增强型地热系统返排液水质特征

目前,国内尚无增强型地热系统工程(EGS),对增强型地热系统返排液中有害组分进行处理的研究也未开展。在国外,美国、英国、法国、德国、日本等已开展EGS 工程实践的国家则均有关于增强型地热系统返排液化学组成的报道。

我们对国外典型增强型地热系统返排液资料进行了汇编,并总结于表 1.3 和表1.4。其中德国 Bad Urach 返排液样品采自钻孔完成后若干星期、3325 m 深的井底,缺少硫酸盐、重碳酸盐和氟化物等阴离子含量数据(Althaus,1982;Dietrich,1982;Stenger,1982);美国 Fenton Hill 和日本 Hijiori 的资料分别来源于压裂试验完成 3.5个月和 3 个月后(Winchester,1993;Matsunaga et al.,1995),Hijiori 的数据缺少镁、铁、铝和氟化物含量;日本 Ogachi 资料源于 22 天循环试验结束时采集的水样,缺少镁、铁和铝的含量(Kiho and Mambo,1994);英国 Rosemanowes 样品采集于循环试验后,生产井深度为 2780 m(Richards et al.,1992);法国 Soultz-sous-Forêts 返排液资料来源于生产井口的水样,于 4 个月循环试验结束后采集(Jacquot,2000)。

表 1.3　国外典型增强型地热系统

干热岩场地	Fenton Hill	Soultz-sous-Forêts	Bad Urach	Rosemanowes	Hijiori	Ogachi
国家	美国	法国	德国	英国	日本	日本
采样日期	1992.7	1997.11	1978	1988.8	1991.11	1993
储层深度(m)	3500	3200~3600	3300	2400	2200	711~719, 990~1027
地层测试	3.5 个月	4 个月	n.a.	5.5 个月	3 个月	22 天
采样位置	井口	井口	井下	井下	井口	井口
注入流体	清水、闭合系统	地层流体	n.a.清水(TDS<0.1 g/kg)	清水	清水	清水
注-采井间距(m)	310	450	n.a.	n.a.	130	80
储层温度(℃)	327	150~170	143	99.8	250~270	170~230
地层岩性	黑云母花岗闪长岩	富黑云母及角闪石花岗岩	片麻岩	花岗岩	石英闪长岩	花岗闪长岩

如前所述,返排液的化学特征因注入流体类型、热储层岩性、循环条件等不同而各具特色:热储温度及循环途径决定返排液的温度;返排液 pH 与水力压裂过程中是否使用化学刺激手段以及流体循环时间等有关,可能为酸性或弱碱性;返排液中总溶解固体含量则一般随流体循环时间逐渐增大,钠、钾、钙、镁、铁、铝等金属元素含量呈相似变化趋势。

表 1.4　国外典型增强型地热系统返排液化学组成

干热岩场地	Fenton Hill	Soultz-sous-Forêts	Bad Urach	Rosemanowes	Hijiori	Ogachi
pH	7.0	4.8	4.2	8.8	9.03	n. a.
TDS（mg/L）	2632.7	90690	2144.2	302.3	1092.9	804.5
Na（mg/L）	899.3	24472	558.9	100.7	299	299
K（mg/L）	88.9	3377	159.5	3.40	12.9	17.6
Ca（mg/L）	18.0	5680	150	13.8	36.0	4.0
Mg（mg/L）	0.09	139.4	0.44	0.08	n. a.	n. a.
Fe（mg/L）	0.8	30.1	110.9	0.02	n. a.	n. a.
Al（mg/L）	0.12	< 0.41	0.58	0.2	n. a.	n. a.
Cl（mg/L）	955	55522	1275	73.1	188.2	49.7
SO_4^{2-}（mg/L）	377.3	225.6	n. a.	74.4	49.9	153.6
F（mg/L）	17.0	4.0	n. a.	11.4	n. a.	6.7
HCO_3^-（mg/L）	588.0	147.6	n. a.	73.8	109.8	561.2

注:n. a. :未检测。

1.3　天然地热流体和增强型地热系统返排液中 主要有害组分的有效处理方式

如前所述,富含氟、砷、硼的天然地热流体是不可忽视的重要环境污染源之一。在我国最主要的赋存高温水热资源的区域——藏南、滇西和川西,由于工农业和城市发展水平低而人类活动影响小,甚至还是最主要的污染源。对于藏、滇等地的高温水热区,随地热水排泄的主要有害元素氟、砷、硼等已对附近环境和居民造成不良影响。例如在西藏羊八井,用于排泄地热尾水的藏布曲(河)及其汇入的堆龙德庆曲(河)曾作为地热电厂排污口下游村镇的部分人畜饮用水源;长期饮用受地热尾水污染的河水后,羊八井电厂的工人及附近村民在壮年期即有牙齿和头发大量脱落等健康问题(Li et al. ,2003;Guo et al. ,2008a)。在羊八井之外,西藏和云南的热泉区多数经济发展落后且信息流通不畅,热泉成因的环境和健康问题并未得到广泛报道。本书作者在上述地区开展研究工作时,曾发现热泉排入的用作当地饮用水源的河流往往水质劣于饮用水标准(如西藏羊易热田的罗朗河等)(Guo and Wang,2009);此外,一些水热区的当地居民甚至直接饮用热泉水(如青海贵德的扎仓寺水热区;此水热区并不属于滇藏地热带,但所排泄热泉中氟、砷、硼的含量也超过了《生活饮用水卫生标准》(GB 5749—2006))。虽然由于当时工作时间和研究目标(地热流体地球化学成因)所限,未能深入、详细调查热泉汇入导致的饮用水源水质劣化或直接饮用热泉水对当地居民健康的影响程度,但对地热流体中上述典型有害组分的有效处理,无疑是这类水热区当前需要解决的重要环境问题之一。

对于已开发利用的水热区,回灌是防止地热尾水排放造成环境污染的重要手段之一。目前,地热水回灌已在我国部分孔隙型中低温水热系统得到了较成功的应用(王贵玲等,2002;林黎等,2008;马致远等,2013),既在一定程度上缓解了环境污染,也有助于维持热储层压力并有效延长水热系统开采寿命。然而,对于地质结构异常复杂的裂隙型高温热储,地热水回灌仍面临大量技术难题,使利用回灌工程彻底解决这类水热区的环境问题存在相当大的障碍。例如,西藏羊八井地热电厂在 1985~1986 年、1989~1993 年、1997~2002 年先后实施过三期回灌工程,但回灌的低温热水流回热储层后,不可避免地导致热储温度下降、回灌井及管道内结垢、发电效率降低,并曾由于回灌井耐压性能不够而引起蒸汽泄漏。更为重要的是,羊八井地热电厂仅实现了向浅层热储的回灌,深部热储由于地质条件复杂一直未能被用作回灌层,因而地热尾水的回灌量非常有限,至今仍需在每年的大部分时段主要排入藏布曲(河)。

这样,对于西藏和云南的高温水热区,一则地热流体主要赋存于各向异性和非均质性极强的裂隙型热储,回灌技术难度大,成功率低;二则在因热泉排泄而引发水环境污染的地区,大都人口并不稠密,且总排泄量也往往不非常大,在地热系统实质性的规模化开发利用(地热发电)前,筹集到建立回灌系统来回灌地热水的巨额资金几无可能,也没必要。因此,对热泉或受其排放影响且作为饮用水源的天然水体通过小型水处理装置进行净化以消除对居民健康的威胁非常重要。即便在今后大规模开发利用地热流体后,依然可通过可渗透墙类反应装置开展地热水处理。但遗憾的是,总体来看地热水处理方面的研究并不多见,且处理方法或材料一般仅应用于水中某种有害组分,如 Kabay 等(2009)、Koseoglu 等(2010)、Ipek 等(2008)、Samatya 等(2012)分别通过电凝法、离子交换–微量过滤混合过程、膜技术,或利用硼选择性离子交换树脂、单分散多孔合成树脂开展了地热水中硼的去除实验研究;刘峰彪等(2010)用电絮凝法开展了处理地热水中氟的实验研究;Pascua 等(2007)用斯沃特曼铁矿进行了地热水中砷的处理。另外,上述研究中利用的地热水处理技术一般费用高或程序复杂,不能一次性将待处理组分的含量降至水质标准以下,并不适用于由地热来源有害组分引发的环境污染问题的防治。在西藏和云南因地热流体中有害组分而引发水环境污染的地区,地热水最显著的化学特征之一是往往同时富集氟、砷、硼等多种有害组分;地热区及周边地区经济发展水平低,运行和维护费用高的地热水处理厂或大型地热水处理系统难以推广。因此,利用廉价矿物材料作为反应介质并可同时处理地热水中氟、砷、硼等有害组分的小型可渗透反应墙(修建于热泉口附近地表或地热尾水排污渠使其通过,并非传统意义上用于地下水污染修复的 PRB)或家用简易处理装置(用于直接、快速净化地热水或受其污染后的饮用水)是更为合适的选择。地热水中的主要有害组分氟、砷、硼虽有多种存在形态,但绝大多数情况下仍为阴离子;这样,一类具有阴离子交换能力的天然矿物(也可用廉价化学试剂通过多种低成本方法快速合成)——阴离子黏土——应非常适合于天然地热流体中氟、砷、硼等的处理。

　　阴离子黏土又称为层状双羟基复合金属氧化物(layered double hydroxides,LDHs),主体一般由两种金属的氢氧化物构成(Cavani et al.,1991;吕仁庆等,2001)。其组成通式为$[M_{1-x}^{2+}M_x^{3+}(OH)_2](A^{n-})_{x/n} \cdot mH_2O$,式中,$M^{2+}$为二价金属离子(如 Mg^{2+}、Co^{2+}、Ni^{2+}、Zn^{2+}、Mn^{2+}、Cd^{2+}、Ca^{2+}等),M^{3+}为三价金属离子(如 Al^{3+}、Fe^{3+}、Cr^{3+}、Ga^{3+}等),A^{n-}为阴离子(如 OH^-、Cl^-、F^-、Br^-、I^-、NO_3^-、CO_3^{2-}、SO_4^{2-}、MoO_4^{2-}、CrO_4^{2-}等),$x = M^{3+}/(M^{2+}+M^{3+})$ 且 $0.2 \leqslant x \leqslant 0.33$(胡长文等,1995;Rives and Ulibarri,1999)。最典型的阴离子黏土是以 CO_3^{2-} 为层间阴离子的镁铝水滑石[$Mg_6Al_2(OH)_{16}CO_3 \cdot 4H_2O$],其天然矿物由 Hohsteter 在 1842 年于片岩中发现,具有水镁石($Mg(OH)_2$)型的正八面体层状结构,可视为水镁石层状结构中的 Mg^{2+} 部分地被 Al^{3+} 取代,形成 Mg^{2+} 和 Al^{3+} 位于中心的复合氢氧化物八面体。这些八面体通过边-边共用 OH^- 基团形成层,层与层对顶叠加,层间以氢键连接。Mg^{2+} 被 Al^{3+} 部分取代后将导致羟基层上正电荷的积累,因此这些正电荷需要位于层间的阴离子(A^{n-})来中和。除水滑石外,已发现了几十种其他类型的天然阴离子黏土,如羟镁铝石、鳞镁铁矿、羟碳锰镁石、水铝镍石、羟碳钴镍石、水铝钙石等(Zaneva and Stanimirova,2004)。与其他类型黏土矿物相比,阴离子黏土具有更大的比表面积和阴离子交换容量,且容易制备,价格低廉,在水处理方面具备很大优势,已被作为废水或受污染水体中不同类型有害阴离子的良好去除剂,如 F^-(Díaz-Nava et al.,2003;Lv et al.,2006;Jiménez-Núñez et al.,2007;Lv et al.,2007;Guo and Reardon,2012;Guo and Tian,2013)、Br^-(Lv et al.,2008)、NO_3^- 和 PO_4^{3-}(王颖等,2006;Terry et al.,2014)、$H_2BO_3^-$(Ferreira et al.,2006;Ay et al.,2007)、CrO_4^{2-}(Xu et al.,2010)、AsO_3^{3-}(彭书传等,2006;Turk et al.,2009)、某些有机阴离子如对苯二酸盐阴离子(Crepaldi et al.,2002),甚至印染废水中的活性艳橙 X-GN(张钱和吴平霄,2011)。然而,迄今为止国内外均未见用阴离子黏土去除地热水中有害组分的系统研究。在已发表文献中,阴离子黏土的处理对象大都为实验室配制的仅含某种有害组分的溶液;与之相比,天然地热水是多组分并存的复杂溶液,其中的砷、硼等有害组分还具有多种存在形态;除上述组分外,地热水中其他常见阴离子(如 HCO_3^-、SO_4^{2-}、Cl^- 等)的存在对于氟、砷、硼等主要有害组分的去除效果也有影响。鉴于以上原因,我们以阴离子黏土为反应介质,开展了去除水溶液中氟、砷、硼等有害组分的系统实验研究;在此基础上,选择采自西藏当雄羊八井水热区和云南龙陵邦腊掌水热区的地热流体样品,对其中氟、砷、硼等进行了同时去除。

　　出于同样的原因,阴离子黏土也适用于增强型地热系统返排液中以阴离子形式存在的有害组分的去除。增强型地热系统返排液(特别是在储层激发时采用了化学刺激手段的增强型地热系统形成的返排液)中常富含氯、氟等多种有害组分,在排入环境前需经有效处理,使各类有害组分含量低于"地热水有害成分最高允许排放浓度标准"。虽然我国还未建成增强型地热系统,当前不存在增强型地热系统返排液污染环境的问题,但由于干热岩型地热能必将成为我国乃至全球今后地热能开发利用的主要对象,我们以根据国外典型增强型地热系统排放的返排液的化学组成而配制的溶液为对象,开展了其中阴离子有害组分的去除实验,以期为我国今后大规模开发利用干热岩热能时的环境保护工作提供借鉴。

第2章 阴离子黏土的主要种类及性质、合成及其应用现状

2.1 阴离子黏土的主要种类及性质

2.1.1 阴离子黏土的结构和化学组成

前面简单介绍了阴离子黏土(LDHs)的结构。在阴离子黏土中,具有类水镁石 $[Mg(OH)_2]$ 正八面体层状结构的层板上部分二价金属离子(M^{2+})可被三价金属离子(M^{3+})取代,形成 M^{2+} 与 M^{3+} 位于中心的复合氢氧化物八面体,并以边-边共用 OH^- 基团形成层,如图 2.1 所示,层与层对顶叠加,层间以氢键缔合。M^{3+} 对 M^{2+} 的部分取代导致了层板正电荷的积累,这些正电荷被位于层间的阴离子中和;阴离子与层板以静电引力及通过层间 H_2O 或层板上的 OH^- 以氢键 $OH^- - A^{n-} - OH^-$ 或 $OH^- - H_2O - A^{n-} - OH^-$ 的方式结合,使阴离子黏土的整体结构保持电中性,部分以氢键结合的水分子也占据了层间的空位以保证层间结构的稳定性。此外,层间的 H_2O 和

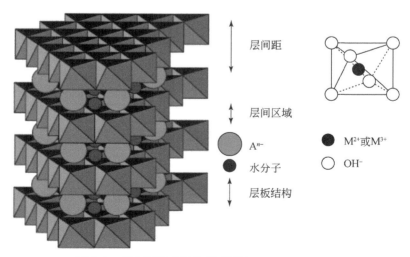

层间距

层间区域

A^{n-}

水分子

层板结构

M^{2+}或M^{3+}

OH^-

图 2.1 阴离子黏土结构示意图(Goh et al. ,2008)

阴离子可任意地断开旧键(所需能量为 4 kJ/mol),形成新键,在层间自由移动(Giannelis et al.,1987;Gusi et al.,1987;Marcelin et al.,1989)。理论上来说,不同种类及比例的二价和三价金属离子进入阴离子黏土层均有可能,但实际上稳定阴离子黏土的化学组成需符合以下原则或条件(Allmann,1970;刘玉敏和朱凯征,1998;雷立旭等,2005)。

(1) M^{2+} 与 M^{3+} 有相似的离子半径,常见的 M^{2+} 有 Mg^{2+}、Ni^{2+}、Zn^{2+}、Co^{2+}、Cu^{2+}、Ca^{2+}、Mn^{2+}、Ti^{2+}、Cd^{2+}、Pd^{2+}、Fe^{2+} 等,M^{3+} 有 Al^{3+}、Cr^{3+}、Ga^{3+}、Co^{3+}、V^{3+}、In^{3+}、Y^{3+}、La^{3+}、Rh^{3+}、Ru^{3+}、Sc^{3+}、Fe^{3+}、Mn^{3+}、Ni^{3+} 等。世界上最早发现的天然水滑石的化学结构式即为 $Mg_6Al_2(OH)_{16}CO_3 \cdot 4H_2O$。表 2.1 给出了 M^{2+} 和 M^{3+} 的部分有效组合。

表 2.1　组成阴离子黏土的金属离子的有效组合(赵宁和廖立兵,2011)

M^{3+}		M^{2+}						
		Mg	Fe	Co	Ni	Cu	Zn	Ca
	Al	√	√	√	√	√	√	√
	Cr	√	√	√	√	√		√
	Fe	√	√	√	√	√		√
	Co		√	√	√	√	√	√
	Ga				√		√	

(2) 当阴离子黏土化学通式中 x 值 $[x = M^{3+}/(M^{2+} + M^{3+})]$ 为 $0.2 \sim 0.33$ 时,可得到较纯的阴离子黏土。x 值的变化可导致不同性质阴离子黏土的形成。

(3) 阴离子黏土层间的阴离子(A^{n-})种类繁多,可以是无机阴离子(如 Cl^-、Br^-、NO_3^-、IO_3^-、ClO_3^-、$H_2PO_4^-$、OH^-、SO_3^{2-}、SO_4^{2-}、WO_2^{2-}、CrO_4^{2-}、PO_4^{3-} 等)(Mascolo and Marino,1980;肖轶和马骏,1999)、有机阴离子(如对苯二甲酸根、己二酸根、丙二酸根等)(Martin and Pinnavaia,1986;Bhattacharyya et al.,1995)、同多或杂多阴离子(如 $MO_7O_{24}^{6-}$、$V_{10}O_{24}^{6-}$、$PW_{11}CuO_{39}^{6-}$、$SiW_9V_3O_{40}^{7-}$ 等)(Itaya et al.,1987;Lopez-Salinas and Ono,1993;李兴林和郭军,1997)、配合物阴离子 [如 $Fe(CN)_6^{3-}$、$Fe(CN)_6^{4-}$、$Zn(BPS)_3^{4-}$、$Ru(BPS)_3^{3-}$ 等](Giannelis et al.,1987;Dimotakis and Pinnavaia,1990;郭军等,1996)等,且在水溶液中可以被其他类型阴离子所替换。几乎所有的阴离子,只要不会因与层板金属离子强结合而使其从阴离子黏土层中分离,且有足够的电荷密度,都可用于阴离子黏土的制备。

(4) 在实验室也可合成特殊类型的阴离子黏土。V^{4+}、Ti^{4+}、Zr^{4+} 和 Sn^{4+} 等四价金属离子可进入阴离子黏土结构取代三价金属离子;一价金属离子如 Li^+,也可与 Al^{3+} 形成结构式为 $[LiAl_2(OH)_6]^+ A^- \cdot 4H_2O$ 的阴离子黏土(Besserguenev et al.,1997;Nayak et al.,1997;Williams et al.,2004;Kottegoda and Jones,2005)。

阴离子的数量、直径及其与层板上 OH⁻ 的键合强度,决定了阴离子黏土的层间距。层间距(或称底面间距)指两相邻结构层或单元晶层的距离,两层间隙的高度则称为通道高度。阴离子黏土层间未被阴离子占据的空间可部分被水分子占据,每一层板中的羟基都提供一个作用位点,与层间阴离子或水分子形成氢键。阴离子黏土的层间水分子在温度为 120～200℃ 时开始逸失,而表面被物理吸附的水分子在温度达 100℃ 时即可脱离。当阴离子黏土加热到 120～200℃ 时,层间水分子虽不同程度地脱离阴离子黏土层,但其结构并不破坏,脱水后的阴离子黏土在温度下降过程中可再吸收空气中的水。

2.1.2　阴离子黏土的性质

阴离子黏土特殊的化学组成与结构使其具有如下独特性质:

1)层板化学组成的可调控性

阴离子黏土的层板具有三种不同的堆积模式:正六面体对称堆积(单元结构中包含两个层板)、斜方六面体对称堆积(单元结构中包含三个层板)及不对称堆积(Carrado et al. ,1988)。以斜方六面体对称堆积模式形成的阴离子黏土较为常见,其层板的 M^{2+} 和 M^{3+} 可用其他价态相同、半径相近的金属离子代替,或可通过改变 M^{2+} 和 M^{3+} 的比例来调控层板化学组成和电荷密度,以形成新的层状结构化合物。

2)层间阴离子种类及数量的可调控性及其可交换性

天然阴离子黏土中最常见的层间阴离子为碳酸根离子,但许多其他阴离子,如卤素离子、含氧阴离子、硅酸根离子、同多或杂多阴离子、配合物阴离子和有机阴离子等,也均可进入阴离子黏土结构中,以平衡层板上的正电荷(Newman and Jones,1998)。通过调变层板二价和三价金属离子的比例可调控层板电荷密度,进而调控层间阴离子的数量。阴离子黏土层间阴离子的可交换性是其重要性能之一,指层间阴离子可与其他类型阴离子发生交换,从而形成性质(如催化、吸附等方面的性能)不同的新材料。阴离子黏土层间阴离子的可交换性取决于其电荷数、离子半径等自身性质。高价态的阴离子与层间位置的亲和力相对更强;在常见可插层的无机阴离子中,其交换能力顺序由强到弱为 CO_3^{2-}、SO_4^{2-}、HPO_4^{2-}、F^-、Cl^-、$B(OH)_4^-$、NO_3^-。

3)晶粒尺寸及分布的可调控性

晶体学理论指示可通过调节阴离子黏土成核时的温度和相关组分的浓度来控制晶体成核速率;而调变阴离子黏土晶化时的时间、相关组分浓度、温度等条件可控制晶体的生长速率。因此,阴离子黏土的晶粒尺寸及其分布可在较宽范围内进行调控。我们在合成阴离子黏土时,即基于对阴离子黏土合成条件的控制,在20～

100 nm 范围内调整晶粒尺寸,并使晶粒直径分布窄化,达到均分散,从而避免了晶粒尺寸及其分布不理想对其应用的限制。

4) 热稳定性和结构记忆效应

由于层状结构中强烈的共价键、静电引力和氢键等作用,阴离子黏土具备一定程度的热稳定性。在空气中,当加热温度低于 200℃时,阴离子黏土可保持结构的稳定,仅失去物理吸附水和以弱结合作用与层板结构相连的层间水;当加热到 250~450℃时,层板羟基脱水并脱除 CO_2;在 450~550℃范围内,可形成较稳定的双金属氧化物(layered double oxides,LDO)。双金属氧化物在一定的湿度条件下,可以恢复形成阴离子黏土,即所谓的"结构记忆"功能。恢复层状结构的阴离子黏土如再经过焙烧,得到的复合氧化物的活性要高于第一次焙烧后的产物。阴离子黏土的结构记忆效应与其热分解温度有关,一般情况下,当焙烧温度超过 600℃时,热分解产物在任何条件下均无法恢复其原始阴离子黏土结构。

5) 催化性能

阴离子黏土热分解后可形成具有催化活性的金属氧化物固溶体。自 20 世纪 80 年代 Reichle(1980)通过研究阴离子黏土及其焙烧产物在有机催化反应中的应用,指出它在碱催化、氧化还原催化过程中有重要价值以来,阴离子黏土及其衍生物的催化研究就未曾间断过(Rao et al.,1998;Prinetto et al.,2000)。

6) 吸附性

由于层板结构带正电荷且具有较大比表面积,阴离子黏土有良好的吸附性能(特别是对液相中以阴离子形式存在的化学组分)。阴离子黏土的吸附机理主要包括表面吸附和层间阴离子交换;此外,在一定温度条件下获得的阴离子黏土焙烧产物的"结构记忆效应"使其重新吸收水分子和液相中阴离子而恢复层状结构,因而在此过程中实现液相中阴离子的去除。这样,阴离子黏土经焙烧后得到的复合金属氧化物的吸附能力大大提高,是优良的废水处理材料。

2.2　阴离子黏土的合成与表征

为有效处理实验室配制溶液和在水热区采集的地热水样品中以阴离子形式存在的主要有害组分,我们在实验室合成了羟镁铝石、水滑石、水铝钙石、水氯铁镁石等阴离子黏土,并基于 X 射线衍射(XRD)、扫描电镜-能谱分析(SEM-EDX)、傅里叶变换红外光谱(FTIR)、热重-示差扫描量热分析(TG-DSC)等手段对所合成阴离子黏土的结构和相关性质进行了表征。

X 射线粉晶衍射(XRD)可用于确定所合成产物的晶体结构和矿物组成。在本次研究中,XRD 分析采用 X'Pert PRO DY2198 型 X 射线衍射仪完成,工作功率为 40

kV×30 mA,选择 Cu Kα 射线(波长 λ = 0. 1541 nm)在 θ-2θ 模式(即普通扫描模式:样品每转动 θ 角度,X 射线的衍射线转动 2θ 角度)下进行,2θ 在 3° ~ 65°之间变化,步长为 0. 0167°。

扫描电镜(SEM)可分析样品的表面形态等信息。所合成阴离子黏土的颗粒表面形态和团聚情况等采用美国 FEI 公司产 FEI Quanta200 型环境扫描电镜确定,该电镜配置 X 射线能量色散光谱仪,可对样品不同位置的化学组成加以半定量分析。

傅里叶变换红外光谱(FT-IR)分析用 Thermal Scientific Nicolet 6700 型光谱仪完成,扫描范围为 400 ~ 4000 cm^{-1},分辨率为 4 cm^{-1}。测试仓内的待测样品装于 KBr 压片上并在 373 K 下经氦气流干燥 1 h。样品冷却至室温过程中,记录其光谱变化。

热重-示差扫描量热分析(TG-DSC)所用设备为 Netzsch Sta 449F3 型同步热分析仪,可测出样品在稳定空气环境中从 40 ~ 1500℃的加热过程中的质量损失曲线以及相同条件下待测样品和标准样品之间的能量差,升温速率为 10℃/min。

2.2.1　羟镁铝石的合成与表征

结构与水滑石非常相似的天然羟镁铝石发现于奥地利下奥地利州 Ybbs-Persenbeug 附近的蛇纹岩裂隙中,为次生矿物。然而,大型的羟镁铝石或其他类型阴离子黏土的沉积矿床在自然界非常罕见,其在实验和工业应用中的需求只能靠人工合成来满足。用于合成层间阴离子不同的阴离子黏土的方法通常包括共沉淀法、离子交换法、焙烧重建法、尿素法等(Costantino et al. ,1998;Hui et al. ,2001)。羟镁铝石一般由焙烧后水滑石经再水合作用形成,但 Tongamp 等(2007)提出了一种更为简便、经济的机械化学合成法。本研究对 Tongamp 等提出的方法加以改进,合成了高纯度的羟镁铝石。

首先,以 Mg/Al 摩尔比为 3∶1 混合 MgO 和 Al(OH)$_3$试剂粉末(共计 3. 96 g),并在磁力球磨机(配备两个研磨容器和八个直径为 25 mm 的钢球)中研磨混合物。在研磨过程中,每一个研磨容器装有 1. 98 g 的混合粉末和 4 个钢球,研磨速度保持为每分钟 600 转。通过以下两步合成羟镁铝石:①MgO 和 Al(OH)$_3$的混合物在球磨机中无水研磨 1 h;②加入 1. 26 g 的纯水,继续研磨前期研磨产物 3 h。在 450℃条件下加热合成的羟镁铝石化合物 3 h,获得焙烧后羟镁铝石(为 Mg-Al 氧化物固溶体)。

基于机械化学方法合成的羟镁铝石的 XRD 图谱如图 2.2 所示,其特征为:在 2θ 值较低处存在尖锐的衍射峰,在高 2θ 值处衍射峰强度较低,且略显宽缓。XRD 图谱中还出现了两个很小的水镁石[Mg(OH)$_2$]衍射峰,意味着并不是所有 MgO

都经反应形成了羟镁铝石。

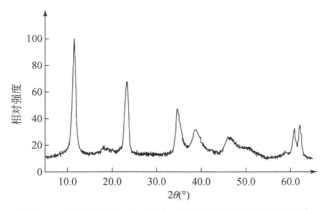

图 2.2　基于机械化学方法合成的羟镁铝石的 XRD 图谱

　　所合成羟镁铝石的 SEM 图像（放大 200 倍）见图 2.3（a），显示羟镁铝石颗粒呈多块状，颗粒大小和形状无规律，表面粗糙。样品放大 10000 倍后的形态如图2.3（b）所示，图片上部可见羟镁铝石的片状形态。该图还指示未焙烧羟镁铝石的晶体很薄，其中一些甚至是半透明的，因此（SEM）的电子束可以穿透它们。

(a)　　　　　　　　　　　　　　　　　　　(b)

图 2.3　羟镁铝石的 SEM 图像

（a）放大 200 倍；（b）放大 10000 倍

2.2.2　水滑石的合成与表征

　　水滑石（hydrotalcite，HT）及类水滑石化合物（hydrotalcite-like compounds，HTlcs）是阴离子黏土的重要类型之一，最早于 1842 年由 Hohsteter 发现，已在水处

理、催化等领域广泛应用(Stanimirova,2001)。本研究拟合成水滑石的化学式为 $Mg_6Al_2(OH)_{16}Cl_2 \cdot 4H_2O$ 和 $Mg_6Al_2(OH)_{16}(NO_3)_2 \cdot 4H_2O$。采用高饱和共沉淀法,将 Mg^{2+} 和 Al^{3+} 混合盐溶液(摩尔比为3)在剧烈搅拌条件下滴加到碱溶液中,然后在一定温度下晶化、过滤、洗涤以获得最终产物。

具体合成过程为:将 400 mL 的 1.5 mol/L $MgCl_2 \cdot 6H_2O$[或 $Mg(NO_3)_2 \cdot 6H_2O$] 和0.5 mol/L $AlCl_3 \cdot 6H_2O$[或 $Al(NO_3)_3 \cdot 9H_2O$]混合溶液逐滴加入到 200 mL、8.0 mol/L的 NaOH 溶液中,滴加速率约每分钟60滴,在2.5 h内完成滴加。由于 NaOH 溶液有强腐蚀性,不能置于玻璃器皿中,故采用聚四氟乙烯烧杯作实验容器。在滴加过程中,采用磁力搅拌器对溶液进行持续机械搅拌,同时溶液温度保持在(75±3)℃。滴加过程完成后,所获得的白色黏稠泥浆在(95±3)℃条件下加热 6~8 h使其晶化。为了避免合成的材料中有杂质或 pH 偏高,晶化后的泥浆产物需反复洗涤,具体操作步骤为:用离心机在 8000 r/min 的转速下离心泥浆产物8 min,离心后固液分离,倒掉上清液,加入超纯水,搅拌粘在离心管底部的水滑石使其恢复泥浆状态,而后再次离心、洗涤。如此循环 8~10 次,直到最终形成的上清液的 pH 为 7~8 且电导率为 2.0 mS/cm 以下为止。最后,在 50℃条件下,将离心管中固体产物真空干燥48 h,干燥完全后研磨并过 65 目筛网,获得粒径为0.25 mm以下的水滑石颗粒。

所合成样品的 XRD 谱图(图2.4)显示其在低 2θ 值处存在的 3 个强度较大的衍射峰,具有良好对称性且窄而尖锐,应分别对应于水滑石的(003)晶面、(006)晶面、(012)晶面,指示样品的层状结构。在高 2θ 值处衍射峰较弱,但基线平稳,无杂峰存在,对应于水滑石的(110)和(113)晶面。当层板堆积有序性低时,表现为高 2θ 值处的衍射峰宽化程度较大。总体来看,合成的水滑石样品具有阴离子黏土的典型结构,晶相单一,层间规整度较高,且样品中无杂相存在。

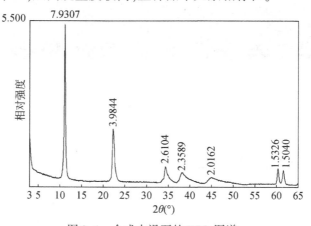

图2.4　合成水滑石的 XRD 图谱

2.2.3　水铝钙石的合成与表征

水铝钙石类阴离子黏土(hydrocalumite-like compounds,HClcs)又称弗里德尔盐(Friedel's salt),为一种层状双金属氢氧化物(LDHs),可通过多种低成本方法人工合成。水泥、混凝土、粉煤灰和废弃油页岩等材料经浸滤后,可因水合作用产生二次沉淀。在粉煤灰和废弃油页岩的淋滤过程初期,淋滤液中 SO_4^{2-} 浓度较高,二次沉淀物以钙矾石为主;在淋滤过程后期,SO_4^{2-} 浓度较低,水铝钙石开始从淋滤液中沉淀出来(Mccarthy et al.,1990)。在水污染处理领域,水铝钙石类阴离子黏土一般通过人工合成方法得到,当前常见的实验室合成方法主要包括共沉淀法、离子交换法、蔗糖法、尿素法、溶胶–凝胶法等(Cota et al.,2010)。

Birnin-Yauri 和 Glasser(1998)用 CaO、Al(OH)$_3$ 和 CaCl$_2$ 等反应物基于共沉淀法成功制备了水铝钙石,但该方法需要较高的反应温度(1350℃);Segni 等(2006)则用共沉淀法制备了具有多种层间阴离子的水铝钙石。需要指出的是,对于不同类型的水铝钙石,其合成过程的技术参数往往有所差异。例如,Rousselot 等(2002)在 65℃下共沉淀合成了 Ca–Al–Cl 和 Ca–Ga–Cl 类水铝钙石,但为了获得较好的结晶度,Ca–Fe–Cl 和 Ca–Sc–Cl 的合成则在室温条件下进行,这是因为不同晶体形成对称晶体结构的最佳温度不同;另一方面,Ca–Fe–Cl 的合成在水溶液中进行,其他水铝钙石类阴离子黏土则在水和乙醇的混合溶液(混合比例为 2:3)中进行;此外,结构层上的三价阴离子如果为 Ga、Sc,水铝钙石用 Ga、Sc 的硝酸盐合成,但需向初始溶液中加入一定量 1 mol/L 的 HCl 溶液,以提供充足的氯离子。

尿素法和溶胶–凝胶法也可用于合成水铝钙石。Mora 等(2011)分别尝试了这两种制备方法,其尿素法合成过程为:向含有 Ca/Al 摩尔比为 2 的硝酸盐溶液中加入尿素固体,然后将反应物放入 100℃下加热,以促进水铝钙石沉淀,最终固体经去离子水洗涤并在 100℃下干燥;其溶胶–凝胶法合成过程为:在含有少量 HCl 的乙醇溶液中溶解 0.1 mol 丙酸钙,不断搅拌加入 175 mL 含有 0.05 mol 乙酰丙酮化铝的丙酮。混合溶液用 33% 的氨水调节 pH 至 10,不断搅拌直至凝胶形成,再经离心、去离子水洗涤、100℃下干燥后得到水铝钙石。Zhang 和 Reardon(2003)也用 Ca(NO$_3$)$_2$、Al(NO$_3$)$_3$ 和尿素合成了纯度较高的水铝钙石。Cota 等(2010)则用溶胶–凝胶法分两步成功制得了水铝钙石:首先是促使 Ca、Al 醇盐水解——室温条件下,将 $4.42×10^{-3}$ mol Ca(OCH$_3$)$_2$ 和 $2.21×10^{-3}$ mol Al(OC$_2$H$_5$)$_3$(Ca^{2+}/Al^{3+} 摩尔比为 2.0)同时溶解于含有 15 mL 去离子水的烧杯中,凝胶立即生成;之后在惰性气体环境(防止 CO$_2$ 污染)下持续搅拌 18 h,形成的凝胶物质通过数次离心、去离子水和乙醇洗涤,最后在 70℃下干燥 24 h 的产物即为水铝钙石。

离子交换法是合成水铝钙石类阴离子黏土的另一种重要方法。Segni 等 (2006) 利用水铝钙石层间阴离子的可交换性,用不同盐溶液和含氯离子的水铝钙石混合从而得到不同类型水铝钙石,如 $Ca_2Al-V_2O_7$、$Ca_2Al-SiO_4$ 和 $Ca_2Al-CrO_4$ 等。

总体来看,共沉淀法合成水铝钙石的操作简单,能耗低,合成产物纯度较高,因此被广泛应用于水铝钙石的实验室合成,本研究中使用的水铝钙石也用此方法合成。具体操作步骤如下:向去离子水与乙醇体积比为 2:3 的 250 mL 混合溶液中逐滴加入 0.66 mol/L $CaCl_2 \cdot 2H_2O$ 和 0.33 mol/L $AlCl_3 \cdot 6H_2O$ 的混合溶液,同时滴加 2 mol/L 的 NaOH 溶液,以保证溶液 pH 高于 11,整个滴加过程在室温中的磁力搅拌器内进行。滴加结束后,将溶液于 65℃ 下静置 24 h,离心取沉淀用去离子水洗涤 2~3 次,最后在 50℃ 的烘箱内干燥。干燥固体研磨成能通过 0.25 mm 标准筛的粉末。

固体粉末样品经 XRD 检测,结果如图 2.5 所示。所合成产物的 XRD 图谱基线平稳,衍射峰均为水铝钙石晶体的特征峰,基本无杂峰,且低 2θ 区对应于 (002) 晶面的衍射峰形态尖锐,表明样品较纯,已结晶成完整的单斜对称的层状结构,晶相单一,层间规整度较高。(002) 晶面的间距为 7.89 Å,减去氢氧化物层厚度 4.80 Å,可求得此晶体的层间距为 3.09 Å。

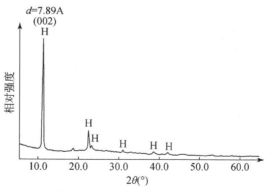

图 2.5　水铝钙石的 XRD 图谱
H:水铝钙石

所合成产物的傅里叶变换红外光谱(FTIR)如图 2.6 所示。波数为 3639 cm^{-1} 的吸收带为结晶水和表面附着水的伸缩振动吸收峰;3477 cm^{-1} 处的强吸收峰由水铝钙石结构层上羟基(OH)的伸缩振动产生;1621 cm^{-1} 处的吸收峰由 H—O—H 的弯曲振动产生,指示存在于层间的水分子;1433 cm^{-1} 处的吸收峰由 O—C—O 产生,表明水铝钙石颗粒表面可能静电吸附了一定量的 CO_2 分子,或者由于制备过程中没有隔绝空气,其中的 CO_2 混入反应溶液并以 CO_3^{2-} 的形式插入水铝钙石结构层间。

另外,789 cm^{-1}、535 cm^{-1}和 425 cm^{-1}处的吸收峰则分别由 Al—OH、Ca—OH、Ca—O—Ca 的伸缩振动或剪切振动产生。FTIR 图谱证明产物的层状结构主要由 $[Ca_2Al(OH)_6]^+$ 组成,与 XRD 检测结果吻合。在扫描电镜下可直观地看到水铝钙石晶体(图 2.7),其中发育较好者呈规整的正六边形。

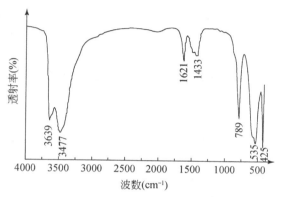

图 2.6 水铝钙石的 FTIR 图谱

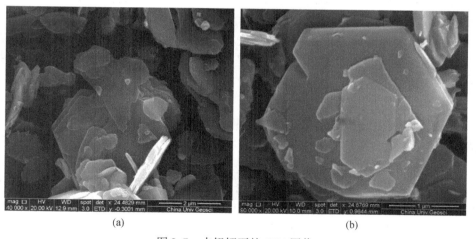

(a)   (b)

图 2.7 水铝钙石的 SEM 图像

2.2.4 水氯铁镁石的合成与表征

1967 年,Kohls 和 Rodda(1967)首次在美国 Iowa 州发现了前寒武纪基底岩芯中层板金属元素为 Mg 与 Fe(Ⅲ)的阴离子黏土,因而得名 Iowaite,即水氯铁镁石。其后在南非德兰士瓦 Phalaborwa 矿山(Braithwaite et al.,1994)、西西伯利亚 Komsomolsk 矿山、太平洋海底沉积物和澳大利亚西部的基斯山脉等处也发现了天然水氯铁镁石

（Frost et al.，2005；Frost and Erickson，2005）。有学者将天然水氯铁镁石的成因归结为富镁矿物蛇纹石的化学蚀变，因其在海相沉积过程中成岩，导致层间阴离子主要为Cl^-；若之后长期暴露在空气中，也有部分CO_3^{2-}插层于层板之间。当层间的Cl^-完全被CO_3^{2-}取代，得到的新矿物被称作鳞镁铁矿（pyroaurite），也作碳酸镁铁矿。

考虑到水氯铁镁石具有阴离子黏土的典型层状结构，且层板含铁，本研究制备了五种不同 Mg/Fe 摩尔比的水氯铁镁石，以便于在去除水溶液中的砷时，分析水氯铁镁石层板上铁的含量对除砷效果的影响。在已发表文献中，对水氯铁镁石制备方法的报道较少。本研究采用低饱和共沉淀法合成水氯铁镁石，具体过程分为以下四个步骤。

1）合成

使用电子天平分别称量 25.38 g、30.45 g、35.53 g、40.60 g、50.75 g 六水合氯化镁及 13.53 g 六水氯化铁，并用去离子水配成 0.5 mol/L、0.6 mol/L、0.7 mol/L、0.8 mol/L、1 mol/L 的 $MgCl_2$ 溶液和 0.2 mol/L 的 $FeCl_3$ 溶液，将不同浓度的 $MgCl_2$ 溶液分别与 $FeCl_3$ 溶液混合，即 Mg/Fe 摩尔比分别为 2.5、3.0、3.5、4.0、5.0，混合溶液称为溶液 A；称量 40.00 g 片状氢氧化钠于聚四氟乙烯烧杯中，加入去离子水，配成 2 mol/L 的 NaOH 溶液 500 mL，称为溶液 B。将 A 和 B 溶液分别置于瓶中，以每分钟 60 滴的速度同时滴入一个玻璃烧杯，烧杯中装入一定量去离子水，提供溶液环境，以保证沉淀的形成。在滴入过程中，烧杯置于磁力搅拌器上，边滴入边搅拌，使滴入溶液在室温下充分反应。

2）晶化

形成的沉淀物还需进行水热反应使其充分晶化。此时，可取反应后的悬浊液置于无转子的磁力搅拌器上加热，密封后在（80±3）℃的温度下，静置 8 h。

3）洗涤

为了避免制备的材料中有杂质，晶化后的泥浆产物还需反复洗涤。洗涤的具体过程为，将反应后的悬浊液等量倒入 50 mL 离心管中，用玻璃棒搅拌均匀后置于高速离心机中，以 3000 r/min 的速率离心 3 min，使原本的悬浊液因密度不同而分离，将上层清液倒掉，再装入等量的去离子水，搅拌使水与泥状褐色的沉淀物再次溶解，置于离心机内继续离心，重复操作 3~4 次，当检测上层清液的电导率小于 2 mS/cm 时，可认为洗涤完毕。

4）研磨过筛

将洗涤好的产物在 60℃下烘干 24 h，完全干燥以后将固体产物研磨并过 65 目筛网，获得粒径为 250μm 以下的颗粒，即不同 Mg/Fe 摩尔比的水氯铁镁石系列。

图 2.8 指示所合成产物的 XRD 图谱中（003）、（006）、（110）和（113）晶面表现为对称的衍射峰，而（009）、（015）和（018）晶面则对应非对称的衍射峰，符合类水

滑石化合物（HTlcs）的特点（Cavani et al.，1991）。图中水氯铁镁石（003）、（006）和（009）晶面对应的 2θ 值呈倍数增长，说明水氯铁镁石属三方晶系，是典型的层状矿物（Rives and Ulibarri，1999）。另外，图谱基线水平，无杂峰，晶相单一，层间规整度高，表明合成产物较纯。

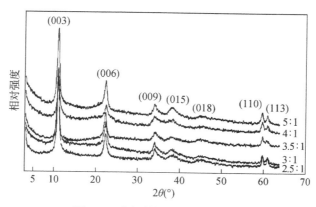

图 2.8　水氯铁镁石的 XRD 图谱

　　利用 XRD 分析结果中的层间距值计算了不同 Mg/Fe 摩尔比的水氯铁镁石的晶胞参数（图 2.9）a 和 c（表 2.2），利用 Scherrer 公式（Scherrer，1918）计算了水氯铁镁石在 a 轴、c 轴方向上的晶粒大小（表 2.3）。晶胞参数 a 随 Mg/Fe 摩尔

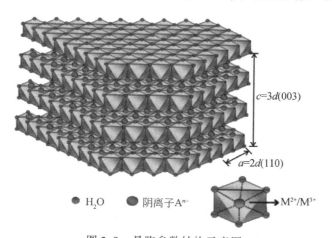

图 2.9　晶胞参数结构示意图

比的升高而略有增大，原因为该参数间接反映（003）晶面的原子排布密度，与水氯铁镁石层板上原子半径及晶面中原子组成比例相关，Mg^{2+} 的电荷数比 Fe^{3+} 少，而 Mg^{2+} 的离子半径（72 pm）大于 Fe^{3+} 的离子半径（64.5 pm），随着 Mg/Fe 摩尔比

的增加,离子间距增大,a 值随之增大。晶胞参数 c 为 24.00 ~ 24.08 Å,与结晶较好的其他类水滑石化合物相似。晶面间距 $d(003)$ 近似等于 Mg/Fe 层板及层间的厚度之和,所合成水氯铁镁石的 $d(003)$ 为 8.00 ~ 8.04 Å,减去氢氧镁石的层板厚度 4.80 Å(Ahmed and Gasser,2012),可求得水氯铁镁石晶体的层间距为 3.20 ~ 3.24 Å。

表 2.2　不同 Mg/Fe 摩尔比的水氯铁镁石的晶面间距及晶胞参数

Mg/Fe 摩尔比 (R)	$d(003)$ (Å)	$d(006)$ (Å)	$d(009)$ (Å)	$d(110)$ (Å)	晶胞参数	
					a(Å)	c(Å)
$R=2.5$	8.03	4.00	2.65	1.56	3.11	24.06
$R=3.0$	8.04	3.99	2.6415	1.56	3.11	24.08
$R=3.5$	8.00	3.99	2.66	1.56	3.11	24.00
$R=4.0$	8.04	3.97	2.65	1.56	3.11	24.08
$R=5.0$	8.04	3.99	2.64	1.56	3.12	24.08

注:$a=2d(110)$;$c=3d(003)$。

表 2.3　不同 Mg/Fe 摩尔比的水氯铁镁石的晶粒尺寸(据 Scherrer 公式计算)

Mg/Fe 摩尔比 (R)	半高宽 β (°)		衍射角 θ (°)		晶体大小(nm)	
	$\beta(003)$	$\beta(110)$	$\theta(003)$	$\theta(110)$	c 轴	a 轴
$R=2.5$	0.65	0.50	11.00	59.39	12.28	18.44
$R=3.0$	0.73	0.49	10.97	59.34	10.98	18.72
$R=3.5$	0.62	0.46	11.08	59.36	12.98	19.73
$R=4.0$	0.67	0.46	11.10	59.34	11.84	19.89
$R=5.0$	0.69	0.43	11.00	59.27	11.64	21.20

注:Scherrer 公式:$D=K\lambda/(\beta \cdot \cos\theta)$,$K=0.9$,$\lambda=0.154$ nm(Scherrer,1918)。

Mg/Fe 摩尔比为 2.5∶1 的水氯铁镁石的傅里叶变换红外光谱(FTIR)如图 2.10 所示。波数为 3486 cm^{-1} 处的强吸收峰由水氯铁镁石结构层上羟基(OH)的伸缩振动产生;1655 cm^{-1} 处的吸收峰由 H—O—H 的弯曲振动产生,表明层间存在水分子;1431 cm^{-1} 处的吸收峰由 O—C—O 产生,指示水氯铁镁石颗粒表面静电吸附的 CO_2 分子或制备过程中所混入 CO_2 气体以 CO_3^{2-} 形式存在。另外,598 cm^{-1} 处的吸收峰由层板上金属氧化物的伸缩振动或剪切振动产生。其他 Mg/Fe 摩尔比的水氯铁镁石的 FTIR 光谱具有相似的吸收峰分布特征,此处不赘述。

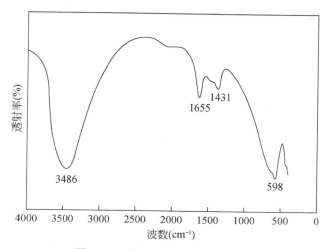

图 2.10　水氯铁镁石的 FTIR 图谱

　　在扫描电镜下也可直观看到所合成样品呈片状或板状晶体(图 2.11)。能谱分析结果总结于表 2.4,显示所合成水氯铁镁石的 Mg/Fe 摩尔比为 2.85∶1,与理论摩尔比 2.5∶1 相近。其他 Mg/Fe 摩尔比的水氯铁镁石在扫描电镜下的形态相近,在此略去其 SEM 照片。

图 2.11　水氯铁镁石的 SEM 图像

表 2.4　水氯铁镁石能谱分析的元素组成(%)

元素	质量分数	原子分数
O	46.68	64.29
Mg	25.27	22.90
Cl	7.66	4.76
Fe	20.39	8.04

注:其分析点在图 2.11 中已标出。

2.3　阴离子黏土的结构记忆效应

在一定温度范围内,阴离子黏土的热分解过程是可逆的,也称结构记忆效应。鉴于此特殊的结构重建能力及其层间阴离子交换能力,阴离子黏土成为水处理领域内被广泛使用的材料(Olfs et al.,2009)。迄今为止,大量研究者针对不同类型的阴离子黏土开展了其结构记忆效应研究;然而,已有研究的焙烧温度的上限往往偏低。因此,我们选择水铝钙石和水氯铁镁石,分别在 400~1500℃和 300~1000℃范围内,对其热分解过程和焙烧产物的结构恢复能力开展了系统研究。

2.3.1　水铝钙石的热分解过程

Lopez-Salinas 和 Ono(1993)提出水铝钙石在温度高于 250℃时层状结构发生坍塌,在 300℃时转变为非定形态,在 600~700℃时则分解成氧化钙(CaO)和钙铝石($Ca_{12}Al_{14}O_{33}$)。Vieille 等(2004)基于实验研究认为水铝钙石的热分解包括脱水过程、脱羟基过程和离子分解过程,但上述过程并不完全独立发生,可能部分重叠;另外,低温焙烧(<280℃)的水铝钙石在空气中冷却至室温的过程中可自动复原其层状结构,但恢复程度和速率与空气湿度和其他实验条件有关,而 400℃下焙烧得到的非定形态混合物可以在 KCl 溶液中完全恢复层状结构。参考低温焙烧后水铝钙石的结构重建能力,我们着眼于更大的焙烧温度范围(400~1500℃),系统研究了焙烧水铝钙石的结构和矿物组成变化及其结构恢复机理。

水铝钙石样品的热重分析曲线(图 2.12)显示其在 40~1500℃温度范围内的质量损失大致分为三个阶段:第一阶段(40~170℃)的质量损失率为 11.32%,归因于表面附着水和层间水的脱离;第二阶段(170~350℃)的质量损失率为 13.43%,为层间氯离子和氢氧根离子脱出的;第三阶段(350~1500℃),质量损失继续增大(此阶段损失率也为 13.43%),表明样品在此温度范围内继续分解。

水铝钙石的焙烧实验在 400℃、500℃、600℃、700℃、800℃、900℃、1000℃、1100℃、1200℃、1300℃、1400℃、1500℃条件下于马弗炉内进行,焙烧时间为 2 h,

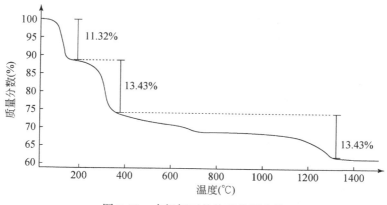

图 2.12 水铝钙石的热重分析曲线

之后在装有变色硅胶(干燥剂)的干燥器里冷却至室温,称量并记录焙烧前后样品质量的变化(表 2.5)。水铝钙石在焙烧前后的质量损失与热重分析结果基本相符,总体上质量损失随焙烧温度的升高而增大。900℃、1100℃、1400℃时焙烧产物的质量损失率异常可能是由于其在冷却过程中与空气中水分子发生了再水合作用。在 400℃ 条件下,水铝钙石焙烧产物的质量损失为 26.56%,不仅与热重分析结果相差不大,与水铝钙石(化学结构式:$Ca_4Al_2(OH)_{12}Cl_{1.71}(OH)_{0.29}\cdot 4.85H_2O$)结构中层间水分子、氯离子和结合水全部脱离后的质量损失率理论值(26.79%)也非常接近。焙烧温度升高至 1200℃ 后,水铝钙石质量损失率升高至 40% 左右。此时水铝钙石分解为钙铝石($Ca_{12}Al_{14}O_{33}$)和氧化钙(CaO)[式(2.1)],其理论质量损失率(42.90%)与实测值仍然比较接近。

表 2.5 水铝钙石在不同温度下焙烧后的质量损失率

温度(℃)	质量损失率(%)	温度(℃)	质量损失率(%)	温度(℃)	质量损失率(%)
400	26.56	800	34.87	1200	40.70
500	27.68	900	31.43	1300	41.55
600	31.83	1000	39.09	1400	35.77
700	31.89	1100	37.98	1500	40.80

$$Ca_4Al_2(OH)_{12}Cl_{1.71}(OH)_{0.29}\cdot 4.85H_2O \longrightarrow$$

$$\frac{1}{7}Ca_{12}Al_{14}O_{33}+\frac{16}{7}CaO+\frac{171}{100}HCl+\frac{507}{50}H_2O \quad (2.1)$$

进一步对在 400~1500℃ 范围内焙烧的水铝钙石样品及其和超纯水的反应产物进行了 XRD、FTIR、SEM 表征。不同温度下焙烧产物的 X 射线衍射图谱如图

2.13所示。水铝钙石在400~500℃焙烧后所获产物的XRD谱峰非常宽缓而不明显[图2.13(a)],表明晶体结构已完全坍塌并转化为非定形态。焙烧温度从600℃升高到900℃的过程中,XRD分析结果[图2.13(a)]指示焙烧产物逐渐转变为钙铝石($Ca_{12}Al_{14}O_{33}$)和氧化钙(CaO);另外,产物中出现了方解石晶体($CaCO_3$),这是因为钙铝石和氧化钙混合物在700~1000℃范围内对空气中CO_2的吸附能力很强(钙铝石作为惰性黏合剂可防止氧化钙高温固结,从而增强了氧化钙对CO_2的吸附,使其转变为方解石)(Mastin et al.,2011)。焙烧温度超过1000℃后,方解石随温度增加逐渐减少,同时形成新的化合物——铝酸三钙($Ca_3Al_2O_6$)。图2.13(b)中标注"○"的衍射峰位置与钙铝石和铝酸三钙的衍射峰位置均基本吻合,但考虑到该衍射峰随焙烧温度升高而强度增大、形态变尖的趋势,结合反应式(2.2)、(2.3)可以断定其应属于铝酸三钙。此外,焙烧产物中还存在少量氯钙石($CaCl_2$),应为样品在受热发生羟基、氯离子脱离的阶段,部分氯离子与水铝钙石结构层上的钙离子结合而形成。Vieille等(2004)认为氯离子插层的水铝钙石在焙烧过程中释放了结构中的水分子后,层间氯离子更靠近于结构层上的钙原子,因而增大了形成氯钙石的概率。

$$CaCO_3 \xrightarrow{>1000℃} CaO+CO_2 \tag{2.2}$$

$$Ca_{12}Al_{14}O_{33}+9CaO \xrightarrow{>1000℃} 7Ca_3Al_2O_6 \tag{2.3}$$

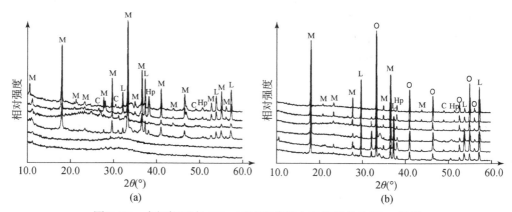

图2.13　水铝钙石在400~1500℃范围内焙烧样品的XRD图谱
(a)400~900℃;(b)1000~1500℃。C:方解石($CaCO_3$);Hp:氯钙石($CaCl_2$);L:氧化钙(CaO);
M:钙铝石($Ca_{12}Al_{14}O_{33}$);○:铝酸三钙($Ca_3Al_2O_6$)

2.3.2　水氯铁镁石的热分解过程

水氯铁镁石的热稳定性因 Mg/Fe 比的不同而略有差异,但基本相近。图2.14

为不同 Mg/Fe 比的水氯铁镁石的 TG-DSC 曲线,根据焙烧温度从 40~1000℃条件下五组水氯铁镁石的质量损失率,可将其热分解过程划分为三个阶段:第一阶段(40~200℃),水氯铁镁石脱去表面吸附水和层间结合水;第二阶段(200~400℃),脱去层间氯离子和氢氧根离子;第三阶段(>400℃),进一步分解为新的化合物。以 Mg/Fe 为 3:1 的水氯铁镁石为例(图2.14(b)),第一阶段和第二阶段质量损失率分别为 11.5% 和 20.0%,两个阶段的总质量损失率为 31.5%,非常接近于按照分子式 $Mg_{2.98}Fe(OH)_{7.97}Cl_{0.99}(OH)_{0.11} \cdot 3.97H_2O$ 得到的理论计算结果(28.89%)。TG-DSC 曲线显示当焙烧温度超过 400℃后,焙烧产物事实上仍有一定质量损失,归因于第三阶段不同的化学键断裂和结构转变。据上,水氯铁镁石的热分解过程可以归纳为式(2.4)~式(2.7)。

质量损失第一阶段(<200℃):
$$Mg_6Fe_2(OH)_{16}Cl_2 \cdot 4H_2O \longrightarrow Mg_6Fe_2(OH)_{16}Cl_2 + 4H_2O \qquad (2.4)$$

质量损失第二阶段(200~400℃):
$$Mg_6Fe_2(OH)_{16}Cl_2 \longrightarrow Mg_6Fe_2O_4(OH)_{10} + 2HCl + 2H_2O \qquad (2.5)$$

质量损失第三阶段(>400℃):
$$Mg_6Fe_2O_4(OH)_{10} \longrightarrow MgFe_2O_4 + 5MgO + 5H_2O \qquad (2.6)$$

$$MgFe_2O_4 \xrightarrow{>800℃} Fe_2O_3 + MgO \qquad (2.7)$$

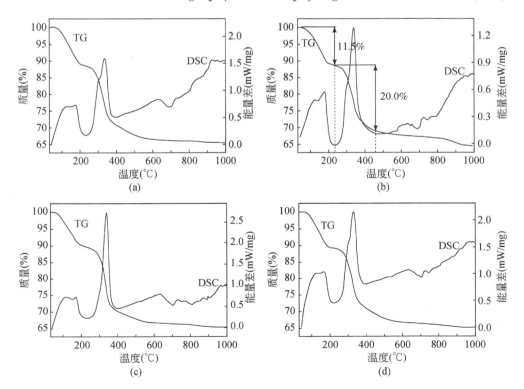
(a)　　　　　　　　　　　　　(b)

(c)　　　　　　　　　　　　　(d)

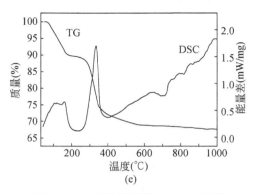

图 2.14　水氯铁镁石的 TG-DSC 曲线

(a)Mg/Fe 比为 2.5∶1;(b)3∶1;(c)3.5∶1;(d)4∶1;(e)5∶1

表 2.6 为用马弗炉焙烧 Mg/Fe 比为 3∶1 的水氯铁镁石在焙烧后的质量损失率记录,与 TG 分析结果非常相似。在 400℃焙烧条件下的质量损失率为 27.5%,同样与理论计算结果(28.89%)很接近。总体上,水氯铁镁石质量损失随焙烧温度的升高而增大,仅在 1000℃下焙烧产物的质量损失率变化异常,原因应为在冷却过程中吸收了空气中的水蒸气和二氧化碳。阴离子黏土在高温下的焙烧产物与空气中湿气或 CO_2 的结合屡见于文献报道(Wang et al. ,2008;Ye and Abdullah,2009),这种结合可明显增大焙烧产物的实测质量并导致其质量损失减少。

表 2.6　水氯铁镁石(Mg/Fe 比为 3∶1)在不同温度下焙烧前后的质量损失

温度(℃)	质量损失率(%)	温度(℃)	质量损失率(%)
300	14.50	700	38.50
400	27.50	800	45.50
500	36.00	900	63.50
600	37.50	1000	43.50

水氯铁镁石在不同温度下焙烧产物的 X 射线衍射(XRD)图谱如图 2.15 所示。在 300℃和 400℃条件下,焙烧产物的 XRD 图谱中衍射峰难以识别,表明水氯铁镁石晶体结构已坍塌,转化为非定形态。500℃、600℃焙烧产物的图谱仅显示方镁石(游离状态的 MgO 晶体)的衍射峰。在焙烧温度进一步升高到 1000℃的过程中,焙烧产物组成逐步发生改变,镁铁矿($MgFe_2O_4$)开始出现,且其衍射峰强度逐渐增大,方镁石的衍射峰强度也呈相同变化趋势。在 800℃以上,还出现了赤铁矿(Fe_2O_3)的衍射峰,可以解释为镁铁矿进一步分解而形成的产物。镁铁矿在 800℃以上温度条件下的分解与 DSC 曲线在 800℃后呈现的上升趋势相符合。

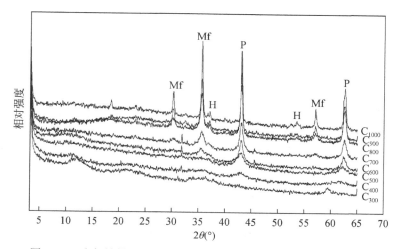

图 2.15　水氯铁镁石在 300～1000℃ 条件下焙烧产物的 XRD 图谱

H:赤铁矿;Mf:镁铁矿;P:方镁石;C$_{300}$～C$_{1000}$依次指焙烧

温度为 300℃、400℃、500℃、600℃、700℃、800℃、900℃ 和 1000℃

2.3.3　水铝钙石的结构记忆效应

将不同温度下水铝钙石的焙烧产物加入去离子水,在室温下充分混合 24 h,而后置于在 45℃ 的恒温干燥箱中干燥。图 2.16(a) 显示当焙烧产物在 900℃ 之下获得时,其与去离子水充分混合后所获固体的 XRD 图谱只显示水铝钙石的衍射峰,表明水铝钙石在此温度之下焙烧后可在水中于常温条件下即恢复初始结构,反应机理如式(2.8)～式(2.10)所示。在本实验中,M$^{-2/x}$ 可能为 OH$^-$、Cl$^-$ 或 CO$_3^{2-}$,但 OH$^-$ 应为主要插层阴离子。然而,焙烧温度超过 1000℃ 时,焙烧产物的水合物中既有水铝钙石,也有六水铝酸三钙,且焙烧温度越高水合产物中水铝钙石的衍射峰强度就越弱[图 2.16(b)],指示此温度范围内的焙烧产物在水中恢复原始结构的能力已不同程度丧失。原因为高温条件下(> 1000℃)的焙烧产物铝酸三钙(Ca$_3$Al$_2$O$_6$)在水溶液中迅速水合为六水铝酸三钙(Ca$_3$Al$_2$O$_6$·6H$_2$O),在 20～225℃ 的温度范围内可稳定存在,从而降低了水铝钙石的再生率(Li et al.,2006)。

$$CaO + H_2O \longrightarrow Ca^{2+} + 2OH^- \tag{2.8}$$

$$Ca_{12}Al_{14}O_{33} + 33H_2O \longrightarrow 14Al(OH)_4^- + 12Ca^{2+} + 10OH^- \tag{2.9}$$

$$4Ca^{2+} + 2Al(OH)_4^- + 4OH^- + xM^{-2/x} + nH_2O \longrightarrow Ca_4Al_2(OH)_{12}M_x \cdot nH_2O \tag{2.10}$$

另外,对比 500℃、1000℃、1500℃ 经焙烧、水合过程再生的水铝钙石和原水铝

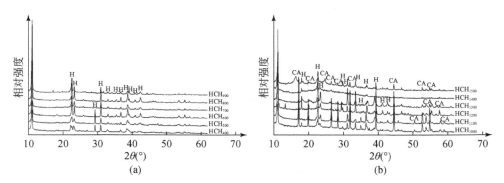

图 2.16　水铝钙石焙烧产物经水合反应后的 XRD 图谱

(a)400~900℃;(b)1000~1500℃。CA:六水铝酸三钙(Ca$_3$Al$_2$O$_6$·6H$_2$O);H:

水铝钙石(Ca$_4$Al$_2$(OH)$_{12}$Cl$_2$·6H$_2$O)

钙石的(002)晶面的层间距可发现,再生的 OH$^-$ 插层的水铝钙石与初始 Cl$^-$ 插层的水铝钙石相比,层间距有所降低(图 2.17)。这是由于 OH$^-$ 的晶体学半径(0.137 nm)小于 Cl$^-$ 的晶体学半径(0.168 nm)。相对而言,500℃条件下焙烧、再生的水铝钙石的层间距降低幅度较小则是因为此温度下焙烧产物中含少量碳酸钙,其溶于水后生成的 CO$_3^{2-}$ 可能参与插层,它的晶体学半径为 0.189 nm(Moyo et al.,2008),一定程度上增大了再生水铝钙石的层间距。

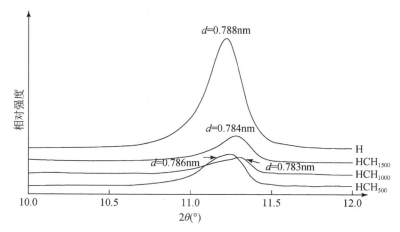

图 2.17　再生水铝钙石与原水铝钙石(002)晶面层间距对比

H:原水铝钙石;HCH$_{1500}$、HCH$_{1000}$、HCH$_{500}$ 分别为

在 1500℃、1000℃、500℃焙烧后再生的水铝钙石

不同温度下（500℃、1000℃和1500℃）水铝钙石焙烧产物的傅里叶变换红外光谱分析［图 2.18（a）］可佐证上述结果。与原水铝钙石相比，焙烧产物在 3639 cm^{-1}处的吸收峰消失，说明其中结晶水和吸附水均已脱去；其他官能团的吸收峰虽然存在，但均发生强度降低或波数偏移的趋势。低波数区域的吸收峰随焙烧温度升高强度减弱，偏移量增大，指示了水铝钙石结构逐步坍塌的过程。另外，在 500℃焙烧产物的 FTIR 图谱中，波数 1418 cm^{-1}处出现了较强的吸收峰，应为样品中存在碳酸盐的反映；1000℃和1500℃焙烧产物的图谱中在 1415 cm^{-1}处也有较弱吸收峰，同样显示有少量碳酸盐存在。以上 FTIR 证据与 XRD 分析结果相吻合，即水铝钙石在 1000℃以下的焙烧产物之一——氧化钙——是空气中 CO$_2$ 的强吸附剂，更高温度下的焙烧产物在冷却过程中也可吸收一定量的 CO$_2$。此外，焙烧产物在去离子水中发生水合作用后，500℃焙烧-水合样品的谱峰与原水铝钙石样品的谱峰基本一致，说明水铝钙石结构可完全重建；1000℃、1500℃焙烧-水合样品的谱峰则不尽相同［图 2.18（b）］——同样如 XRD 分析结果所指示——在水合样品中同时形成了水铝钙石晶体和六水铝酸三钙晶体，其结晶水和附着水的吸收峰（3632 cm^{-1}）均已重现。

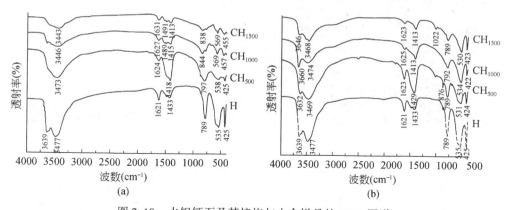

图 2.18　水铝钙石及其焙烧与水合样品的 FTIR 图谱

（a）水铝钙石原样及其在 500℃、1000℃、1500℃条件下焙烧产物的 FTIR 图；（b）水铝钙石原样及其焙烧产物经水合反应后的 FTIR 图。H：水铝钙石；HCH$_{1500}$、HCH$_{1000}$、HCH$_{500}$分别为在 1500℃、1000℃、500℃焙烧后再生的水铝钙石

扫描电镜-能谱分析（SEM-EDX）可以更直观地反映水合反应后样品的表面形态和元素组成变化。图 2.19（a）和图 2.19（b）显示水铝钙石原样为规整的板状正六边形形态；400℃焙烧产物在水合过程后可完全恢复此形态，而且再生水铝钙石的晶体形态更加完整、尺寸更大［图 2.19（c）］。相比之下，1000℃焙烧-水合产

物[图2.19(d)]中呈正六边形的水铝钙石晶体较少,且形态完整性较差;而1500℃焙烧-水合产物中则出现大量菱形十二面体晶体[图2.19(e)]——能谱分析证明其元素组成非常接近六水铝酸三钙(Ca$_3$Al$_2$O$_6$·6H$_2$O)(表2.7中点4)。

表2.7 水铝钙石及其焙烧-水合产物的能谱分析结果(原子分数,%)

元素	点1	点2	点3	点4
Ca	13.16	22.34	5.27	24.53
Al	8.49	16.47	3.83	20.37
O	71.70	47.04	62.93	55.09
Cl	6.65	14.16	2.02	—

注:分析点的位置标注于图2.19中,分别为点1、2、3和4。

(a)

(b)

(c)

(d)

(e)

图 2.19 水铝钙石原样[（a）和（b）]及其 400 ℃（c）、1000 ℃（d）和
1500 ℃（e）焙烧–水合产物的 SEM 图像

2.3.4 水氯铁镁石的结构记忆效应

与水铝钙石相似，在一定温度下焙烧的水氯铁镁石可在水溶液中恢复其原始层状结构。图 2.20 为水氯铁镁石焙烧–水合样品的 XRD 图谱。在焙烧温度不高于 600 ℃ 的条件下，焙烧产物与去离子水在常温下混合后可恢复其初始结构，其反应机理如式（2.11）、式（2.12）、式（2.13）所示。

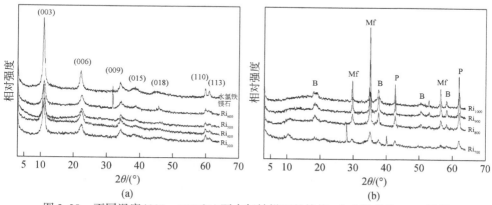

图 2.20 不同温度（300~1000℃）下水氯铁镁石的焙烧–水合样品的 XRD 图谱

B：水镁石；Mf：镁铁矿；P：方镁石；Ri_{300}：300℃焙烧–水合样品

$$MgO+H_2O \longrightarrow Mg^{2+}+2OH^- \tag{2.11}$$

$$MgFe_2O_4+4H_2O \longrightarrow 2Fe^{3+}+Mg^{2+}+8OH^- \tag{2.12}$$

$$3Mg^{2+}+Fe^{3+}+8OH^-+xA^{-1/x}+nH_2O \longrightarrow Mg_3Fe(OH)_8A \cdot nH_2O \tag{2.13}$$

在水氯铁镁石焙烧产物–去离子水反应系统中,OH^-是主要阴离子,因而也将作为主要插层阴离子参与水氯铁镁石的结构重建。元素分析表明再生水氯铁镁石中存在碳元素,其 FTIR 图谱(图 2.21)中也包括较弱的 CO_3^{2-} 的吸收峰(1384 ~ 1401 cm^{-1}),应与焙烧产物水合反应过程中空气来源 CO_2 的浸染有关。但层间阴离子中 CO_3^{2-} 所占的百分比为 19.6% ~ 22.7%,明显低于 OH^- 所占的比例(67.1% ~ 78.8%)(表 2.8),因此 OH^- 仍是再生水氯铁镁石层间占优势地位的阴离子。值得注意的是,水氯铁镁石的 300℃ 和 400℃ 焙烧–水合产物中仍能检测到 Cl^-,分别占层间阴离子总量的 13.3% 和 1.3%,表明在相对低的温度条件下,焙烧过程不能使水氯铁镁石完全分解。总体来看,在 300 ~ 600℃ 焙烧–水合反应过程中,水氯铁镁石层间主要阴离子由初始的 Cl^- 替换为 OH^-,CO_3^{2-} 的百分比则几乎不变。同时,对比水氯铁镁石在其焙烧(300 ~ 600℃)–水合过程前后(003)晶面的层间距 d(003)和晶胞参数 c(图 2.22、表 2.9)可发现,该过程使以上参数的数值有所降低,这是由于 OH^- 的晶体学半径(0.137 nm)小于 Cl^- 的晶体学半径(0.168 nm)。

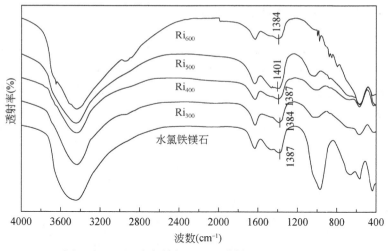

图 2.21　原生水氯铁镁石及重建样品的 FTIR 图谱

表 2.8　水氯铁镁石及其焙烧–水合产物的层间阴离子组成(%)

样品编号	CO_3^{2-}	OH^-	Cl^-
水氯铁镁石	16.3	0	83.7
Ri_{300}	19.6	67.1	13.3
Ri_{400}	22.4	76.3	1.3
Ri_{500}	21.2	78.8	0.0
Ri_{600}	22.7	77.3	0.0

注:表中数据通过元素分析结果计算。

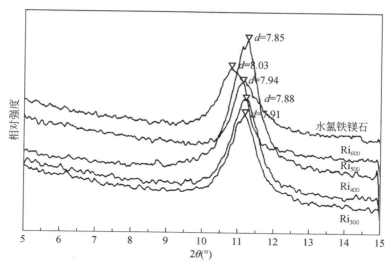

图 2.22　水氯铁镁石在焙烧–水合过程前后 (003) 晶面层间距的对比

Ri$_{300}$ 为在 300℃焙烧–水合而形成的水氯铁镁石

表 2.9　水氯铁镁石及其焙烧–水合产物的晶胞参数

样品编号	$d(003)(Å)$	$d(110)(Å)$	$a(Å)$	$c(Å)$
水氯铁镁石	8.03	1.55	3.10	24.09
Ri$_{300}$	7.91	1.55	3.10	23.73
Ri$_{400}$	7.88	1.55	3.10	23.64
Ri$_{500}$	7.85	1.55	3.10	23.55
Ri$_{600}$	7.94	1.56	3.12	23.82

注：$a = 2d(110)$；$c = 3d(009)$。

当焙烧温度超过 600℃时，焙烧–水合产物中水氯铁镁石的衍射峰消失 (图 2.20)，焙烧产物的结构恢复能力已经丧失。水合产物中还出现水镁石 [Mg(OH)$_2$]，由 MgO 与水反应形成，其反应式为

$$MgO + H_2O \longrightarrow Mg(OH)_2 \tag{2.14}$$

扫描电镜 (SEM) 分析结果同样指示水氯铁镁石在焙烧温度较低的情况下可通过水合过程恢复原始层状结构，但随焙烧温度增加，该能力逐渐丧失 (图 2.23)。焙烧温度不超过 600℃时，焙烧–水合产物为 Mg/Fe 比接近 3∶1 的水氯铁镁石 (见表 2.10 能谱分析结果)。焙烧温度为 800℃和 1000℃时，焙烧–水合产物中出现了水氯铁镁石之外的新矿物，能谱分析表明其 Mg/O 比接近 1∶2，应为两种不同形态

[一种为片状,如图2.23(c)所示;一种为球状,如图2.23(d)所示]的氢氧化镁晶体集合体,与XRD分析结果中出现的水镁石的特征峰相吻合。

表2.10　不同温度焙烧-水合样品的能谱分析结果[原子分数(%),分析点标注于图2.23]

元素	点1	点2	点3	点4	点5	点6
O	63.77	57.40	71.81	74.93	56.49	69.76
Mg	26.40	31.51	28.19	25.07	31.15	30.24
Fe	9.84	11.09	—	—	12.36	—

(a)　　　　　　　　　　　　　(b)

(c)　　　　　　　　　　　　　(d)

图 2.23　不同温度焙烧–水合样品的 SEM 图

(a)焙烧温度为 400℃；(b)600℃；(c)和(d)800℃；(e)和(f)1000℃

2.4　阴离子黏土在水处理领域的研究和应用进展

阴离子黏土的层结合力相对较弱,同时具备较大的比表面积,展现出与阴离子交换树脂相当的有机/无机阴离子交换能力[2～3 meq(毫克当量)/g](Bish,1980；Cavani et al.,1991；Vaccari,1998；Das et al.,2004),故已广泛用于去除水环境中的有害组分,包括含氧络阴离子(Kang et al.,1999；Toraishi et al.,2002；Zhang and Reardon,2003；Wang et al.,2006；Yang et al.,2006；Ay et al.,2007)、单核阴离子(Lv et al.,2006；Miao,2006；Paredes et al.,2006)、有机阴离子(Zhu et al.,2005；Bruna et al.,2006；Li et al.,2006)等。此外,值得指出的是,在阴离子之外,阴离子黏土也可用于吸附阳离子(Lehmann et al.,1999；Seida et al.,2001；Lazaridis,2003)和气体(Cantú et al.,2005；Ritter et al.,2005)。表 2.11 罗列了近年来不同类型阴离子黏土去除水中阴离子的报道,涵盖了国内外相关典型案例。

表 2.11　阴离子黏土去除水中阴离子的典型案例

阴离子类型	阴离子黏土类型	文献来源
氟离子	纤维素支撑 Zn/Al 阴离子黏土	Mandal and Mayadevi,2008
硫酸根	苯丙氨酸和 Zn/Al 阴离子黏土复合材料	顾怡冰等,2016
砷酸根	Ni/Mn 阴离子黏土改性的生物炭复合物	Wang et al.,2016
砷酸根	Mg/Fe 阴离子黏土包覆磁铁矿复合物	Türk and Alp,2014
亚砷酸根	TiO_2 和 Mg/Al 阴离子黏土纳米复合材料	Lee et al.,2015
硝酸根	Mg/Fe 阴离子黏土改性生物炭复合材料	Xue et al.,2016

阴离子类型	阴离子黏土类型	文献来源
磷酸根	掺 Fe_3O_4 的 Mg/Al 阴离子黏土磁性复合材料	赵冰清等,2008;Mandel et al. ,2013;赵维和陈佑宁,2013;Koilraj and Sasaki,2016
磷酸根	Mg/Al、Mg/Fe 阴离子黏土改性生物炭复合材料	Zhang et al. ,2013;Wan et al. ,2017
磷酸根	$CoFe_2O_4$ 和 Mg/Al 阴离子黏土磁性复合材料	邓林等,2016;施周等,2016
磷酸根	改性 Mg/Al 阴离子黏土	邢坤和王海增,2012
铬酸根	石墨烯-Mg-Al 阴离子黏土纳米复合物	Yuan et al. ,2013
铬酸根	阴离子黏土与聚丙烯腈交织纤维	Gore et al. ,2016
铬酸根	Mg/Al 阴离子黏土和蛭石复合材料	Tian et al. ,2016
铬酸根	PA6@ Mg/Al 阴离子黏土纳米纤维膜	王娇娜等,2015
铬酸根	PET@ Mg/Al 阴离子黏土纳米纤维膜	贺欢等,2017
铬酸根	γ-Al_2O_3 固载 Mg/Al 阴离子黏土	李顺凯等,2016
铬酸根	纳米 Mg/Al 阴离子黏土和 SiO_2 复合材料	Pérez et al. ,2015
钒酸根	焙烧 Mg/Al 阴离子黏土	王莉娟等,2012;Song et al. ,2013;肖卫红等,2015
钒酸根	焙烧 Ca/Al 阴离子黏土	许云峰等,2010
钒酸根	焙烧 Mg/Fe/Al 阴离子黏土	周宇淋等,2016
氟硼酸根	焙烧 Mg/Al 阴离子黏土	Yoshioka et al. ,2007
苯甲酸根	未焙烧、焙烧 Mg/Al 阴离子黏土	赵勤等,2010
邻苯二甲酸根	Mg/Al 阴离子黏土	王龙等,2010;王龙等,2011
对苯二甲酸根	未焙烧、焙烧 Mg/Al 阴离子黏土	Crepaldi et al. ,2002
苯丙氨酸	焙烧 Cu/Zn/Al 阴离子黏土	Jiao et al. ,2012;许海菊和李玉红,2016
苯酚	焙烧 Mg/Al 阴离子黏土	毕研俊等,2007
三硝基苯酚	未焙烧、焙烧 Mg/Al 阴离子黏土	Hermosin et al. ,1996;Ulibarri et al. ,2001
对硝基苯酚	未焙烧、焙烧 Mg/Al 阴离子黏土	张树芹等,2007
对硝基甲苯	有机物插层的 Mg/Al 阴离子黏土	苏继新等,2009
硝基苯	改性 Mg/Al-CO_3^{2-} 阴离子黏土	夏燕等,2013
硝基苯、萘	改性 Ca/Al 阴离子黏土	章萍等,2013
有机染料	未焙烧、焙烧 Mg/Ni/Al 阴离子黏土	Zaghouane-Boudiaf 等,2012
有机染料	未焙烧、焙烧 Zn/Al-CO_3^{2-}/Cl/NO_3^-/SO_4^{2-} 阴离子黏土	刘宇程等,2013;徐焱等,2014;刘凤仙等,2015;Mahjoubi et al. ,2017
有机染料	Mg/Fe-CO_3^{2-} 阴离子黏土	孙洪霞等,2010;Ahmed and Gasser,2012
有机染料	纳米 Mg/Al 阴离子黏土	仇满德等,2016

阴离子类型	阴离子黏土类型	文献来源
有机染料	未焙烧、焙烧 Mg/Al 阴离子黏土	王立秋等,2007;沙宇等,2009;王巧巧等,2009;倪哲明等,2011;朱茂旭等,2007;薛继龙等,2011;张钱和吴平霄,2011;朱国华和吴东辉,2011;Ni et al. ,2012;张璐虹等,2012;王絮等,2013;吴素花和李耀中,2014;吴素花等,2015;Li et al. ,2016;王立秋等,2006
有机染料	空心 Ni/Al 阴离子黏土纳米线	Chen et al. ,2016
有机染料	Mg/Zn-Al/Fe 阴离子黏土	Abou-El-Sherbini et al. ,2015
有机染料	焙烧甘油改性 Mg/Al 阴离子黏土纳米材料	Yao et al. ,2017
有机染料	磁性 Fe₃O₄、Mg/Al 阴离子黏土复合物	Shan et al. ,2014;Ardhayanti and Santosa,2016
有机染料	焙烧 Ni/Fe 阴离子黏土	韩江政等,2013;Lei et al. ,2017
有机染料	改性 Zn/Al、Zn/Mo 阴离子黏土	田宏燕等,2014
有机染料	焙烧 Cu/Zn/Al 阴离子黏土	黄婧祎等,2009
天然树脂	焙烧 Mg/Al 阴离子黏土	李国栋和刘温霞,2010
腐殖酸	Mg/Al-Cl/NO₃⁻/CO₃²⁻ 阴离子黏土	Vreysen and Maes,2008;崔康平等,2008;秦芳等,2015
腐殖酸	改性 Mg/Al 阴离子黏土	钮付涛等,2013
酸性除草剂	焙烧 Mg/Al 阴离子黏土	Cardoso and Valim,2006

足够大的阴离子黏土层间距(大于待去除阴离子的直径)是实现对层间阴离子交换位置有效利用的前提。表 2.12 列举了常见阴离子的离子半径,范围为 0.126~0.237 nm,包括无机含氧络阴离子,如亚砷酸根离子、砷酸根离子、硫酸根离子、铬酸根离子、磷酸根离子、亚硒酸根离子、硒酸根离子、硼酸根离子、硝酸根离子、碘酸根离子、钼酸根离子,以及单核阴离子,如氟离子、氯离子、溴离子、碘离子等。

表 2.12　常见阴离子的半径(Roobottom,2015)

阴离子	离子半径(nm)	阴离子	离子半径(nm)
AsO_4^{3-}	0.237	F^-	0.126
$B(OH)_4^-$	0.229	$H_2AsO_4^-$	0.227
BF_4^-	0.231	$H_2PO_4^-$	0.213
BrO_3^-	0.214	HCO_3^-	0.207
Cl^-	0.168	IO_3^-	0.218
ClO_4^-	0.225	NO_3^-	0.200
CO_3^{2-}	0.189	OH^-	0.152
CrO_4^{2-}	0.229	SO_4^{2-}	0.218

表 2.13 总结了国内外相关文献报道的阴离子黏土去除水中常见阴离子的关

键实验参数。据此表,阴离子黏土对常见阴离子的吸附能力为:对 F 的吸附容量为 0.39 ~ 719 mg/g,对 Cl 的吸附容量为 10.8 ~ 74.1 mg/g,对 Br 的吸附容量为 7.2 ~ 119 mg/g,对亚砷酸盐的吸附容量为 0.026 ~ 286.9 mg/g,对砷酸盐的吸附容量为 0.02 ~ 615 mg/g,对 Cr(Ⅵ) 的吸附容量为 2.18 ~ 650 mg/g,对磷酸盐的吸附容量为 3.79 ~ 197 mg/g,对硼酸盐的吸附容量为 3.45 ~ 79.2 mg/g,对 N(Ⅴ) 的吸附容量为 2.3 ~ 233 mg/g,对 Se(Ⅳ) 的吸附容量为 25 ~ 180 mg/g。表 2.13 中所列实验数据表明焙烧过程可显著提高阴离子黏土对含氧络阴离子的去除能力。例如,阴离子黏土经焙烧后(剂量为 1 g/L 水)对砷酸盐的吸附容量由 105 mg/g 大幅度升高至 615 mg/g(Lazaridis et al. ,2002)。再如对于 Cr(Ⅵ),焙烧后阴离子黏土(剂量为 1 ~ 10 g/L 水)的吸附容量一般大于 50 mg/g(Goswamee et al,1998;Lazaridis and Asouhidou,2003;叶瑛等,2004;Alvarez-Ayuso and Nugteren,2005),而未焙烧阴离子黏土(剂量为 1 ~ 4 g/L 水)的吸附容量通常低于 25 mg/g(Lazaridis et al,2004;Terry,2004;Alvarez-Ayuso and Nugteren,2005)。

表 2.13　阴离子黏土对常见阴离子的吸附特征

阴离子类型	阴离子黏土类型（括号中数字为焙烧温度）	合成方法	比表面积（m²/g）	吸附容量(mg/g); 等温吸附模型	初始浓度（mg/L）	初始 pH; 温度	固液比 [m(g):V(mL)]	反应动力学模型	文献来源
氟离子	Ca/Al–Cl 阴离子黏土	C		719.1	5.7~2280	25℃	1:500	LP–S	Guo and Tian,2013
氟离子	Li/Al 阴离子黏土	C	37.24	42.43;F	20~200	pH 6~7;25℃	1:500	LP–S	Zhang et al.,2012b
氟离子	Mg/Al–CO$_3^{2-}$ 阴离子黏土	C	34.3	319.8;S	5~2500	pH 6;30℃	1:133	M–S	Lv et al.,2007
氟离子	Mg/Al–NO$_3$ 阴离子黏土	C		62.7;L	95~760	pH 10,11;30℃	1:200	LP–S	Kameda et al.,2015b
氟离子	Mg/Al–NO$_3$ 阴离子黏土	CO		3.8	3.8		1:1000		梁杜娟等,2016
氟离子	Mg/Al–NO$_3$ 阴离子黏土	C		40.75;L	5~200	室温	1:250	LP–S	李洁祥等,2013
氟离子	Mg/Cr–Cl 阴离子黏土	C		13.16;L,F	10~100	pH 7;25℃	1:166	F	Mandal et al.,2013
氟离子	Zn/Al 阴离子黏土	C	52.3	4.46;L,F	5.2~15.3	pH 2.5~9.8;25℃	1:250	LP–S	Mandal and Mayadevi,2008
氟离子	Zn/Cr 阴离子黏土	C		31;L	50	pH 3~10	1:1000	LP–S	Koilraj and Kannan,2013
氟离子	焙烧 Ca/Al 阴离子黏土(450℃)	C	127.6	0.39;S	5	pH 7;室温	1:100	LP–S	Jiménez-Núñez et al.,2007
氟离子	焙烧 Li/Al 阴离子黏土(480℃)	H		123.46;F	200	pH 7;30℃	1:125	LP–S	成娅等,2012

续表

阴离子类型	阴离子黏土类型（括号中数字为焙烧温度）	合成方法	比表面积 (m²/g)	吸附容量(mg/g)；等温吸附模型	初始浓度 (mg/L)	初始 pH；温度	固液比 [m(g):V(mL)]	反应动力学模型	文献来源
氟离子	焙烧 Mg/Al/Fe 阴离子黏土(500℃)	H	156.4	75.2;L		25℃	1:2000		孔垂鹏等,2010
氟离子	焙烧 Mg/Al/Fe 阴离子黏土(500℃)	C	150	14;L	100	pH 6;25℃	1:5000	F	Ma et al.,2011a
氟离子	焙烧 Mg/Al/Fe 阴离子黏土(500℃)	C		33.67;L		35℃	1:250	LP-S	郭宇等,2015
氟离子	焙烧 Mg/Al 阴离子黏土(450℃)	C		61.32;L	35~450	40℃	1:250	LP-S	王玉莲等,2009
氟离子	焙烧 Mg/Al 阴离子黏土(450℃)	CO		56.8;L	12.4~248	室温	1:446	LP-S	Guo abd Reardon,2012
氟离子	焙烧 Mg/Al 阴离子黏土(450℃)	C		53.78;L	5~200	室温	1:250	LP-S	李洁祥等,2013
氟离子	焙烧 Mg/Al 阴离子黏土(450℃)	C		36.63;F	0.05~100	pH 6~8;25℃	1:1000	LP-S	鄂亚棋等,2014
氟离子	焙烧 Mg/Al 阴离子黏土(450℃)	C	55.1	0.46;S	5	pH 7;室温	1:100	LP-S	Jiménez-Núñez et al.,2007
氟离子	焙烧 Mg/Al 阴离子黏土(450℃)	H		71;L	12~800	pH 7;25℃	1:250		范杰等,2006
氟离子	焙烧 Mg/Al 阴离子黏土(500℃)	C		0.486	5	pH 5,7,9	1:100		Díaz-Nava et al.,2003

续表

阴离子类型	阴离子黏土类型(括号中数字为焙烧温度)	合成方法	比表面积 (m²/g)	吸附容量 (mg/g);等温吸附模型	初始浓度 (mg/L)	初始 pH;温度	固液比 [m(g):V(mL)]	反应动力学模型	文献来源
氟离子	焙烧 Mg/Al 阴离子黏土(500℃)	H	240.6	213.2;L	50	pH 6;30℃	1:900	LP-S	Lv et al.,2007
氟离子	焙烧 Mg/Al 阴离子黏土(500℃)	C	413.46	45.3	1~250	pH 7;25℃	1:400		Wang et al.,2007
氟离子	焙烧 Ni/Al 阴离子黏土(450℃)	C	139.6	0.45;S	5	pH 7;室温	1:100	LP-S	Jiménez-Núñez et al.,2007
氟离子	焙烧 Zn/Al 阴离子黏土(450℃)	C	71	13.43	10	pH 6;30℃	1:5000	F	Das et al.,2003
砷酸根离子	Ca/Al-Cl 阴离子黏土	C		361.7	0.15~1500	25℃	1:500	LP-S	Guo and Tian,2013
砷酸根离子	Ca/Al-Cl 阴离子黏土	C		37.2^c	75	pH 7、8	1:500		Grover et al.,2010
砷酸根离子	Ca/Al-NO_3 阴离子黏土	C		37.5^c	75	pH 7、8	1:500		Grover et al.,2010
砷酸根离子	Cu/Mg/Fe-CO_3^{2-} 阴离子黏土	C	70	15.6;L	1~15	pH 6;25℃	1:5000	LP-S	Guo et al.,2013b
砷酸根离子	Mg/Al-Cl 阴离子黏土	C		31.2^c	75	pH 7、8	1:500		Grover et al.,2010
砷酸根离子	Mg/Al-Cl 阴离子黏土	C		0.086^c	0.432^c	pH 7、8	1:200		Gillman,2006
砷酸根离子	Mg/Al-CO_3^{2-} 阴离子黏土	C		33.5^c	75	pH 7、8	1:500		Grover et al.,2010
砷酸根离子	Mg/Al-CO_3^{2-} 阴离子黏土	H		3.4^c	75	pH 7、8	1:500		Grover et al.,2010

续表

阴离子类型	阴离子黏土类型（括号中数字为焙烧温度）	合成方法	比表面积 (m²/g)	吸附容量(mg/g); 等温吸附模型	初始浓度 (mg/L)	初始 pH; 温度	固液比 [m(g):V(mL)]	反应动力学模型	文献来源
砷酸根离子	Mg/Al-CO₃²⁻阴离子黏土	C	47	4.5;L	0.02~0.2	pH 4.2~5.4; 25℃	1:8333		Yang et al.,2005
砷酸根离子	Mg/Al-NO₃⁻阴离子黏土	C		37.2ᶜ	75	pH 7.8	1:500		Grover et al.,2010
砷酸根离子	Mg/Al-NO₃⁻阴离子黏土	C	22	15.8;L	1~50	pH 9.5;25℃	1:2500	E	Goh et al.,2010
砷酸根离子	Mg/Al-NO₃⁻阴离子黏土	C		117;L	0.75~150	pH 5;25℃	1:2000		Wang et al.,2009
砷酸根离子	Mg/Al-NO₃⁻阴离子黏土	CO		0.11	0.11		1:1000		梁杜娟等,2016
砷酸根离子	Mg/Al阴离子黏土	C		32.6;R-P,L,F	10~70	中性;30℃	1:1000		Lazaridis et al.,2002
砷酸根离子	Mg/Fe-Cl阴离子黏土	C		331.1;F	750	25℃	1:500	LP-S	Guo et al.,2017
砷酸根离子	Mg/Fe-CO₃²⁻阴离子黏土	C		0.03ᶜ;L	0.3	pH 9;25℃	1:100	LP-S	Turk et al.,2009
砷酸根离子	Mg/Fe-SO₄²⁻阴离子黏土	C	91	134.95	225	pH 6.5;25℃	1:833		Carja et al.,2008
砷酸根离子	Mg/Fe-SO₄²⁻阴离子黏土	C		9.75ᶜ;F	0.1~100	pH 9.5;25℃	1:100		Paikaray et al.,2013
砷酸根离子	纳米 Mg/Al-NO₃⁻阴离子黏土	H	127	85.5;L	1~50	pH 9.5;25℃	1:2500	E	Goh et al.,2010

续表

阴离子类型	阴离子黏土类型（括号中数字为焙烧温度）	合成方法	比表面积（m²/g）	吸附容量(mg/g)；等温吸附模型	初始浓度（mg/L）	初始 pH；温度	固液比[m(g):V(mL)]	反应动力学模型	文献来源
砷酸根离子	焙烧 Mg/Al 阴离子黏土(450℃)	C		51.02;L	0.05~100	pH 4~10;25℃	1:1000	LP-S	郭亚祺等,2014
砷酸根离子	焙烧 Mg/Al 阴离子黏土(450℃)	C		0.02;F	0.1	pH 7.5;30℃	1:200		Chetia et al.,2012
砷酸根离子	焙烧 Mg/Al 阴离子黏土(450℃)	C		99.6^c	149.8^c	中性;20℃	1:1000		Doušová et al.,2003
砷酸根离子	焙烧 Mg/Al 阴离子黏土(500℃)	C	198	5.6;L	0.01~0.2	pH 4.2~5.4;25℃	1:8333	M	Yang et al.,2005
砷酸根离子	焙烧 Mg/Al 阴离子黏土(500℃)	C		615;R-P,L,F	50~700	中性;30℃	1:1000		Lazaridis et al.,2002
砷酸根离子	焙烧 Mg/Al 阴离子黏土(500℃)(商业)	C		50.53;L	1~150	室温	1:1000	LP-S	孙媛媛等,2011
砷酸根离子	焙烧 Mg/Al 阴离子黏土(550℃)	CO	164	0.96;F	0.05~1	pH 7;25℃	1:1000	LP-S	Sánchez-Cantú et al.,2015
砷酸根离子	焙烧 Mg/Fe/Al 阴离子黏土(450℃)	C	287.4	202^c	206.25^c	pH 6.5;25℃	1:1000		Carja et al.,2005
砷酸根离子	焙烧 Mg/Fe 阴离子黏土(450℃)	C		3.7;F	0.15~7.5	室温	1:500		Cao et al.,2016
亚砷酸根离子	Ca/Al-Cl 阴离子黏土	C		58	150	pH 9.3	1:500		Grover et al.,2009

续表

阴离子类型	阴离子黏土类型（括号中数字为焙烧温度）	合成方法	比表面积 (m^2/g)	吸附容量(mg/g); 等温吸附模型	初始浓度 (mg/L)	初始pH; 温度	固液比 [$m(g):V(mL)$]	反应动力学模型	文献来源
亚砷酸根离子	Mg/Al-Cl 阴离子黏土	C		30	150	pH 9.3	1:500		Grover et al.,2009
亚砷酸根离子	Mg/Al-NO$_3^-$ 阴离子黏土	CO		0.026	0.069		1:1000		梁杜娟等,2016
亚砷酸根离子	Mg/Fe-Cl 阴离子黏土	C		14.6;L	0.2~3	pH 6.2;室温	1:500	LP-S	Jiang et al.,2015
亚砷酸根离子	Mg/Fe-Cl 阴离子黏土	C		286.9;F	750	25℃	1:500	LP-S	Guo et al.,2017
亚砷酸根离子	焙烧 Mg/Al 阴离子黏土(380℃)	C		83.2	200		1:375		叶瑛等,2005
亚砷酸根离子	焙烧 Mg/Al 阴离子黏土(550℃)	C		83.2	200	室温	1:500		叶瑛等,2006
亚砷酸根离子	焙烧 Mg/Fe 阴离子黏土(380℃)	C		87.45	200	室温	1:500		叶瑛等,2006
亚砷酸根离子	焙烧 Mg/Fe 阴离子黏土(380℃)	C		3.4;F	0.15~7.5	室温	1:500		Cao et al.,2016
硼酸根离子	Mg/Al-Cl 阴离子黏土	C		5.8;L	7.1~141	25℃	1:250	LP-S	Guo et al.,2013a
硼酸根离子	Mg/Al-Cl 阴离子黏土	C		41.8;L	55~4400	pH 10;30℃	1:200	LP-S	Kameda et al.,2015a
硼酸根离子	Mg/Al-NO$_3^-$ 阴离子黏土	C	17.3	20	250	30℃	1:83		Ay et al.,2007
硼酸根离子	Mg/Al-NO$_3^-$ 阴离子黏土	C		39.6;L	55~4400	pH 10;30℃	1:200	LP-S	Kameda et al.,2015a

续表

阴离子类型	阴离子黏土类型（括号中数字为焙烧温度）	合成方法	比表面积 (m²/g)	吸附容量(mg/g)；等温吸附模型	初始浓度 (mg/L)	初始pH；温度	固液比 [m(g):V(mL)]	反应动力学模型	文献来源
硼酸根离子	Mg/Al-NO₃⁻阴离子黏土	C		37.9;L	250	pH 9;室温	1:50		Kentjono et al.,2010
硼酸根离子	Mg/Al-NO₃⁻阴离子黏土	C		14;L	0~50	pH 9;25℃	1:400		Ferreira et al.,2006
硼酸根离子	Mg/Al阴离子黏土	C	57.5	9.9;L	0~330	pH 4~11;25℃	1:400		Qiu et al.,2013
硼酸根离子	Mg/Al阴离子黏土	C		~8;L	600	20~40℃	1:100		闫春燕等,2009
硼酸根离子	Mg/Al阴离子黏土	C	31.3	13;L	5~500	pH 7;25℃	1:125		Jiang et al.,2007
硼酸根离子	Mg/Fe-NO₃⁻阴离子黏土	C		3.6;L	0~50	pH 9;25℃	1:400		Ferreira et al.,2006
硼酸根离子	Ni/Al阴离子黏土	C		3.45;L,F	10~120	25℃	1:250	LP-S	Cao and Guo,2013
硼酸根离子	Zn/Al-Cl阴离子黏土	C	31	14;L	5~200	pH 9;30℃	1:1000		Koilraj and Srinivasan,2011
硼酸根离子	焙烧 Mg/Al 阴离子黏土(450℃)	C		33	1000	pH 10;30℃	1:100		Liu et al.,2013
硼酸根离子	焙烧 Mg/Al 阴离子黏土(450℃)	C		22.7;L	7.1~141	25℃	1:446	LP-S	Guo et al.,2013a
硼酸根离子	焙烧 Mg/Al 阴离子黏土(450℃)	C	130.18	17.3;L	5~500	pH 7;25℃	1:125		Jiang et al.,2007
硼酸根离子	焙烧 Mg/Al 阴离子黏土(500℃)	H	4.5	11ᶜ	27.5	pH 7,10;室温	1:400		Qiu et al.,2015

续表

阴离子类型	阴离子黏土类型（括号中数字为焙烧温度）	合成方法	比表面积 (m²/g)	吸附容量(mg/g); 等温吸附模型	初始浓度 (mg/L)	初始 pH; 温度	固液比 [m(g):V(mL)]	反应动力学模型	文献来源
硼酸根离子	焙烧 Mg/Al 阴离子黏土(700℃)	C	57	26.07;L	0~330	pH 4~11;25℃	1:400		Qiu et al.,2013
硼酸根离子	焙烧 Zn/Al 阴离子黏土(400℃)	C		33;L	5~200	pH 9;30℃	1:1000		Koilraj and Srinivasan, 2011
硼酸根离子	焙烧 Zn/Al 阴离子黏土(500℃)	H	99.9		27.5	pH 7、10;室温	1:400		Qiu et al.,2015
硼酸根离子	焙烧 Zn/Al 阴离子黏土(500℃)	CO	3.6		27.5	pH 7、10;室温	1:400		Qiu et al.,2015
硼酸根离子	焙烧超薄 Mg/Al 阴离子黏土(500℃)	CO	213.14	79.2;L	0~200	pH 7;室温	1:400	LP-S	Gao et al.,2017
硝酸根离子	Mg/Al-Cl 阴离子黏土	C		21.56	5~500		1:125		Torres-Dorante et al., 2008
硝酸根离子	Mg/Al 阴离子黏土	C	5.52	10.183;L	2~12	25℃	1:1000	LP-S	蒋钦凤等,2016
硝酸根离子	Mg/Al 阴离子黏土	H	81.4	34.87;F		25℃	1:1000		邢坤和王海增,2008
硝酸根离子	Mg/Al 阴离子黏土	C		26.67c;F	2.8~70	pH 7;25℃	1:200	LP-S	Halajnia et al.,2012
硝酸根离子	Ni/Fe-Cl 阴离子黏土	H		2.3c	0.42c	室温	1:1000		Tezuka et al.,2004
硝酸根离子	焙烧 Mg/Al 阴离子黏土(200℃)	C	191.3	37.66;L	10~100	pH 6;25℃	1:286	LP-F	Islam and Patel,2011
硝酸根离子	焙烧 Mg/Al 阴离子黏土(200℃)	C	214.2	41.78;L	10~100	pH 6;25℃	1:333	LP-F	Islam and Patel,2009

续表

阴离子类型	阴离子黏土类型（括号中数字为焙烧温度）	合成方法	比表面积（m^2/g）	吸附容量（mg/g）；等温吸附模型	初始浓度（mg/L）	初始pH；温度	固液比[$m(g):V(mL)$]	反应动力学模型	文献来源
硝酸根离子	焙烧 Mg/Al 阴离子黏土（450℃）（商业）			233;F		pH 9;25℃	1:1000		马明海等,2010
硝酸根离子	焙烧 Mg/Al 阴离子黏土（500℃）	C		34.36;L		pH 7;25℃	1:1000	LP-S	Wan et al.,2012
硝酸根离子	焙烧 Mg/Al 阴离子黏土（600℃）	H		203.44;F		80℃	1:1000		邢坤和王海增,2008
硝酸根离子	焙烧 Zn/Al 阴离子黏土（200℃）	C	198.7	40.26;L	10~100	pH 6;25℃	1:333	LP-F	Islam and Patel,2010
亚硝酸根离子	焙烧 Mg/Al 阴离子黏土（500℃）	C		37.17;L		pH 7;25℃	1:1000	LP-S	Wan et al.,2012
氟离子	Mg/Al 阴离子黏土	C		16.81;L	35.5~533	pH 9;室温	1:800		王军锋等,2008
氟离子	Mg/Al 阴离子黏土	C		21.67;L	500	30℃	1:300		严刚等,2011a
氟离子	Zn/Al–NO_3^- 阴离子黏土	C		64.14;L	35	pH 5~8;25~60℃	1:1000	LP-S	Lv et al.,2009
氟离子	焙烧 Mg/Al 阴离子黏土（400℃）	C		61.88;L		pH 4~10;25℃	1:250	F	李春艳等,2016
氟离子	焙烧 Mg/Al 阴离子黏土（500℃）	C		74.07;L	35.5~533	pH 9;室温	1:800		王军锋等,2008
氯离子	焙烧 Mg/Al 阴离子黏土（500℃）	H		10.75	50	26℃	1:250		李志敏等,2016

续表

阴离子类型	阴离子黏土类型（括号中数字为焙烧温度）	合成方法	比表面积（m^2/g）	吸附容量（mg/g）；等温吸附模型	初始浓度（mg/L）	初始pH；温度	固液比 [$m(g):V(mL)$]	反应动力学模型	文献来源
氯离子	焙烧Mg/Al阴离子黏土(500℃)	C			20~1000	30~60℃	1:500	LP-S	胡静和吕亮,2008
氯离子	焙烧Mg/Al阴离子黏土(500℃)(商业)		190.3	59.6		30	1:200		任志峰等,2002
氯离子	纳米焙烧Mg/Al阴离子黏土(500℃)	H		10.75		26℃	1:250		雷博林等,2015
硫酸根离子	焙烧Mg/Al/Fe阴离子黏土(500℃)	C		227.79;L		pH 4~10;25℃	1:250	F	李春艳等,2016
硫酸根离子	焙烧Mg/Al阴离子黏土(400℃)	C		32.895;L	1000~10000	室温	1:250		李冬梅等,2007
硫酸根离子	焙烧Mg/Al阴离子黏土(500℃)	CO		157.73;L	400~520	pH 3;25℃	1:357	LP-S	于洋等,2013
硫酸根离子	焙烧Mg/Fe阴离子黏土(500℃)	H		151.51;L	500	pH 4~8;35℃	1:333	LP-S	吕洪浃等,2015
硫酸根离子	焙烧Zn/Al阴离子黏土(300℃)	C		62.5;L	100~1000	15~30℃	1:10000	LP-S	程珺瑶等,2014
硒酸根离子	Mg/Fe-SO_4^{2-}阴离子黏土	C		8.6[c];F	0.1~100	pH 9.5;25℃	1:100		Paikaray et al.,2013
亚硒酸根离子	Mg/Al阴离子黏土	H		66.89;F	0.01~100	pH 6;25℃	1:5000	LP-S	Tian et al.,2017

续表

阴离子类型	阴离子黏土类型（括号中数字为焙烧温度）	合成方法	比表面积（m²/g）	吸附容量(mg/g)；等温吸附模型	初始浓度（mg/L）	初始pH；温度	固液比 [m(g):V(mL)]	反应动力学模型	文献来源
亚硒酸根离子	Mg/Al 阴离子黏土	C		270°；L	624°	pH 9；25℃	1：250		You et al.，2001
亚硒酸根离子	Mg/Fe 阴离子黏土	C	59	25°	50	pH 6；30℃	1：1000		Das et al.，2002
亚硒酸根离子	Zn/Al 阴离子黏土	C		238°；L	624°	pH 9；25℃	1：250		You et al.，2001
亚硒酸根离子	焙烧 Mg/Al/Zr 阴离子黏土(450℃)	C		29；L	20	pH 6；30℃	1：2000		Das et al.，2004
亚硒酸根离子	焙烧 Mg/Al 阴离子黏土(500℃)	H		179.59；F	0.01~100	pH 6；25℃	1：5000	LP-S	Tian et al.，2017
亚硒酸根离子	焙烧 Mg/Fe 阴离子黏土(500℃)	C		43.8	30~70	pH 6；30℃	1：2500	F	Das et al.，2007
碘离子	Mg/Al-NO₃ 阴离子黏土	C		25.2°	1000		1：40		Theiss et al.，2016
碘离子	焙烧 Mg/Al-CO₃ 阴离子黏土(500℃)	C		10.1	342	pH 9.2；室温	1：50		Kentjono et al.，2010
碘离子	焙烧 Mg/Al-CO₃ 阴离子黏土(500℃)	C		96.1；L	100	30℃	1：1000		Liang and Li，2007
碘酸根离子	焙烧 Zn/Al-Cl 阴离子黏土(500℃)	C		444.2°		25℃	1：100		Toraishi et al.，2002
碘酸根离子	Mg/Al-NO₃ 阴离子黏土	C		28.4°	1000		1：40		Theiss et al.，2016

续表

阴离子类型	阴离子黏土类型（括号中数字为焙烧温度）	合成方法	比表面积 (m²/g)	吸附容量 (mg/g)；等温吸附模型	初始浓度 (mg/L)	初始pH；温度	固液比 [m(g):V(mL)]	反应动力学模型	文献来源
溴离子	Mg/Al-CO₃ 阴离子黏土	C		27.5	100	30℃	1:1000		Lv et al.,2008
溴离子	Mg/Al 阴离子黏土	C		94;L	100	30℃	1:1000	LP-S	Lv et al.,2008
溴离子	焙烧 Mg/Al-CO₃ 阴离子黏土(500℃)	C		25.65;L	150~500	25℃	1:100		严刚等,2011b
溴离子	焙烧 Mg/Al 阴离子黏土(500℃)	C		7.2ᶜ	8	室温	1:1000		Chitrakar et al.,2008
溴离子	焙烧 Mg/Fe 阴离子黏土	CO		119.05;L	60~900	pH 4~10;40℃	1:500	LP-S	张蕾和严刚,2016
溴酸根离子	Mg/Al 阴离子黏土	CO	256.83	0.32;L		pH 7;25℃	1:1000	LP-S	钟琼和李欢,2014
溴酸根离子	焙烧 Fe/Al 阴离子黏土(500℃)	C			8~160	pH 7;室温	1:1000		Chitrakar et al.,2011a
溴酸根离子	焙烧 Mg/Al 阴离子黏土(500℃)	CO		586.56	16~624	pH 9.6~9.9	1:1000		Chitrakar et al.,2011b
溴酸根离子	焙烧 Mg/Al 阴离子黏土(500℃)(商业)	C		133.33;L	40	pH 6~7;35℃	1:500		赵正鹏等,2007
溴酸根离子	焙烧 Zn/Al 阴离子黏土(500℃)	C	186	0.098	0.1	pH 7;20℃	1:1000		李鑫龙等,2015
铬酸根离子	Ca/Al 阴离子黏土	CO		104.82;L		pH 7~11;25℃	1:1000	LP-S	Li et al.,2013

续表

阴离子类型	阴离子黏土类型（括号中数字为焙烧温度）	合成方法	比表面积 (m²/g)	吸附容量(mg/g); 等温吸附模型	初始浓度 (mg/L)	初始 pH; 温度	固液比 [m(g):V(mL)]	反应动力学模型	文献来源
铬酸根离子	Co/Bi 阴离子黏土	H	70	45.86;F,R-P	100~500	pH 7;25℃	1:500	LP-S	Jaiswal et al.,2015
铬酸根离子	Li/Al 阴离子黏土	H		198.12	600	pH 4;10℃	1:1000		Hsu et al.,2007
铬酸根离子	Mg/Al-Cl 阴离子黏土	C	42	74.36;L		pH 9;30℃	1:125		Carriazo et al.,2007
铬酸根离子	Mg/Al-CO$_3^{2-}$ 阴离子黏土	C	78.8	39.5;L	100	pH 2;30℃	1:500	F	Manju et al.,1999
铬酸根离子	Mg/Al-CO$_3^{2-}$ 阴离子黏土	C		16.3;L	11~57	中性;22℃	1:500		Alvarez-Ayuso and Nugteren,2005
铬酸根离子	Mg/Al-CO$_3^{2-}$ 阴离子黏土	C	40	2.18;L	5.2~260	pH 5;25℃	1:250	E	林巧莺和陈岳民,2015
铬酸根离子	Mg/Al-CO$_3^{2-}$ 阴离子黏土	C	34.8	160	200	pH 4	1:1000		Lehmann et al.,1999
铬酸根离子	Mg/Al-CO$_3^{2-}$ 阴离子黏土(商业)			9°;F	0~40	pH 2~2.1;24℃	1:250	P-F	Terry,2004
铬酸根离子	Mg/Al-NO$_3^-$ 阴离子黏土	C	83.95	17;F	5~30	pH 6;30℃	1:1000	LP-S	Lazaridis et al.,2004
铬酸根离子	Mg/Al 阴离子黏土	H	17.83	30.28;F	30~55	pH 6~7;25℃	1:5000	LP-S	Wang et al.,2014
铬酸根离子	Mg/Al 阴离子黏土	H		105.15;L	10~200	pH 2.5;20℃	1:1000	LP-S	廖梅芳等,2016
铬酸根离子	Mg/Al 阴离子黏土	C		7.46		pH 8;20℃	1:2000	LP-S	张辉等,2015
铬酸根离子	Mg/Al 阴离子黏土	H		58.73	1000	pH 6;50℃	1:1000		潘国祥等,2012

续表

阴离子类型	阴离子黏土类型（括号中数字为焙烧温度）	合成方法	比表面积 (m²/g)	吸附容量(mg/g); 等温吸附模型	初始浓度 (mg/L)	初始 pH; 温度	固液比 [m(g):V(mL)]	反应动力学模型	文献来源
铬酸根离子	Mg/Al 阴离子黏土	C		10.5	100	25℃	1:500		徐文皓等,2015
铬酸根离子	Mg/Al 阴离子黏土	C		105;L	1300	pH 5;25℃	1:103	LP-S	臧运波等,2007
铬酸根离子	Mg/Fe/Al-NO$_3^-$ 阴离子黏土	C		650;L	0.52~1040	30℃	1:100		Kameda et al.,2014
铬酸根离子	Mg/Fe/Al 阴离子黏土	C		10.72;F	5~25	pH 7;20℃	1:1000	LP-S	宋勇等,2013
铬酸根离子	Ni/Al 阴离子黏土	H	53.08	57.5;F	30~55	pH 6~7;25℃	1:5000	LP-S	Wang et al.,2014
铬酸根离子	Ni/Fe-NO$_3^-$ 阴离子黏土	H	71.23	93.6ᶜ	162.5~7800ᶜ	pH 8.2; 22~25℃	1:125		Prasanna et al.,2006
铬酸根离子	Zn/Al-Cl 阴离子黏土	C	13	65;L		pH 9;30℃	1:125		Carriazo et al.,2007
铬酸根离子	Zn/Al-NO$_3^-$ 阴离子黏土	H		60.84;L	416~5200	pH 8.5~9; 25℃	1:125		Britto and Kamath,2014
铬酸根离子	Zn/Al 阴离子黏土	H	56.1	68.7;F	30~55	pH 6~7;25℃	1:5000	LP-S	Wang et al.,2014
铬酸根离子	焙烧 Cu/Al 阴离子黏土(500℃)	C		178.24	100	pH 6;20℃	1:2000	E	朱羚等,2010
铬酸根离子	焙烧 Mg/Al/Zr 阴离子黏土(450℃)	C	200	31;L		pH 6;30℃	1:2000		Das et al.,2004
铬酸根离子	焙烧 Mg/Al 阴离子黏土(450℃)	C		215.4;L		40℃	1:1000	LP-S	徐淑芬等,2009
铬酸根离子	焙烧 Mg/Al 阴离子黏土(450℃)	C		117.7ᶜ;F	0~1570ᶜ	室温	1:100	F	Goswamee et al.,1998

续表

阴离子类型	阴离子黏土类型（括号中数字为焙烧温度）	合成方法	比表面积（m²/g）	吸附容量(mg/g)；等温吸附模型	初始浓度(mg/L)	初始pH；温度	固液比[m(g)：V(mL)]	反应动力学模型	文献来源
铬酸根离子	焙烧 Mg/Al 阴离子黏土(500℃)	H		172.94;L	50~600	pH 5.5;50℃	1：1000	LP-S、E	Chen et al.,2017
铬酸根离子	焙烧 Mg/Al 阴离子黏土(500℃)	H		68.2	100	25℃	1：500		赵策等,2011
铬酸根离子	焙烧 Mg/Al 阴离子黏土(500℃)	C		73	0.1~1000	25℃	1：1000		叶瑛等,2004
铬酸根离子	焙烧 Mg/Al 阴离子黏土(500℃)	C		120;F	10~100	pH 6;30℃	1：1000	P-F、M-S、E	Lazaridis and Asouhidou,2003
铬酸根离子	焙烧 Mg/Al 阴离子黏土(500℃)	C		128;L	57~448	中性;22℃	1：500		Alvarez-Ayuso and Nugteren,2005
铬酸根离子	纳米 Mg/Al LDH 薄片	CO		125.97;L	20~200	pH 6;35℃	1：500	LP-S	Zhang et al.,2017
磷酸根离子	Ca/Al 阴离子黏土	C	63.94	127.56	78.85~2151.5	pH 7;75℃	1：500	LP-S	Bernardo et al.,2017
磷酸根离子	Ca/Al 阴离子黏土	C		150.66^c;L	2~24	pH 7;25℃	1：10000	LP-S	戴迎春等,2012
磷酸根离子	Ca/Al 阴离子黏土	C		162.3;L	500	pH 4.8;35℃	1：400	LP-S	Jia et al.,2015
磷酸根离子	Ca/Al 阴离子黏土	C		160.78;L	10~80	45℃	1：12500	LP-S	谢发之等,2016
磷酸根离子	Ca/Fe 阴离子黏土	C		28.8;L	1~1500	pH 8.4	1：200		Seida and Nakano,2002
磷酸根离子	Fe/Mg/Al 阴离子黏土	C		13.15;L		pH 6~7;45℃	1：1000		刘国等,2015
磷酸根离子	Mg/Al-Cl 阴离子黏土	C		51.15;L	50~200	pH 7.5;室温	1：1000		Shin et al.,1996
磷酸根离子	Mg/Al-CO_3^{2-} 阴离子黏土	C				pH 7~9;25℃	1：333		孔茜和杜俊,2011

续表

阴离子类型	阴离子黏土类型（括号中数字为焙烧温度）	合成方法	比表面积（m²/g）	吸附容量（mg/g）；等温吸附模型	初始浓度（mg/L）	初始pH；温度	固液比 [m(g):V(mL)]	反应动力学模型	文献来源
磷酸根离子	Mg/Al-CO₃²⁻ 阴离子黏土	C	40	4.53;L	3.1~155	pH 5;25℃	1:250	E	林巧莺和陈岳民,2015
磷酸根离子	Mg/Al-CO₃²⁻ 阴离子黏土（商业）			47.3;ML	200	pH 8.6;25℃			Kuzawa et al.,2006
磷酸根离子	Mg/Al 阴离子黏土	C		6.1;L	25~100	pH 4~8;30℃	1:20	LP-S	黄中子等,2010
磷酸根离子	Mg/Al 阴离子黏土	C	104	31.3;L,F	200	pH 6~9;室温	1:250	LP-S	Yang et al.,2014
磷酸根离子	Mg/Al 阴离子黏土	C		3.79;F	5~50	pH 7;25℃	1:80	LP-S	张文豪等,2011
磷酸根离子	Mg/Al 阴离子黏土	C		60.59;L		pH 5;40℃		LP-S	谢发之等,2014
磷酸根离子	Mg/Al 阴离子黏土	C		3.06;F	40	10~50℃	1:250	LP-S	Peng et al.,2009
磷酸根离子	Zn/Al/Fe 阴离子黏土	C		51.81;L		pH 6;30℃	1:1667	LP-S	印露等,2013
磷酸根离子	Zn/Al/Fe 阴离子黏土	C		72.25;L	20	pH 6.8;50℃	1:2500	LP-S	程翔等,2010
磷酸根离子	Zn/Al/Zr 阴离子黏土	C	77	91;L	10~250	pH 5.5;30℃	1:1000	LP-S	Koilraj and Kannan,2010
磷酸根离子	Zn/Al 阴离子黏土	C	135	68.4;L,F	200	pH 6~9;室温	1:250	LP-S	Yang et al.,2014
磷酸根离子	Zn/Al 阴离子黏土	C	16.69	27.1;L	18.75	室温	1:2500	LP-S	Cheng et al.,2011
磷酸根离子	Zn/Al 阴离子黏土	H		34.1;L	2~200	pH 7;25℃	1:500	LP-S	陆英等,2012
磷酸根离子	焙烧 Ca/Al 阴离子黏土（600℃）	C	28.67	95.36	78.85~2151.5	pH 7;75℃	1:500	LP-S	Bernardo et al.,2017
磷酸根离子	焙烧 Mg/Al 阴离子黏土（300℃）	C		27.03;L		pH 6;40℃	1:667	LP-S	邢坤和王海增,2012

续表

阴离子类型	阴离子黏土类型（括号中数字为焙烧温度）	合成方法	比表面积 (m²/g)	吸附容量(mg/g); 等温吸附模型	初始浓度 (mg/L)	初始 pH; 温度	固液比 [m(g):V(mL)]	反应动力学模型	文献来源
磷酸根离子	焙烧 Mg/Al 阴离子黏土(300℃)	C		F	1.55~465°	pH 7.5;	1:500		朱茂旭等,2005
磷酸根离子	焙烧 Mg/Al 阴离子黏土(400℃)	C		2.77			1:10000	LP-S,E	李晶等,2014
磷酸根离子	焙烧 Mg/Al 阴离子黏土(500℃)	C	210	44;L	50	pH 6;30℃	1:2500		Das et al.,2006
磷酸根离子	焙烧 Mg/Al 阴离子黏土(500℃)	C		81.6°;S,L,F	10~100	pH 7~7.5;30℃	1:4000	LP-F	Lazzaridis,2003
磷酸根离子	焙烧 Mg/Fe 阴离子黏土(300℃)	C		9.43;L		pH 2~9;15~35℃		LP-S	商丹红等,2015
磷酸根离子	焙烧 Mg/Fe 阴离子黏土(350℃)	C		90.09;L	10~80	pH 5;30℃	1:2000	LP-S	武宇红和末秀兰,2014
磷酸根离子	焙烧 Zn/Al 阴离子黏土(300℃)	C		40.77;L	20	25℃	1:5000	LP-S	孙德智等,2009
磷酸根离子	焙烧 Zn/Al 阴离子黏土(300℃)	H	149.4	197.24;L	10~300	pH 7;30℃	1:2500	LP-S	杨思霓等,2011
磷酸根离子	焙烧超薄 Mg/Al 阴离子黏土(500℃)	CO	113	56.72;L	1~100	25℃	1:1000	LP-S	Zhan et al.,2016
三磷酸盐	Mg/Fe-Cl 阴离子黏土	C	67	10.5	45	pH 8;25℃	1:5000	LP-S	Zhou et al.,2011

续表

阴离子类型	阴离子黏土类型（括号中数字为焙烧温度）	合成方法	比表面积 (m²/g)	吸附容量(mg/g)；等温吸附模型	初始浓度 (mg/L)	初始 pH；温度	固液比 [$m(g):V(mL)$]	反应动力学模型	文献来源
三磷酸盐	Ca/Fe–Cl 阴离子黏土	C	16	56.4	45	pH 8;25℃	1:5000	LP-S	Zhou et al.,2011
三磷酸盐	Mg/Al 阴离子黏土	H	81.4	40.2;L		pH 7.5; 25~50℃	1:500		邢坤等,2007
三磷酸盐	焙烧 Mg/Al 阴离子黏土(500℃)	H	113	179.57;L		pH 11; 25~60℃	1:500		邢坤等,2007
焦磷酸盐	Ca–Fe 阴离子黏土	C		140.74	50~200	pH 9;25℃	1:1000	LP-S	Wu et al.,2012
高氯酸根离子	Ca/Al–Cl 阴离子黏土	C		297.6;L	1~450	pH 10;25℃			Lin et al.,2014
高氯酸根离子	Mg/Al–NO₃⁻ 阴离子黏土	C		120.8;L	1~450	pH 10;25℃			Lin et al.,2014
高氯酸根离子	焙烧 Mg/Al/Fe 阴离子黏土(550℃)	C		10.81;L	1~450	pH 10;25℃			Lin et al.,2014
高氯酸根离子	焙烧 Mg/Al 阴离子黏土(500℃)	C		5	0.2~10	pH 4~10;25℃	1:769	LP-S	Yang et al.,2012
高氯酸根离子	焙烧 Mg/Fe 阴离子黏土(500℃)	C		33.3;L	10	pH 7;25℃	1:1000	LP-S	王红宇和刘艳,2014
高氯酸根离子	焙烧 Mg/Zn/Al 阴离子黏土(500℃)	C		95;F	100	30℃	1:1000	M-M	Wu et al.,2010

续表

阴离子类型	阴离子黏土类型（括号中数字为焙烧温度）	合成方法	比表面积 (m²/g)	吸附容量(mg/g)；等温吸附模型	初始浓度 (mg/L)	初始 pH；温度	固液比 [m(g):V(mL)]	反应动力学模型	文献来源
高氯酸根离子	焙烧 Zn/Al 阴离子黏土(500℃)	C		7[c]	71	pH 9.7	1:500		Kim et al.,2011
高氯酸根离子	焙烧 Zn/Al 阴离子黏土(500℃)	C		3.2[c]	71	pH 9.7	1:500		Kim et al.,2011
钼酸根离子	Mg/Fe-SO$_4^{2-}$ 阴离子黏土	C		8.75;L	0.1~100	pH 9.5;25℃	1:100		Paikaray et al.,2013

注：合成方法：C，共沉淀法；H，水热法；CO，采用了特殊合成实验条件。等温吸附模型：F，Freundlich 模型；L，Langmuir 模型；F，Freundlich 模型；R-P，Redlich-Peterson 模型；ML，修正的 Langmuir 模型；S，Langmuir-Freundlich 模型。反应动力学模型：F，一级动力学模型；P-F，准一级动力学模型；LP-F，Lagergren 准一级动力学模型；LP-S，Lagergren 准二级动力学模型；M-S，修正二级动力学模型；E，Elovich 动力学模型；M，m 级动力学模型[表达式为：d q_t/d$t = k(q_e - q_t)^m$]（Yang 等，2005）。
c：自文献中资料计算。

第3章 阴离子黏土去除水溶液中的氟

　　氟是人体必需的微量元素之一,但长期、过量摄入后会引发慢性氟中毒。世界卫生组织(World Health Organization)以 0.5~1.5 mg/L 为对人体有益的最佳饮用水氟化物浓度范围,我国《生活饮用水卫生标准》(GB 5749—2006)则规定氟化物浓度上限值为 1.0 mg/L。然而,由于人类排污活动的影响或地质成因氟(包括地热成因)的存在,世界范围内饮用水氟含量超标的情况屡见不鲜。

　　目前,对高氟工业废水的处理一般基于沉淀工艺,即向水中加入化学试剂以形成氟化物沉淀。沉淀工艺适用于氟浓度较高的水体的处理,可用于浓度达数千毫克每升的氟的去除,但该工艺对待处理水体的 pH 的要求较高,处理过程中会产生大量有毒污泥,且去除率往往较低。例如,常用的沉淀除氟工艺——向水中加入 CaO 或 CaCl₂ 生成萤石(CaF₂)沉淀的方法一般只能将溶液氟浓度降低到 10~20 mg/L,仍然远高于生活饮用水卫生标准(1.5 mg/L)。相比之下,吸附工艺可以实现较高的氟去除率,但并不适用于氟浓度异常高的水体(如工业废水)的处理,而是常用于处理氟浓度在 10 mg/L 左右或更低的天然劣质水,使其达到饮用水标准。此外,因常用吸附剂的再生技术费用高昂,吸附工艺在高氟水处理领域的应用受到很大限制。因此,研发经济、高效并适用于不同氟浓度范围的氟去除方法仍是当前必需。

　　鉴于以上原因,我们选取三类阴离子黏土——水滑石、水铝钙石和羟镁铝石开展了去除水中氟的控制性室内实验研究,对比了其除氟效果,并深入分析了其除氟机理。在此基础上,设计了地热水中其他常见主要阴离子(HCO_3^-、SO_4^{2-}、Cl^-)与氟的竞争吸附实验,分析了上述离子的存在对所选用阴离子黏土的除氟能力的影响,为将其应用于高氟地热水的处理奠定了基础。

3.1 水滑石除氟

　　水滑石是最常见、最典型,也是最早在天然条件下被发现的阴离子黏土,化学通式为 $Mg_6Al_2(OH)_{16}CO_3 \cdot 4H_2O$。实验室合成的水滑石的层间阴离子也可为 Cl^-、NO_3^- 等。我们首先合成了硝酸根离子插层的水滑石[$Mg_6Al_2(OH)_{16}(NO_3)_2 \cdot 4H_2O$],并将其用于去除水中氟的实验研究。实验设计如下。

　　1)反应动力学实验

　　反应动力学实验用于研究各种因素对化学反应速率的影响规律。对于吸附实验,反应动力学模型不仅可预测吸附速率,还可将实验测定的化学反应系统宏观变量通过经验公式加以拟合,以推测反应机理。固体吸附剂对溶液中溶质的吸附动力学过程可用 Lagergren 准一级、准二级、韦伯-莫里斯内扩散模型和班厄姆孔隙扩散模型等进行描述。其中准二级反应动力学模型假定吸附速率受化学吸附过程的控制(Ho and McKay,1999),其表达公式为

$$\frac{t}{q_t} = \frac{1}{k_s q_e^2} + \frac{1}{q_e} t \tag{3.1}$$

式中,q_e 为平衡吸附量;q_t 为时间为 t 时的吸附量;k_s 为二级吸附速率常数。

在本实验中,配制浓度分别为 5 mg/L、200 mg/L 的 F⁻ 溶液,取 25 mL 加入 100 mL 的 PET(聚对苯二甲酸乙二醇酯)瓶中,同时加入 0.1 g 的水滑石或等摩尔质量的焙烧水滑石(0.063 g),并保持室温放入水浴振荡器中反应,反应时间分别为 0.5 h、1 h、2 h、3 h、4 h、8 h、11 h、24 h、35 h、50 h。反应结束后测定溶液中 F⁻ 浓度。

2)等温吸附实验

等温吸附实验对于吸附系统的设计非常重要。在吸附实验中,吸附剂对溶液溶质的吸附为动态平衡过程,可通过等温吸附平衡线(式)来进行描述。

在本实验中,配制浓度分别为 5 mg/L、10 mg/L、20 mg/L、50 mg/L、100 mg/L、150 mg/L、200 mg/L 的 F⁻ 溶液,取 25 mL 进行实验,向溶液中分别加入 0.1 g 的水滑石或 0.063 g 的焙烧水滑石,在室温条件下于水浴振荡器中反应 48 h 后,测定溶液中 F⁻ 浓度。

等温吸附实验数据用 Freundlich 等温吸附方程和 Langmuir 等温吸附方程加以拟合。Freundlich 等温吸附方程的表达式为

$$q_e = K c_e^n \tag{3.2}$$

式中,K 为 Freundlich 常数;n 为等温吸附线线性度的常数;c_e 为平衡时溶液中溶质的浓度(mg/L);q_e 为反应平衡时单位质量吸附剂上溶质的吸附量(μg/g)。Langmuir 等温吸附方程的表达式为

$$\frac{c_e}{q_e} = \frac{1}{q_0} c_e + \frac{1}{q_0 b} \tag{3.3}$$

式中,b 为与键能有关的常数(L/mg);q_0 为吸附剂上溶质的最大吸附浓度(mg/g),其他符号同上。

Langmuir 等温吸附模型假定吸附剂表面性质均一且被吸附溶质为单分子层,当吸附剂表面吸附位置被吸附质完全占据后,吸附量达到最大值;而 Freundlich 等温吸附模型则既可以用于单层吸附,也可用于描述不均匀表面的吸附过程或多层吸附(Foo and Hameed,2010)。

3）吸附影响因素

配制 Cl^- 浓度分别为 1 mmol/L、10 mmol/L，HCO_3^- 浓度分别为 1 mmol/L、10 mmol/L，SO_4^{2-} 浓度分别为 0.5 mmol/L、5 mmol/L 的溶液，各取 100 mL，加入 0.004 g 的 NaF（使 F^- 浓度为 20 mg/L），并加入 0.1 g 的水滑石或 0.063 g 的焙烧水滑石，保持室温条件，在水浴振荡器中反应 24 h 后测定溶液中 F^- 浓度。

实验后溶液 F^- 浓度采用氟离子选择电极法测定：将用环己二胺四乙酸配制的缓冲液与待测溶液以 1∶1 的比例混合，装于磁力搅拌器上的烧杯中，以饱和甘汞电极作为参比电极，以 PF-1 型氟离子选择电极作为指示电极，读出 pH211A 型 pH 计上显示的电位值。最后通过数据换算得出溶液中的 F^- 浓度。

吸附剂上的氟浓度则采用下式计算：

$$q_e = \frac{c_0 V_0 - c_t V_t}{m} \tag{3.4}$$

式中，V_0 和 V_t 分别为吸附实验前后溶液的体积（本实验中令 $V_0 = V_t$）（L）；c_e 为吸附达平衡时溶液中有害组分的浓度（mg/L 或 μg/g）；m 为吸附剂质量（g）；q_e 为吸附剂上有害组分的浓度（mg/g 或 μg/g）。

去除率根据下式计算：

$$R = \frac{c_0 - c_t}{c_0} \times 100 \tag{3.5}$$

式中，R 为去除率（%），其他符号含义同上。

3.1.1　反应动力学实验

反应时间对水滑石及其焙烧产物除氟的影响如图 3.1 所示。在水中初始氟浓度为 5 mg/L 时，未焙烧水滑石的固相中的氟浓度一直低于焙烧后水滑石，两者都在 1 h 左右即达到了较好的除氟效果。而当水中初始氟浓度为 200 mg/L 时，情况则较为复杂，在除氟的初始阶段，未焙烧水滑石的固相中的氟浓度比焙烧后水滑石要大，但随着时间的推移，焙烧后水滑石固相中的氟浓度迅速上升，在 10 h 后明显高于未焙烧水滑石。原因可能为当水中初始氟含量较高时，焙烧后水滑石在水中的结构重建需要一定时间，而结构重建过程中氟离子的插层是其除氟的最重要机理。这样，反应初期恢复层状结构的水滑石有限，使其除氟量处于较低的水平，后期氟离子随水滑石结构恢复大量插层，其固相内的氟浓度才开始高于未焙烧水滑石，但就除氟效果（液相中的 F^- 浓度）而言，未焙烧水滑石优于焙烧水滑石。

Lagergren 准二级反应动力学模型对实验数据拟合得较好（图 3.2），这意味着化学吸附是控制水滑石及其焙烧产物除氟的关键性因素。根据 Lagergren 准二级

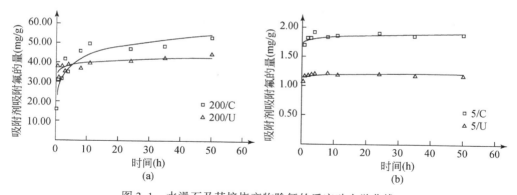

图 3.1 水滑石及其焙烧产物除氟的反应动力学曲线

5、200 分别代表氟溶液浓度为 5 mg/L 和 200 mg/L;U:未焙烧水滑石;C:水滑石焙烧产物

动力学模型可计算出水滑石除氟达到平衡时固相氟浓度及吸附速率常数分别为:$q_e = 44.64$ mg/g,$k_2 = 0.027$ h^{-1};而焙烧后水滑石则分别为:$q_e = 52.36$ mg/g,$k_2 = 0.015$ h^{-1},但是焙烧后水滑石的除氟速率和除氟效果均低于未焙烧水滑石。

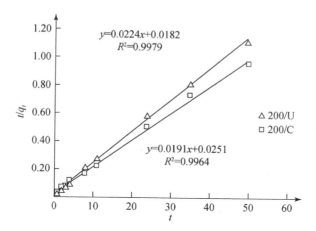

图 3.2 Lagergren 准二级动力学模型对反应动力学实验数据的拟合

3.1.2 等温吸附实验

等温吸附实验结果见表 3.1。当溶液中初始 F$^-$浓度低于 20 mg/L 时,水滑石及其焙烧产物均可将 F$^-$浓度降至 1 mg/L 以下。随着初始氟含量的升高,去除率虽有所下降,但进入固相中氟的总量仍在增加。总体来看,水滑石及其焙烧产物具有良好的除氟效果。

表 3.1　等温吸附实验结果

编号	初始 F⁻浓度(mg/L)	平衡浓度(mg/L)	吸附容量(mg/g)	去除率(%)
U5	5	0.15	1.21	97.0
U10	10	0.14	2.46	98.6
U20	20	0.15	4.96	99.3
U50	50	0.45	12.39	99.1
U100	100	1.18	24.71	98.8
U150	150	11.27	34.68	92.5
C5	5	0.29	1.87	94.1
C10	10	0.29	3.85	97.1
C20	20	0.73	7.65	96.3
C50	50	3.43	18.48	93.1
C100	100	14.87	33.78	85.1
C150	150	38.51	44.24	74.3
C200	200	64.47	53.78	67.8

　　Langmuir 和 Freundlich 等温吸附模型对未焙烧水滑石和焙烧水滑石除氟等温吸附实验数据的拟合结果(图 3.3)表明 Langmuir 模型拟合效果更好,其中未焙烧水滑石拟合于 Langmuir 模型的相关系数达 0.998。这说明未焙烧水滑石层间原有的硝酸根离子和水中氟离子的交换对除氟虽有贡献,但表面吸附过程是更重要的除氟机制(Guo and Reardon,2012);而对于焙烧水滑石,除氟机理除表面吸附外,还包括其在水溶液中结构重建时氟离子插层。根据 Langmuir 模型可计算出未焙烧水滑石的最大吸附能力(q_0)为 42.02 mg/g,焙烧水滑石(q_0)为 57.14 mg/g。

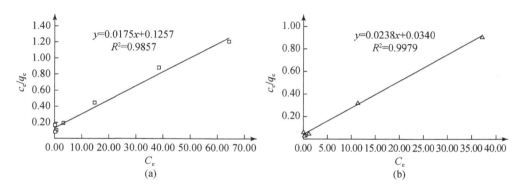

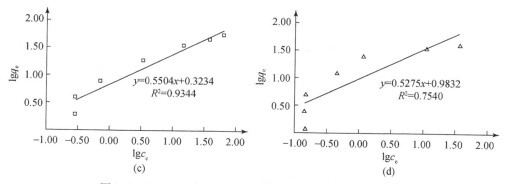

图 3.3　Langmuir 和 Freundlich 模型对除氟实验数据的拟合

（a）焙烧水滑石除氟与 Langmuir 模型拟合；（b）未焙烧水滑石除氟与 Langmuir 模型拟合；
（c）焙烧水滑石除氟与 Freundlich 模型拟合；（d）未焙烧水滑石除氟与 Freundlich 模型拟合

3.1.3　除氟机理

　　总体来看,未焙烧水滑石比焙烧后水滑石具有更好的除氟效果。为更好地理解水滑石及其焙烧产物的除氟机理,对与含氟水溶液(初始氟浓度为 200 mg/L)达到反应平衡的水滑石样品烘干后进行了 XRD 分析。在图 3.4 中,未反应的硝酸根插层水滑石的(003)晶面的衍射峰所对应的层间距为 8.040 Å,而反应后的未焙烧水滑石样品与焙烧后水滑石样品(层状结构已重建)则分别为 7.825 Å 和 7.849 Å,说明两种水滑石在反应后层间阴离子的种类均已发生了变化。即含氟水溶液在与

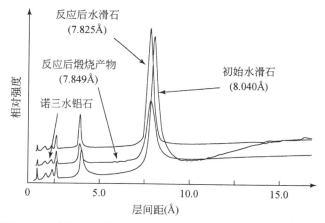

图 3.4　与氟溶液反应 24 h 后的未焙烧水滑石和焙烧水滑石的
XRD 图谱及其与原始水滑石的对比

未焙烧水滑石样品反应时,水中氟离子可通过与层间原有硝酸根离子的交换进入层间,而在与焙烧后水滑石样品反应时,则可通过结构重建而插层(詹正坤和胡芳,2000;于桂生等,2001;Orthman et al.,2003)。由于全部由氟离子插层的水滑石的层间距为 7.660 Å(袁琦,2004),而本实验研究中水滑石样品的层间距虽在除氟后明显减小,但并未减到 7.660 Å,说明无论是水滑石还是其焙烧产物,在除氟后层间位置并未完全被氟离子占据,仍有其他类型的阴离子存在(NO_3^- 或 OH^-)。

在与含氟溶液反应后,未焙烧水滑石样品(003)晶面的衍射峰所对应的层间距(7.825 Å)略小于焙烧水滑石样品(7.849 Å),意味着进入未焙烧水滑石样品层间的氟应略多于焙烧水滑石样品。这与焙烧后水滑石除氟效果低于未焙烧水滑石的实验结果相一致(表 3.1)。在图 3.4 中,反应前与反应后未焙烧水滑石的(003)晶面衍射峰的相对强度大致相当,但均要明显大于结构重建后的焙烧水滑石,这说明焙烧水滑石中的金属氧化物固溶体在结构重建过程中并未全部恢复为水滑石。在与含氟水溶液反应后,保留下来的金属氧化物固溶体应以非定形态存在,因此在XRD 图谱上不出现衍射峰。这些金属氧化物或许对氟也有吸附能力,但和相同摩尔量的水滑石相比,并没有表现出对氟的更强的吸附,水滑石焙烧产物的整体除氟效果仍低于未焙烧水滑石即是明证。另外,图 3.4 中焙烧后水滑石的 XRD 图谱除包括了水滑石的七个典型衍射峰外,还存在一个所对应层间距为 2.106 Å 的强度较小的衍射峰,与矿物标准 XRD 数据库对比分析后证明其为诺三水铝石的衍射峰。水溶液中较高的氟含量似乎对本实验中诺三水铝石的沉淀有促进作用,因为在初始氟含量较低时(5 mg/L),焙烧水滑石除氟后并不形成诺三水铝石。这样,本实验中出现的诺三水铝石可能为氟代诺三水铝石,即诺三水铝石分子结构中的部分羟基被氟离子所替代。如果该假定为事实,氟代诺三水铝石的沉淀为焙烧水滑石除氟的另一机理。根据以上分析可知,焙烧后水滑石在除氟过程中并不能完全恢复其层状结构,且残留的金属氧化物和生成的氟代诺三水铝石对其总体除氟效果贡献不大。

3.1.4　除氟影响因素

在用仅含氟的水溶液(F^-浓度为 20 mg/L)开展除氟实验时,反应结束后水滑石及其焙烧产物的除氟量分别为 17.34 mg/g 和 25.30 mg/g,所对应的平衡 F^- 浓度为 2.66 mg/L 和 4.06 mg/L,溶液 pH 则分别为 9.73 和 10.49。由于在用水滑石处理实际高氟地热水时其除氟能力将受到水中其他阴离子的类型及其浓度的影响,在此开展了 HCO_3^-、SO_4^{2-} 和 Cl^- 三种地热水中的常见主要阴离子和氟的竞争吸附实验。实验结果见表 3.2。表 3.2 显示三种阴离子的存在对水滑石除氟效果都有影响,但影响的大小关系为 $Cl^- < SO_4^{2-} < HCO_3^-$。$Cl^-$ 对水滑石除氟效果的影响小于 SO_4^{2-} 的原因为 Cl^- 是一价阴离子,且对于水滑石层间位置的亲和力小于 F^-,而 SO_4^{2-} 为二价阴离子,且对于水滑石层间位置的亲和力大于 F^-。而 HCO_3^- 对水滑石除氟效果影响最大的原因则更复杂一些。碳酸在水中的三种存在形式(水合 CO_2、HCO_3^- 和 CO_3^{2-})的相对百分含量受控于溶液 pH,如图 3.5 所示。而在 HCO_3^- 与 F^- 的竞争吸附实验中,由于水溶液与水滑石或其焙烧产物反应后呈强碱性,使初始溶液中的 HCO_3^- 部分或大都转化为 CO_3^{2-}。由于 CO_3^{2-} 在各种常见无机阴离子中与水滑石层间位置的亲和力最强,所以本实验中 HCO_3^- 表现出来的对水滑石除氟影响最大的特征与强碱性条件下其向 CO_3^{2-} 的转化密不可分。

表3.2　竞争吸附实验结果

实验条件	水滑石		焙烧水滑石	
不加任何阴离子时吸附 F^- 量(mg/g)	17.34		25.30	
反应达到平衡时 F^- 浓度(mg/L)	2.66		4.06	
	1 meq/L	10 meq/L	1 meq/L	10 meq/L
加入 Cl^- 后吸附剂吸附 F^- 量(mg/g)	16.13	11.76	24.66	21.41
反应达到平衡时 F^- 浓度(mg/L)	3.87	8.24	4.46	6.51
加入 SO_4^{2-} 后吸附剂吸附 F^- 量(mg/g)	14.35	6.15	21.41	15.94
反应达到平衡时 F^- 浓度(mg/L)	5.65	13.85	6.51	9.96
加入 HCO_3^- 后吸附剂吸附 F^- 量(mg/g)	10.50	5.48	19.84	13.54
反应达到平衡时 F^- 浓度(mg/L)	9.50	14.52	7.50	11.47

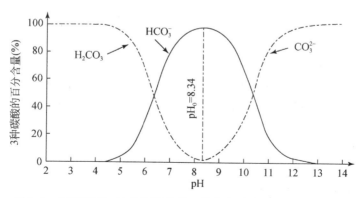

图 3.5　不同溶液 pH 条件下碳酸三种存在形式(水合 CO_2、HCO_3^- 和 CO_3^{2-})的摩尔分数变化趋势

3.2　水铝钙石除氟

与水滑石(hydrotalcite)不同,水铝钙石(hydrocalumite)层板结构上的典型阳离子组合为 Ca-Al。水铝钙石合成工艺简单、费用低廉,其突出特点为溶解度远大于水滑石类阴离子黏土,因而可通过溶解-再沉淀机理去除水中有害组分。考虑到水铝钙石层板上的 Ca^{2+} 进入溶液后可与其中 F^- 发生沉淀作用,我们将其应用于水中 F^- 的去除实验研究。实验设计如下:

1)反应动力学实验

用 NaF 分别配制浓度为 0.3 mmol/L 和 10 mmol/L 的氟溶液装于 100 mL PET 瓶中,每瓶加入 0.2 g 水铝钙石粉末,在室温下置于恒温水浴振荡器中反应。反应进行 5 min、10 min、20 min、30 min、45 min、1 h、2 h、3 h、5 h、8 h、15 h、24 h 后取样过滤,测试溶液样品的 F^- 浓度。

2)等温吸附实验

基于反应动力学实验获得的反应达到平衡所需时间开展等温吸附实验:配制初始氟浓度分别为 0.3 mmol/L、0.5 mmol/L、1.0 mmol/L、2.0 mmol/L、3.0 mmol/L、4.0 mmol/L、5.0 mmol/L、10 mmol/L、15 mmol/L、20 mmol/L、30 mmol/L、40 mmol/L、50 mmol/L、60 mmol/L、70 mmol/L、80 mmol/L、90 mmol/L、100 mmol/L、110 mmol/L、120 mmol/L 的 NaF 溶液,各加入 0.2 g 水铝钙石粉末在室温条件下反应,测试反应后溶液的 F^- 浓度。

3)除氟影响因素分析

分别将含 HCO_3^-、SO_4^{2-} 和 Cl^- 的溶液与含 F^- 溶液以毫克当量比为 10:1 混合,同时加入 0.2 g 水铝钙石,测试反应后溶液的 F^- 浓度。另外,在 45℃和 65℃条件下进行除氟实验,以探讨温度对除氟效果的影响。

除氟实验结束后,用装有 PCP505 型电极的 PH211A 型 pH 计测定溶液 pH,测试前用 pH 为 5.8 和 9.8 的标准液进行两点校准。用滤纸过滤反应溶液以分离悬浮物,而后用氟离子选择电极法测试溶液 F^- 浓度,用银量法测定 Cl^- 浓度,用电感耦合等离子体原子发射光谱法(ICP-OES)测定 Ca、Al、Na 的浓度。固体样品则烘干后进行 XRD 和 SEM-EDX 鉴定。

3.2.1　反应动力学实验

水铝钙石与初始氟浓度分别为 0.3 mmol/L 和 10 mmol/L 的溶液在 25℃下反应时的反应动力学数据如图 3.6 所示。虽然初始浓度不同,但二者的变化趋势相似。在反应进行 1h 后,溶液氟浓度即已大幅度降低,其后基本保持在同一水平。Lagergren 准二级动力学模型对两组反应动力学数据的拟合程度均非常高(图 3.7),R^2 分别达 0.9998 和 1,说明水铝钙石对溶液中氟的去除速度受控于化学过程。

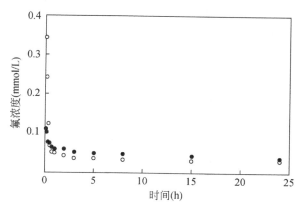

图 3.6 除氟反应动力学实验结果
●和○指初始氟浓度分别为 0.3 mmol/L 和 10 mmol/L

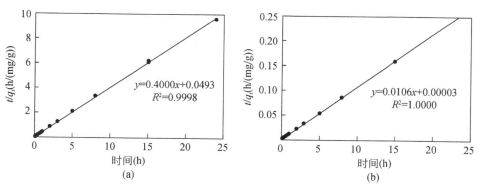

图 3.7 Lagergren 准二级反应动力学模型对实验数据的拟合
初始氟浓度分别为 0.3 mmol/L(a)和 10 mmol/L(b)

3.2.2 等温吸附实验

不同初始浓度条件下水铝钙石的除氟实验结果见表 3.3。实验结果表明水铝钙石的除氟能力很强:初始浓度小于 30 mmol/L 时,水铝钙石可几乎完全去除溶液中的氟离子,去除率一般达 99.9% 以上,溶液氟浓度则降至 0.044 mmol/L(0.836 mg/L)以下,已经达到世界卫生组织的饮用水标准(1.5 mg/L);初始浓度进一步升高后,水铝钙石的除氟率有所下降,但即便在 120 mmol/L 的初始浓度条件下其去除率也近 50%。另外,随初始氟浓度升高,反应结束后水铝钙石对氟的去除量也基本呈增加趋势。初始浓度为 80 mmol/L 时,水铝钙石的除氟量达到最大(719.1 mg/g);之后随初始氟浓度增大,除氟量和去除率反而呈降低趋势。

表 3.3　水铝钙石在室温条件下的除氟实验结果

编号	初始氟浓度 (mmol/L)	反应后氟浓度 (mmol/L)	吸附剂氟含量 (mg/g)	去除率(%)	反应后 pH
F0.3	0.3	0.036	2.5	88.1	11.84
F0.5	0.5	0.042	4.3	91.6	11.87
F1.0	1.0	0.039	9.1	96.1	11.87
F2.0	2.0	0.040	18.6	98.0	11.93
F3.0	3.0	0.021	28.3	99.3	11.93
F4.0	4.0	0.022	37.8	99.5	11.92
F5.0	5.0	0.024	47.3	99.5	11.98
F10	10	0.021	94.8	99.8	11.99
F15	15	0.018	142.3	99.9	12.00
F20	20	0.022	189.8	99.9	12.10
F30	30	0.044	284.6	99.9	12.25
F40	40	1.09	369.7	97.3	12.27
F50	50	1.72	458.6	96.6	12.32
F60	60	1.95	551.5	96.7	12.33
F70	70	2.03	645.7	97.1	12.31
F80	80	4.31	719.1	94.6	12.31
F90	90	15.3	709.7	83.0	12.53
F100	100	28.2	681.7	71.8	12.50
F110	110	44.7	620.0	59.3	12.49
F120	120	60.8	562.5	49.3	12.49

3.2.3　除氟机理

水铝钙石在除氟反应后的 XRD 分析结果见图 3.8。当初始氟浓度为 0.3 ~ 30 mmol/L 时,反应后水铝钙石的衍射峰随初始浓度增大而逐渐减小;与此同时,反应产物中出现了新矿物——萤石(CaF_2)[图 3.8(a)]。萤石的衍射峰在初始氟浓度小于 10 mmol/L 时强度很低,大于 10 mmol/L 时强度则明显变大,说明当溶液中初始氟浓度较低时,尽管因水铝钙石溶解,向溶液中引入的 Ca^{2+} 与 F^- 的离子活度积 ICP 大于萤石的溶度积常数(图 3.9)而形成沉淀,但由于反应系统中 F^- 的总量不大,水铝钙石的溶解量和萤石的沉淀量都很有限;初始氟浓度升高后,二者的反应量均随之增大,当初始氟浓度提高至 30 mmol/L 时,加入反应系统的 0.2 g 水铝钙石全部溶解,同时形成了大量萤石沉淀。另外,在此初始浓度范围内,反应产物中产生的新矿物还包括罗森贝格石($AlF_3 \cdot 3H_2O$)、三水铝石[$Al(OH)_3$]和拜三水铝石[$Al(OH)_3$],其中罗森贝格石的形成机制和萤石相似,应为水铝钙石溶解形成的铝和溶液中的氟沉淀而成。值得注意的是,在水铝钙石未消耗完的情况下,反应后固体中水铝钙石的层间距为 7.832 Å,小于其原始层间距(7.89 Å),这反映溶液中部分 F^- 应进入了水铝钙石层间,并置换出原有的 Cl^-。

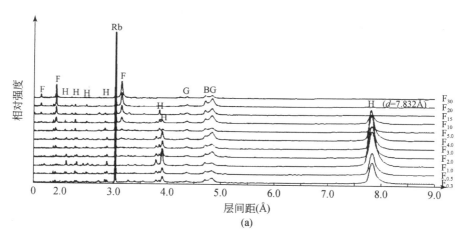

(a)

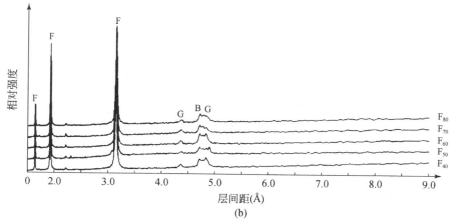

(b)

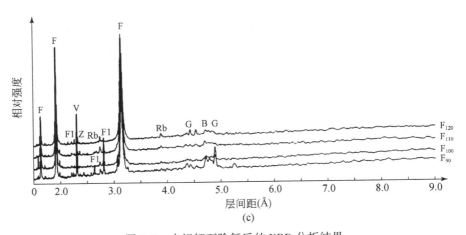

图 3.8　水铝钙石除氟后的 XRD 分析结果

B:拜三水铝石;F:萤石;Fl:氟铝石;G:三水铝石;H:水铝钙石;Rb:罗森贝格石;V:氟盐;Z:羟氟铝石

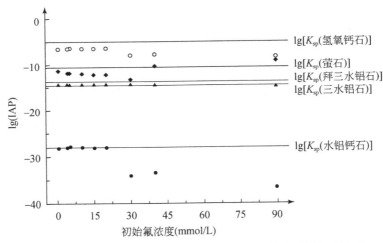

图 3.9　反应系统中矿物的溶度积常数与相应组分离子活度积的对比

　　初始溶液氟浓度增加到 $40 \sim 80$ mmol/L 时[图3.8(b)],水铝钙石仍然可全部溶解,同时生成大量萤石沉淀,并伴随少量三水铝石[$Al(OH)_3$]和拜三水铝石[$Al(OH)_3$]形成,但罗森贝格石不再出现;增加到 $90 \sim 120$ mmol/L 时(图3.8(c)),水铝钙石的完全溶解和萤石的大量沉淀仍是反应过程的主要特征,但也有少量罗森贝格石($AlF_3 \cdot 3H_2O$)、氟铝石($AlF_3 \cdot H_2O$)、羟氟铝石[$AlF(OH)_2$]、三水铝石[$Al(OH)_3$]、拜三水铝石[$Al(OH)_3$]、氟盐(NaF)等新矿物生成。形成 NaF 的原因可能为反应后溶液均在50℃下干燥,NaF 固体重新结晶。

　　反应后样品的 SEM-EDX 分析结果(图3.10)与 XRD 结果吻合得很好。初始氟浓度较低(0.3 mmol/L)时,反应后固体中仍存在大量正六边形板状晶体[图3.10(a)],说明水铝钙石并未全部溶解;初始氟浓度升高到 40 mmol/L,正六边形板状晶体已全部消失,取而代之的是如图3.10(b)所示的球状晶体,经能谱分析其主要组分为 Ca、F,故推断为萤石(CaF_2);初始氟浓度为 90 mmol/L 时,反应后固体产物在扫描电镜下可发现几种新形成的形态不同的晶体,能谱分析指示其中呈不规则状晶体[图3.10(c)]的元素组成为 Al、F、O,推测可能为罗森贝格石($AlF_3 \cdot 3H_2O$)、氟铝石($AlF_3 \cdot H_2O$)、羟氟铝石[$AlF(OH)_2$]等(能谱分析不能检测 H 的含量),立方形态晶体[图3.10(d)]的元素组成则为 Na、F,应是 NaF 晶体。

图 3.10　水铝钙石除氟后固体产物的 SEM 图像

(a)初始氟浓度为 0.3 mmol/L;(b)初始氟浓度为 40 mmol/L;(c)、(d)初始氟浓度为 90 mmol/L

　　水铝钙石的理论分子式 $Ca_4Al_2(OH)_{12}Cl_2 \cdot 6H_2O$ 指示其发生全等溶解后溶液中 Ca、Al、Cl 的摩尔浓度比应为 2∶1∶1。因 XRD 和 SEM 分析结果并未显示含氯矿物的沉淀,且水铝钙石未完全溶解时其层间 Cl 与溶液中 F 的交换非常有限,故反应后溶液中 Cl 的摩尔浓度与 Ca、Al 摩尔浓度的对比可用于验证反应系统中发生的溶解-沉淀过程(表 3.4)。当初始氟浓度较低(< 20 mmol/L)或较高(> 30 mmol/L)时,Al/Cl 摩尔比明显小于 1:1,说明水铝钙石溶解后进入液相的铝参与了新矿物的沉淀;初始氟浓度为 20mmol/L 和 30 mmol/L 时,Al/Cl 摩尔比则非常接近 1:1,说明溶解态的铝不参与矿物沉淀过程。与之不同的是,反应后溶液中的 Ca/Cl 摩尔比在任何初始氟浓度条件下均远小于 2:1,这意味着水铝钙石溶解产生的 Ca 在每一组实验中都和溶液中的 F 形成了萤石沉淀。

表 3.4　水铝钙石除氟后水样的化学组成分析结果

编号	Ca		Al		Na		Cl	
	(mg/L)	(mmol/L)	(mg/L)	(mmol/L)	(mg/L)	(mmol/L)	(mg/L)	(mmol/L)
$F_{0.3}$	155.6	3.9	79.1	2.9	12.5	0.5	146.2	4.1
$F_{4.0}$	119.7	3.0	89.7	3.3	99.2	4.3	146.2	4.1
$F_{5.0}$	105.5	2.6	93.9	3.5	117.5	5.1	146.2	4.1
F_{10}	40.4	1.0	109.9	4.1	234.8	10.2	155.1	4.4
F_{15}	24.4	0.6	126.8	4.7	334.5	14.5	181.7	5.1
F_{20}	3.5	0.1	141.6	5.2	427.8	18.6	186.1	5.2
F_{30}	2.8	0.1	176.4	6.5	618.4	26.9	226.0	6.4
F_{40}	4.1	0.1	171.0	6.3	756.8	32.9	234.9	6.7
F_{90}	0.5	0	172.4	6.4	1421.2	61.8	234.9	6.7

　　综上所述,水铝钙石的除氟机理包括溶解-沉淀过程和阴离子交换过程。在不同初始氟浓度条件下,萤石矿物的沉淀对去除液相中的氟均有重要贡献。一方面,萤石(CaF_2)的溶度积常数较低($K_{sp} = 2.5 \times 10^{-11}$);另一方面,水铝钙石相对易溶,可在液相中形成大量 Ca^{2+},促成了其与溶液中的氟结合而以萤石的形式沉淀。罗森贝格石($AlF_3 \cdot 3H_2O$)、氟铝石($AlF_3 \cdot H_2O$)、羟氟铝石[$AlF(OH)_2$]等矿物的沉淀对除氟也有贡献,但相对较小,且仅在溶液初始氟浓度较低或较高的情况下发生。此外,在溶液初始氟浓度低的条件下,加入反应系统的水铝钙石不会被全部消耗,其层间的 Cl^- 可在一定程度上与溶液中的 F^- 发生阴离子交换,也起到降低溶液中氟浓度的效果。

3.2.4　除氟影响因素

1)反应温度对水铝钙石除氟效果的影响

将反应温度升高到45℃和65℃,以确定水铝钙石在非室温条件下的除氟效果。实验结果(表 3.5)指示仅在初始氟浓度不高于 2 mmol/L 时,温度的升高可提高水铝钙石的除氟效率;当溶液中初始氟浓度更高时,升高反应温度反而降低了氟的去除率。原因为:当初始氟浓度较低时,水铝钙石的除氟过程同时受溶解–沉淀反应和层间阴离子交换反应控制,升高反应温度有助于加强 F^-–Cl^-阴离子交换;与初始氟浓度较高时,加入反应系统的水铝钙石消耗殆尽,因此除氟作用完全依赖于含氟矿物(主要为萤石(CaF_2))的沉淀,而升高反应温度会增大萤石的溶解度,25℃下萤石溶解度为 0.015 g/L,在 45℃、65℃下则分别提高到 0.018 g/L、0.019 g/L,因此反应温度上升后萤石的沉淀作用在一定程度上被抑制,溶液中氟的去除效果变差。

表 3.5　反应温度分别为 25℃、45℃、65℃时水铝钙石的除氟效果

初始氟浓度(mmol/L)	反应后氟浓度(mmol/L)		
	25℃	45℃	65℃
0.3	0.036	0.017	0.002
1	0.039	0.017	0.002
2	0.04	0.025	0.001
3	0.021	0.022	0.028
5	0.024	0.025	0.042
10	0.021	0.022	0.031
15	0.018	0.02	0.031
20	0.022	0.038	0.027
40	1.09	4.4	4.23
90	15.3	39.3	33.5

2) 溶液中 HCO_3^-、Cl^-、SO_4^{2-}对水铝钙石除氟效果的影响

在低浓度时,HCO_3^-、Cl^-、SO_4^{2-}三种天然水体(包括地热水)中的常见阴离子均以竞争吸附的形式影响水铝钙石对溶液中氟的去除,且 SO_4^{2-}对去除效果的影响最大(表 3.6)。在竞争吸附过程中,阴离子的电负性越强、离子半径越小,越容易插层进入水铝钙石层间。在以上三种阴离子中,SO_4^{2-}所带负电荷最多,与 F^-相比,不仅可优先占据水铝钙石表面的静电吸附位置,也更易取代水铝钙石层间原有的 Cl^-。浓度升高后,三种阴离子的影响效果发生变化——HCO_3^-对除氟效率的影响变得最强,SO_4^{2-}次之。原因为当溶液中 HCO_3^-含量较高时,可与溶液中的 F^-竞争水铝钙石溶解产生的 Ca^{2+}以促使方解石沉淀,并抑制萤石的形成。存在高浓度 HCO_3^-条件下除氟反应后固体产物的 XRD 图谱(图 3.11)中出现大量方解石(碳酸钙)的衍射峰,即是以上结论的直接证据。

表 3.6　HCO_3^-、Cl^-、SO_4^{2-} 对水铝钙石除氟效果的影响

（各竞争离子初始浓度与 F^- 初始浓度的毫克当量比为 10 : 1）

初始氟浓度(mmol/L)	竞争阴离子	反应后氟浓度(mmol/L)	
		竞争条件下除氟实验	非竞争条件下除氟实验
0.5	HCO_3^-	0.108	0.042
0.5	Cl^-	0.134	0.042
0.5	SO_4^{2-}	0.188	0.042
5	HCO_3^-	2.640	0.024
5	Cl^-	0.043	0.024
5	SO_4^{2-}	0.465	0.024

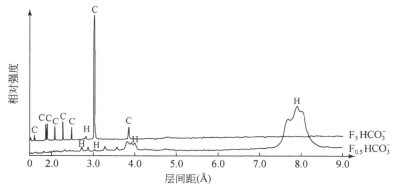

图 3.11　存在 HCO_3^- 条件下除氟反应后固体产物的 XRD 图谱

初始氟浓度分别为 0.5 mmol/L、5 mmol/L；C：碳酸钙；H：水铝钙石

3.3　羟镁铝石除氟

在水滑石和水铝钙石的除氟实验研究中，水滑石和水铝钙石分别以 NO_3^- 和 Cl^- 为层间阴离子，因此在除氟后将不可避免地向溶液中引入二次污染物（NO_3^- 和 Cl^-）。羟镁铝石为一种以 OH^- 为原始层间离子的阴离子黏土，因此在除氟后应不会像水滑石和水铝钙石那样形成二次污染。本节讨论羟镁铝石的除氟性能与机理。实验设计如下。

1）反应动力学实验

用初始氟浓度为 62 mg/L 的溶液与 0.163 mmol 的羟镁铝石（即 0.094 g 未焙烧羟镁铝石或 0.056 g 焙烧羟镁铝石）反应，以分析反应时间对未焙烧和焙烧羟镁铝石除氟的影响。在水浴恒温振荡器中进行反应,反应时间分别设定为 0.5 h、1 h、2 h、3 h、4 h、8 h、11 h、24 h、35 h、50 h,反应结束后测定溶液 F⁻浓度。

　　2）等温吸附实验

　　在等温吸附实验中,初始氟浓度设定为 12.4 mg/L、24.8 mg/L、62.0 mg/L、74.4 mg/L、99.2 mg/L、124.0 mg/L、148.8 mg/L、186.0 mg/L、223.2 mg/L 和248.0 mg/L。取 25 mL 溶液,向溶液中分别加入 0.094 g 未焙烧羟镁铝石或 0.056 g 焙烧羟镁铝石,保持室温条件于水浴振荡器中反应 48 h 后,测定溶液 F⁻浓度。

　　3）羟镁铝石脱氟实验

　　本实验用于判断地热水中的两种主要阴离子(SO_4^{2-} 和 HCO_3^-/CO_3^{2-})可在何种程度取代羟镁铝石层间已吸附的 F⁻。首先以未焙烧羟镁铝石与氟溶液反应,取反应后的固体样品 0.020 g 分别加入 50 mL 浓度为 3.6 mmol/L 的 $NaHCO_3$ 溶液和 50 mL 浓度为 1.8 mmol/L 的 Na_2SO_4 溶液中,反应后测定溶液的相关组分浓度。反应前溶液中 SO_4^{2-} 和 HCO_3^- 的总毫当量值均为 0.18 meq,为羟镁铝石层间氟化物当量的 9 倍(0.02 meq)。

3.3.1　反应动力学实验

　　反应时间(0.5~50 h)对未焙烧和焙烧后羟镁铝石除氟的影响如图 3.12 所示。实验结果表明未焙烧羟镁铝石对氟的吸附量在 25 h 前逐渐增加,之后呈稳定趋势,50 h 后的吸附量达到 11.7 mg/g(图 3.12)。焙烧后羟镁铝石吸附溶液中氟的反应同样主要发生在 25 h 以内,在 25~50 h 时间段内的去除率仅略有增加(93.1%~97.3%)。与未焙烧羟镁铝石相比,焙烧后羟镁铝石具有更高的除氟能

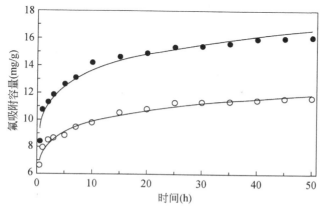

图 3.12　羟镁铝石及其焙烧产物除氟动力学曲线

○羟镁铝石;●焙烧羟镁铝石

力(图 3.12),其最大吸附容量达 16.0 mg/g,高于前者 36.8% 。

　　未焙烧和焙烧后羟镁铝石的反应动力学实验数据可用 Lagergren 准一级动力学模型拟合,相关系数分别为 0.989 和 0.975[图 3.13(a)]。据此模型,未焙烧羟镁铝石对氟的吸附达到平衡时其氟浓度 q_e 和吸附反应速率常数 k_1 分别为 11.8 mg/g 和 0.075 h^{-1},而焙烧后羟镁铝石相应参数的值分别为 16.1 mg/g 和 0.083 h^{-1}。这同样表明未焙烧羟镁铝石的除氟能力较弱,且氟在其中的的扩散速度较慢。进一步分析表明,尽管两种羟镁铝石在 20 h 以前的反应动力学实验数据用 Lagergren 准一级动力学模型拟合的精度较高,但 20 h 后的数据则相对离散。

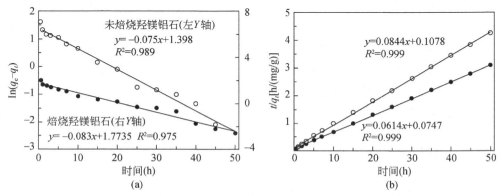

图 3.13　羟镁铝石及其焙烧产物的除氟动力学模型拟合线
(a)Lagergren 准一级动力学模型的拟合;(b)Lagergren 准二级动力学模型的拟合;
○未焙烧羟镁铝石;●焙烧羟镁铝石

　　相比 Lagergren 准一级动力学模型,Ho 和 McKay(1999)提出的 Lagergren 准二级动力学模型可更好地拟合未焙烧和焙烧后羟镁铝石的反应动力学过程,表现为拟合的相关系数更高(均为 0.999)[图 3.13(b)]。这意味着化学吸附作用在两种羟镁铝石的除氟过程中均有发生。据 Lagergren 准二级动力学模型,未焙烧羟镁铝石对氟达到吸附平衡时的氟浓度 q_e 和吸附反应速率常数 k_2 分别为 11.9 mg/g 和 0.066 h^{-1},仍然与焙烧后羟镁铝石的相应参数值差别较大(16.3 mg/g 和 0.050 h^{-1})。

3.3.2　等温吸附实验

　　随初始氟浓度的增加,尽管溶液中氟的去除率有所降低,但事实上吸附于未焙烧羟镁铝石的氟的总量仍呈增加趋势(表 3.7)。焙烧羟镁铝石的氟吸附容量随初始氟浓度的增加趋势则更为明显;在初始氟浓度达 74.4 mg/L 时,焙烧羟镁铝石仍具有较高的氟去除率(> 95%)。反应前后羟镁铝石样品的 EDX 分析与上述由等温吸附实验结果得出的结论相符(表 3.8)。当初始氟浓度为 248 mg/L 时,反应后羟镁铝石样品的氟含量比初始浓度为 12.4 mg/L 时高得多;当初始氟浓度相同时,焙烧羟镁铝石样品的氟含量则显著高于未焙烧羟镁铝石样品。

表 3.7　等温吸附实验结果

初始氟浓度 (mg/L)	未焙烧羟镁铝石			焙烧羟镁铝石		
	平衡浓度 (mg/L)	吸附容量 (mg/g)	去除率 (%)	平衡浓度 (mg/L)	吸附容量 (mg/g)	去除率 (%)
12.4	0.5	3.2	95.8	0.1	5.4	99.6
24.8	3.1	5.8	87.5	1.1	10.4	95.6
62.0	17.7	11.8	71.4	3.1	25.8	95.0
74.4	25.5	13.0	65.7	3.6	31.0	95.1
99.2	45.9	14.2	53.7	28.0	31.2	71.7
124.0	64.1	15.9	48.3	21.2	45.1	82.9
148.8	87.6	16.3	41.1	61.0	38.5	59.0
186.0	123.9	16.5	33.4	101.5	37.1	45.4
223.2	153.7	18.5	31.1	128.1	41.7	42.6
248	176.1	19.1	29.0	118.5	56.8	52.2

表 3.8　反应后样品化学组成的 EDX 分析

样品	初始氟浓度 (mg/L)	元素质量分数(%)			
		F	O	Mg	Al
未焙烧羟镁铝石(反应前)			55.66	27.34	17.00
M-1	12.4	0.72	55.52	22.47	21.29
M-2	248	1.46	55.05	20.23	23.25
焙烧羟镁铝石(反应前)			42.82	35.96	21.23
CM-1	12.4	1.20	54.53	28.11	16.17
CM-2	248	1.78	52.86	22.33	23.03

等温吸附实验数据可良好拟合于 Langmuir 和 Freundlich 等温吸附模型(图 3.14)。用 Langmuir 和 Freundlich 等温吸附模型拟合未焙烧羟镁铝石的吸附实验数据时,相关系数分别高达 0.990 和 0.975,说明两种模型均可有效反映该吸附反应过程。Langmuir 等温吸附模式指示表面吸附作用,而 Freundlich 等温吸附模式则意味着多层吸附作用过程的发生。因此,在未焙烧羟镁铝石的除氟过程中,尽管溶

液中F⁻和羟镁铝石层间OH⁻的离子交换作用非常重要,其表面对溶液中F⁻的吸附作用也不可忽视。

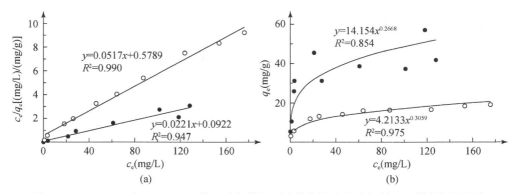

图 3.14　Langmuir 和 Freundlich 模型对羟镁铝石及其焙烧产物除氟等温吸附数据的拟合
(a)Langmuir 模型拟合吸附实验数据;(b)Freundlich 模型拟合吸附实验数据;○羟镁铝石;●焙烧羟镁铝石

与未焙烧羟镁铝石相比,焙烧羟镁铝石的吸附实验数据更为离散,其对 Langmuir 和 Freundlich 等温吸附模型(图 3.14)的拟合也具有更低的相关系数(分别为 0.947 和 0.854)。因此,在焙烧羟镁铝石的除氟过程中,除结构重建时所发生的氟离子插层外,还应有其他与氟相关的反应过程。观察反应后固体样品(初始氟浓度:248 mg/L;放大倍数:10000)的 SEM 图像,未焙烧和焙烧羟镁铝石的晶体形态完全不同(图 3.15)。未焙烧羟镁铝石呈针状晶体,而焙烧羟镁铝石中则出现颗粒状和层状晶体。这表明在溶液初始氟浓度为 248 mg/L 时,焙烧羟镁铝石与氟溶液的反应可能产生了新矿物。

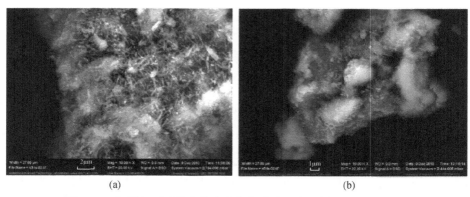

图 3.15　羟镁铝石及其焙烧产物与氟溶液反应后样品的 SEM 图像
(a)未焙烧羟镁铝石;(b)焙烧羟镁铝石

3.3.3 除氟机理

羟镁铝石及其焙烧产物在反应前后的 XRD 分析结果表明两者的除氟机理不同。当溶液的初始氟含量为 12.4~124 mg/L 时,未焙烧羟镁铝石和氟溶液反应后的 XRD 图谱与反应前相同(图 3.16),仅检测到羟镁铝石和水镁石(由合成羟镁铝

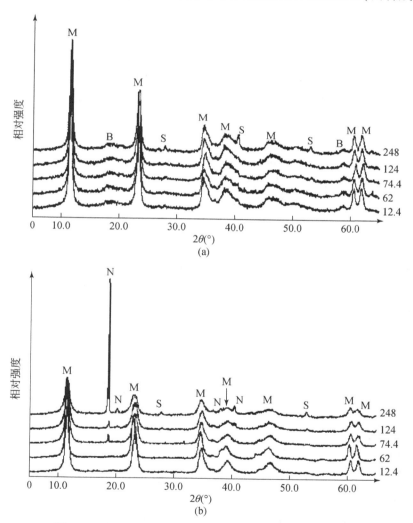

图 3.16 羟镁铝石及其焙烧产物除氟后样品的 XRD 图谱

(a)未焙烧羟镁铝石,(b)焙烧羟镁铝石;右侧数字代表初始氟浓度(mg/L);

M:羟镁铝石,B:水镁石,S:氟镁石,N:诺三水铝石

石时未参加反应的 MgO 水合而成)衍射峰；当初始氟含量为 248 mg/L 时，反应后产物的 XRD 图谱中出现 3 个强度较弱的氟镁石(MgF_2)的衍射峰。因此，未焙烧羟镁铝石的除氟过程包括其颗粒表面对氟的吸附作用、液相 F^- 与羟镁铝石层间 OH^- 的阴离子交换作用以及在溶液氟含量较高时其中 F^- 和羟镁铝石溶解产生的 Mg^{2+} 形成氟镁石的沉淀作用。另外，当溶液初始氟含量为 12.4 mg/L、62 mg/L、74.4 mg/L、124 mg/L 和 248 mg/L 时，反应后的未焙烧羟镁铝石样品的(003)晶面的衍射峰所对应的层间距分别为 7.667 Å、7.667 Å、7.629 Å、7.667 Å 和 7.667 Å，与反应前的样品相比(7.667 Å)基本不变，这说明未焙烧羟镁铝石对氟的表面吸附及其层间羟基和溶液中氟的离子交换并未使其结构发生实质性的改变；在除氟反应后，进入层间的 F^- 应均匀分散于层间原有的 OH^- 中，因而对层间距的影响不大。

　　XRD 分析结果(图 3.16)表明在溶液初始氟浓度为 12.4 mg/L 和 62 mg/L 时，将焙烧羟镁铝石加入氟溶液后仅形成羟镁铝石。焙烧羟镁铝石在恢复层结构时产生带正电荷的层间区，并吸纳溶液中的氟为层间阴离子——该性质即阴离子黏土的"结构记忆效应"(Erickson et al. ,2005)。然而，当初始氟浓度为 74.4 mg/L 或更高时，反应后固体样品的 XRD 图谱中出现了羟镁铝石之外的衍射峰，其中诺三水铝石($Al(OH)_3$)的衍射峰(晶面间距：4.75 Å)最为明显。初始氟浓度为 248 mg/L 时，该衍射峰的强度大幅度增加，且同时出现了诺三水铝石的其他特征衍射峰(晶面间距分别为 2.24 Å、4.28 Å 和 2.37 Å)和两个较弱的氟镁石(MgF_2)的衍射峰。诺三水铝石结构中的羟基可被氟大量取代(在本实验研究中便应是如此)，因此其 XRD 衍射峰位置所反映的晶面间距与粉末衍射标准联合委员会(Chem, 1973)给出的标准间距(4.79 Å、2.26 Å、4.32 Å、和 2.39 Å)略有不同。这样，当焙烧羟镁铝石与高浓度的氟溶液(>74.4 mg/L)反应时，可形成包括诺三水铝石和氟镁石在内的新矿物。

　　除氟实验中氟镁石的产生表明未焙烧和焙烧羟镁铝石在反应系统中均可提供足够多的 Mg^{2+} 与 248 mg/L 的 F^- 形成沉淀。然而，与未焙烧羟镁铝石相比，焙烧羟镁铝石在与含氟溶液反应时可提供更多的溶解态铝以生成含氟的氢氧化铝，即氟代诺三水铝石。尽管三水铝石是 $Al(OH)_3$ 在室温条件下的稳定存在形式，但很多学者已在碱性溶液中合成了诺三水铝石。例如，Elderfield(1973)发现与碱性溶液达到亚稳定平衡状态的 $Al(OH)_3$ 通常为诺三水铝石和拜三水铝石；Sanjuan 和 Michard(1987)认为尽管在 pH 小于 6.5 的条件下，三水铝石控制着铝的溶解度，但在 pH 大于 6.5 时，诺三水铝石或拜三水铝石才是铝溶解度的控制矿物；Schoen 和 Roberson(1970)则发现在中高 pH 条件下，诺三水铝石可由拜三水铝石形成，表明诺三水铝石比拜三水铝石更加稳定。

　　氟与诺三水铝石的关系已屡见于文献。Hsu 和 Bates(1964)和 Hsu(1966)发现溶液中氟化物的存在不仅可促进诺三水铝石的沉淀,还可促使其他亚稳态 $Al(OH)_3$ 的形成,如一水软铝石和拜三水铝石。Sanjuan 和 Michard(1987)发现将氟化钠加入相对于三水铝石饱和的碱性溶液中可引发氟代诺三水铝石(或氟代拜三水铝石)的沉淀,说明氟代诺三水铝石可能比三水铝石更稳定。Jambor 等(1990)在魁北克蒙特利尔的 Francon 采石场大量发现氟质量分数约 7% 的铝氢氧化物,证实了以上推测。Parthasarathy 等(1986)也发现多聚氢氧化铝与氟溶液反应可形成氟代氢氧化铝。因此,可以判断在本实验研究中,焙烧羟镁铝石与氟溶液反应时的碱性和高氟环境不仅促进了诺三水铝石的沉淀,也加强了其除氟效果。

综上所述,当初始氟浓度相同时,焙烧羟镁铝石的除氟效果要好于未焙烧羟镁铝石,且这种除氟优势随初始氟浓度的增加而增加。当初始氟浓度小于 74.4 mg/L时,焙烧羟镁铝石具有更高的除氟能力是由于其与含氟溶液反应时原始层结构得以重建,溶液中的 F^- 相对更易进入正在形成的层间区;而未焙烧羟镁铝石在加入含氟溶液前其层结构即已存在,这样溶液中的 F^- 必须扩散进入已存在 OH^- 的层间区并取代 OH^-。当初始氟浓度大于 74.4 mg/L 时,焙烧羟镁铝石有更佳除氟效果的原因则为氟代诺三水铝石的沉淀。

另外,未焙烧羟镁铝石的除氟机理主要为溶液中 F^- 与其层间 OH^- 的离子交换过程,故对比其在不同初始氟浓度条件下的实际氟吸附量与理论最大吸附容量非常有意义(根据羟镁铝石的化学结构式,每克羟镁铝石最多可在层间容纳 3.47 mmol 的氟)。对比结果(表 3.9)显示即便是最高初始氟浓度(248 mg/L)条件下,未焙烧羟镁铝石的实际氟吸附量也仅为其理论最大吸附容量的 29%。根据实际氟吸附量和理论最大吸附容量的比值,我们推断了未焙烧羟镁铝石样品与不同初始浓度氟溶液反应后的化学结构式(表 3.9),再次表明所有反应后样品中 F^- 所占据的层间位置均远少于 OH^-。本章分析了三种阴离子黏土(水滑石、水铝钙石和羟镁铝石)去除溶液中氟的能力,并深入分析了其除氟机理——包括表面吸附作用、离子交换作用和溶解–沉淀作用。总体而言,三种阴离子黏土均具备较强的除氟能力,但水铝钙石在溶液初始氟浓度高的情况下除氟能力更为突出,明显高于文献中记录的其他材料(表 3.10)。与水滑石、水铝钙石相比,羟镁铝石在除氟方面的显著优势是不会在反应后形成二次污染。

表 3.9　实际氟吸附量和理论最大吸附容量的比值

初始氟浓度 (mg/L)	实际氟吸附量 (mmol/g)	实际氟吸附量占理论最大 吸附容量的百分比(%)	反应后样品的化学结构式
12.4	0.17	4.8	$Mg_6Al_2(OH)_{16}[(F)_{0.10}(OH)_{1.90}] \cdot 4H_2O$

初始氟浓度（mg/L）	实际氟吸附量（mmol/g）	实际氟吸附量占理论最大吸附容量的百分比（%）	反应后样品的化学结构式
24.8	0.30	8.8	$Mg_6Al_2(OH)_{16}[(F)_{0.18}(OH)_{1.82}] \cdot 4H_2O$
62.0	0.62	17.8	$Mg_6Al_2(OH)_{16}[(F)_{0.36}(OH)_{1.64}] \cdot 4H_2O$
74.4	0.68	19.7	$Mg_6Al_2(OH)_{16}[(F)_{0.39}(OH)_{1.61}] \cdot 4H_2O$
99.2	0.75	21.5	$Mg_6Al_2(OH)_{16}[(F)_{0.43}(OH)_{1.57}] \cdot 4H_2O$
124.0	0.84	24.1	$Mg_6Al_2(OH)_{16}[(F)_{0.48}(OH)_{1.52}] \cdot 4H_2O$
148.8	0.86	24.7	$Mg_6Al_2(OH)_{16}[(F)_{0.49}(OH)_{1.51}] \cdot 4H_2O$
186.0	0.87	25.0	$Mg_6Al_2(OH)_{16}[(F)_{0.50}(OH)_{1.50}] \cdot 4H_2O$
223.2	0.97	28.0	$Mg_6Al_2(OH)_{16}[(F)_{0.56}(OH)_{1.44}] \cdot 4H_2O$
248.0	1.01	29.0	$Mg_6Al_2(OH)_{16}[(F)_{0.58}(OH)_{1.42}] \cdot 4H_2O$

表 3.10　本实验研究中阴离子黏土的除氟容量及其与其他材料的对比

材料	初始氟浓度（mg/L）	吸附剂-溶液比（g/L）	除氟量（mg/g）	参考文献
二氧化锰涂层活性氧化铝	1~25	1~16	0.17	Tripathy and Raichur,2008
镁膨润土（MB）	5	0.2~6	2.26	Thakre et al. ,2010
富钛铝土矿（TRB）	5~40	4	3.8	Das et al. ,2005
Fe-Zr 混合氧化物	5~50	2	7.5	Biswas et al. ,2007
生石灰	—	5	16.67	Islam and Patel,2007
磁性改性壳聚糖	5.40~138.32	1	17.68	雅非群等,2003
骨炭改性壳聚糖	3.36~95.78	1	18.11	雅非群,2004
氧化锆	0~1710	20	19	Blackwell and Carr,1991
Al_2O_3	5~1000	3	24.45	Dayananda et al. ,2014
铝支撑碳纳米管	0~50	2	27	Li et al. ,2001
明矾浸渍活性氧化铝	1~35	8	40.3	Tripathy et al. ,2006
锆浸渍胶原蛋白纤维	19~95	1	41.4	Liao and Shi,2005
纳米针铁矿	10~150	1	59	Mohapatra et al. ,2010
水合氧化锆	2~120	0.3	124.0	Dou et al. ,2012
载 Al_2O_3 的生石灰	5~1000	3	136.99	Dayananda et al. ,2014
Fe-Al-Ce 三金属氧化物	2~110	0.15	178.0	Wu et al. ,2007
焙烧水滑石	5~200	2.52	53.8	本研究
焙烧羟镁铝石	12.4~248	2.24	56.8	本研究
水铝钙石	5.7~2280	2	719.1	本研究

第4章　阴离子黏土去除水溶液中的砷

砷在水中的存在形式受控于 pH、氧化还原电位、温度以及其他化学组分（如有机物、硫化物、铁等）的种类和浓度等因素。虽然砷在水环境中可能以某些不常见的特殊形态存在（如在富硫化物地热水中有相当比例的砷为硫代砷化物）（王敏黛等，2016；庄亚芹等，2016；郭清海等，2017），在天然水体中，砷酸盐和亚砷酸盐仍一般是砷的主要存在形式，其具体优势形态主要取决于 pH 和氧化还原条件（表4.1）。

表 4.1　砷在不同 pH 和氧化还原条件下的稳定存在形式

还原条件		氧化条件	
pH	亚砷酸盐	pH	砷酸盐
0 ~ 9	H_3AsO_3	0 ~ 2	H_3AsO_4
10 ~ 12	$H_2AsO_3^-$	3 ~ 6	$H_2AsO_4^-$
13	$HAsO_3^{2-}$	7 ~ 11	$HAsO_4^{2-}$
14	AsO_3^{3-}	12 ~ 14	AsO_4^{3-}

因此，常见的水体除砷方法主要针对砷酸盐和亚砷酸盐研发。吸附是使用得最为广泛的除砷手段，已用于除砷试验的吸附剂包括天然或合成的金属氧化物或氢氧化物、活性氧化铝、活性炭、功能树脂等。由于高砷地下水中亚砷酸盐一般是砷的主要赋存形态，活性炭、氧化铝等吸附剂的除砷能力受到限制（Mohan et al.，2007），且再生性较差。具有较大比表面积和砷吸附容量的载铁棉纤维素吸附剂（郭学军和陈甫华，2005）、无机稀土基吸附剂（Li et al.，2010；Zhang et al.，2010b）、复合铁锰二元氧化物（Zhang et al.，2012a）等则由于成本高、工艺复杂等劣势，一直未大规模用于除砷实践。

理想的、可规模化使用的除砷材料应对亚砷酸盐和砷酸盐均有良好的吸附能力、吸附容量大、化学形态稳定、具有可再生性且成本低廉。本章探讨两种阴离子黏土——水铝钙石和水氯铁镁石的除砷能力，并详细分析其除砷机理。

4.1　水铝钙石除砷

考虑到水铝钙石在阴离子黏土中溶解度较大，与水溶液中砷反应时可生成含

砷矿物,从而达到大量去除砷的目的,我们首先考察了水铝钙石的除砷效果。实验设计如下:

1)水铝钙石去除水中砷酸盐的实验设计

反应动力学实验:用砷酸氢二钠(Na_2HAsO_4)配制砷浓度为 0.3 mmol/L 和 10 mmol/L 的溶液,置于 PET 瓶中,加入 0.2 g 水铝钙石粉末,在 25℃ 恒温水浴振荡器中反应。反应进行 5 min、10 min、20 min、30 min、45 min、1 h、2 h、3 h、5 h、8 h、15 h、24 h 后取溶液过滤,测定砷浓度。

等温吸附实验:基于反应动力学实验获得的反应平衡时间进行。配制初始砷浓度为 0.002 ~ 20 mmol/L 的 Na_2HAsO_4 溶液,各加入 0.2 g 水铝钙石粉末反应,测定反应后溶液的砷浓度。

竞争吸附实验:将 HCO_3^-、SO_4^{2-} 和 Cl^- 与 As(V) 以毫克当量比 10:1 的比例混合,加入 0.2 g 水铝钙石,反应结束后测定溶液的砷浓度。

温度对除砷效果的影响:在 45℃ 和 65℃ 下进行不同初始浓度条件下的除砷实验,以对比反应温度对除砷效果的影响。

测试方法:用装有 PCP505 型电极的 PH211A 型 pH 计测试溶液 pH,测试前用 pH 为 5.8 和 9.8 的标准液进行两点校准。溶液砷含量用原子荧光光度计测定,测试原理为:样品中的砷经加热消解后,加入硫脲使砷酸盐还原为亚砷酸盐,与硼氢化钾反应,生成砷化氢气体,再由氩气载入石英原子化器进行原子化分解,砷原子受高强度砷空心阴极灯的激发而产生荧光,利用荧光强度与溶液砷含量成正比的关系,通过测定荧光强度来计算样品中的砷含量;该测试方法的检出限为 0.2 μg/L,砷浓度在 1 ~ 200 μg/L 范围内线性良好,大于 200 μg/L 的样品,可稀释后测定。氯含量用银量法测定;钙、铝、钠含量用 ICP-OES 测定。固体样品烘干后进行 XRD 和 SEM-EDX 检测。

2)水铝钙石去除水中亚砷酸盐的实验设计

亚砷酸盐储备液的配制:实验中使用的所有亚砷酸盐溶液用 As_2O_3 配制。标准储备液配制流程为:准确称取 1.978 g As_2O_3 溶解于 20 mL 5 mol/L 的 NaOH 溶液中,加入酚酞指示剂,用 6 mol/L HCl 中和至溶液转为无色,移入 1000 mL 容量瓶中,用去离子水标定至刻度线。

反应动力学实验:用亚砷酸盐标准储备液分别配制砷浓度为 0.3 mmol/L 和 10 mmol/L 的溶液,置于 PET 瓶中,加入 0.2 g 水铝钙石粉末,在 25℃ 的恒温水浴振荡器中反应。反应进行 24 h 后取溶液过滤,测试砷浓度。

温度对除砷效果的影响:在 45℃ 和 65℃ 下进行两种初始浓度(0.3 mmol/L 和 10 mmol/L)的除砷实验,以分析温度对去除效果的影响。

相关测试方法同除砷酸盐的实验。

4.1.1　反应动力学实验

1. 砷酸盐去除实验

在 25℃条件下,水铝钙石与初始砷酸盐浓度为 0.3 mmol/L 和 10 mmol/L 的溶液反应后砷浓度随时间的变化如图 4.1(a)和 4.1(b)所示。与水铝钙石的除氟反应动力学过程相似——虽然初始浓度差异很大,但二者的曲线形态相同且反应速率均很快,在反应 5h 左右后溶液砷浓度已达最低值。用 Lagergren 准二级模型拟合两组反应动力学数据,拟合度也均非常高($R^2 = 1$),说明化学吸附是控制水铝钙石去除溶液中砷酸盐速率的关键因素。

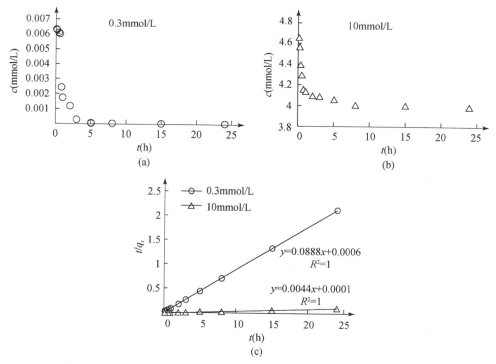

图 4.1　水铝钙石与初始砷酸盐浓度分别为 0.3 mmol/L(a)、10 mmol/L
(b)的溶液反应的动力学数据及准二级模型对其的拟合(c)

2. 亚砷酸盐去除实验

初始浓度分别为 0.3 mmol/L(22.5 mg/L)和 10 mmol/L(750 mg/L)的亚砷酸

盐溶液与水铝钙石反应 24 h 后,砷浓度未呈下降趋势(实测结果比初始浓度略高,
应为测试误差所致),说明水铝钙石对亚砷酸盐无去除能力。水铝钙石反应后的
XRD 图谱(图 4.2)也显示不论溶液初始亚砷酸盐浓度如何,反应完成后无新矿物
生成——这与水铝钙石去除氟和砷酸盐的实验结果大不相同。升高反应温度到
45℃和 65℃未能使水铝钙石获得去除亚砷酸盐的能力。

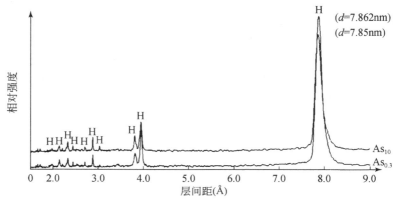

图 4.2　水铝钙石与初始浓度分别为 0.3 mmol/L、10 mmol/L 的
亚砷酸盐溶液反应后的 XRD 图谱
H 代表水铝钙石的特征衍射峰

　　鉴于水铝钙石无去除亚砷酸盐的能力,不再开展其去除亚砷酸盐的等温吸附
实验。

4.1.2　除砷酸盐等温实验

　　不同初始浓度砷酸盐溶液与 0.2 g 水铝钙石在 25℃下反应达平衡后的浓度如
图 4.3 和表 4.2 所示,反应后溶液的 pH、水铝钙石除砷量和去除率等数据也列于
表 4.2。实验结果显示水铝钙石对砷酸盐的去除能力很强。当初始浓度不高于
0.02 mmol/L时,溶液中的砷酸盐接近完全去除,达到饮用水标准(< 10 μg/L);在
初始砷酸盐浓度不低于 0.01 mmol/L 且不超过 5.0 mmol/L 的情况下,去除率均可
达 99% 以上;当初始砷酸盐浓度在 6~20 mmol/L 变化时,反应达平衡时溶液砷浓
度逐渐升高,砷去除率也相应从 90.9% 下降到 28.2%,但水铝钙石的除砷量在此
阶段达到最大值(361.7 mg/g)。反应完成后溶液 pH 总体上随初始砷酸盐浓度增
加而降低,但约略可划分为两个变化阶段:①初始浓度为 0.002 ~ 5 mmol/L,pH 自
12.0 单调下降至 10.8;②初始浓度为 6~20 mmol/L,pH 在 10.5 和 10.6 之间波动。

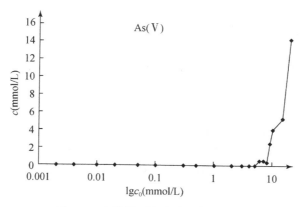

图 4.3 水铝钙石除砷酸盐实验结果

表 4.2 水铝钙石在 25℃条件下除砷酸盐的等温实验数据

初始砷酸盐浓度（mmol/L）	反应后砷酸盐浓度（mmol/L）	除砷量（mg/g）	去除率(%)	反应后 pH
0.002	0.0001	0.07	97.1	11.81
0.004	0.0002	0.14	95.6	11.94
0.01	0.0001	0.37	99.1	11.95
0.02	0.0000	0.75	100	11.93
0.05	0.0004	1.86	99.2	11.94
0.1	0.0002	3.74	99.8	11.94
0.3	0.0006	11.2	99.8	11.84
0.5	0.0026	18.7	99.5	11.83
1.0	0.0060	37.3	99.4	11.53
2.0	0.0048	74.8	99.8	11.13
3.0	0.0043	112.3	99.9	10.91
4.0	0.0043	149.8	99.9	10.82
5.0	0.0042	187.3	99.9	10.78
6.0	0.54	204.6	90.9	10.59
7.0	0.55	241.9	92.1	10.57
8.0	0.38	285.7	95.2	10.60
9.0	2.49	244.0	72.3	10.55
10	4.06	222.7	59.4	10.67
15	5.36	361.7	64.3	10.54
20	14.4	211.2	28.2	10.50

4.1.3 砷酸盐去除机理

水铝钙石在不同初始浓度条件下除砷后的 XRD 图谱见图 4.4。在低初始浓度（低于 0.1 mmol/L）条件下，除出现氯钙石的一个尖锐衍射峰外，反应后水铝钙石的 XRD 特征与反应前几乎没有差别。与水铝钙石除氟实验相似，从 XRD 图谱中识别出的矿物相依然主要为水铝钙石、三水铝石和拜三水铝石。随着初始砷浓度的增加，水铝钙石特征衍射峰的强度逐渐减小，最终消失；与此同时，在反应过程中形成的一种新矿物——羟砷钙石的两个衍射峰的强度则渐渐增加。另外，当初始砷浓度大于 0.1 mmol/L 后，三水铝石和拜三水铝石的衍射峰不再出现。值得注意

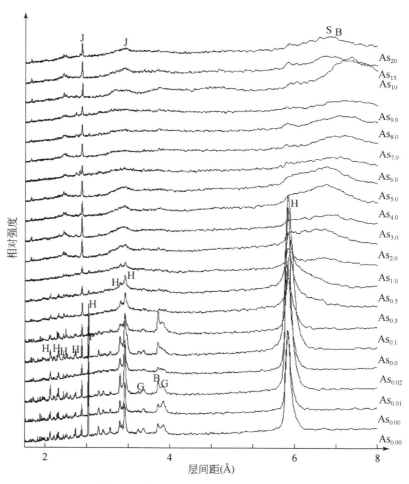

图 4.4　水铝钙石除砷酸盐的 XRD 图谱

的是,当初始砷浓度大于 1 mmol/L 后,在层间距为 8.8 Å 和 9.2 Å 附近出现了非常宽缓的衍射峰。层间距为 8.8 Å 的衍射峰可能为水砷钙石[$Ca_5(AsO_3OH)_2(AsO_4)_2$]或水羟砷铝石[$Al_2(AsO_4)(OH)_3$],但在粉末衍射标准联合委员会(Chem,1973)的 XRD 数据库中找不到层间距为 9.2 Å 且元素组成为 Ca、Al、O、H、Cl、As(或上述元素的任意子集)的矿物。

　　水铝钙石除砷酸盐后的 SEM 图像(图 4.5)指示在低初始浓度(0.002 mmol/L、0.1 mmol/L、0.3 mmol/L)条件下反应后样品中仍主要为正六边形的水铝钙石晶体。此外,样品 $As_{0.1}$ 和 $As_{0.3}$ 中也出现了一些较大的椭球体状或不规则状晶体,EDX 分析(表 4.3)指示其元素组成为 Ca、O 和 As,因此应为羟砷钙石晶体。在高初始浓度(3.0 mmol/L 和 10.0 mmol/L)条件下,正六边形的水铝钙石晶体则几乎完全被不规则的板状晶体所取代,意味着反应前加入反应系统的水铝钙石已近全部溶解。样品 As3.0 中晶体的元素组成为 Ca、Al、O 和 As,但未检测到 Cl;另外,晶体中 Ca、Al、As 的摩尔比可在很大范围内变化。这意味着该样品中的含砷矿物并不具有确定的化学组成,而是一个固溶体系列,XRD 识别出的水砷钙石和水羟砷铝石可能就是该固溶体系列的端员矿物。同样,样品 As_{10} 也由元素组成为 Ca、Al、O、Na、Cl、As 但摩尔比不确定的晶体组成(Na 的出现应为配制砷溶液时使用 NaH_2AsO_4 所

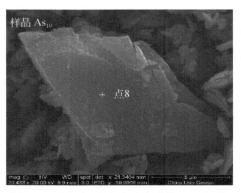

图 4.5　水铝钙石除砷酸盐后的 SEM 图像

致),这些晶体应仍为固溶体系列,可能对应于 XRD 图谱中出现于 9.2 Å 附近的衍射峰。

表 4.3　水铝钙石除砷酸盐后代表性样品的 EDX 分析结果

样品编号	点号	元素摩尔分数(%)					
		Ca	Al	O	Cl	As	Na
$As_{0.002}$	1	7.7	7.2	82.7	2.5	0.0	0.0
$As_{0.1}$	2	7.8	8.1	82.4	1.8	0.0	0.0
$As_{0.1}$	3	18.9	2.3	78.2	0.0	0.6	0.0
$As_{0.3}$	4	14.3	10.1	72.2	2.1	1.3	0.0
$As_{0.3}$	5	19.4	1.6	78.3	0.0	0.8	0.0
$As_{3.0}$	6	7.0	15.2	74.6	0.0	3.2	0.0
$As_{3.0}$	7	8.1	7.0	82.5	0.0	2.3	0.0
As_{10}	8	7.8	8.0	66.5	2.6	6.6	8.5

综上,水铝钙石除砷的主要机理可由以下化学反应过程描述:

$$Ca_4Al_2(OH)_{12}Cl_{1.71}(OH)_{0.29} \cdot 4.86H_2O \Longleftrightarrow 4Ca^{2+}+2Al(OH)_4^-+1.71Cl^-$$
$$+4.29OH^-+4.86H_2O \quad 5Ca^{2+}+3AsO_4^{3-}+OH^- \Longleftrightarrow Ca_5(AsO_4)_3(OH)\downarrow$$

为深入探讨除砷机理,我们用 PHREEQC 模拟了水铝钙石在除砷过程中的溶解和新矿物的形成以及反应结束后溶液的砷浓度。PHREEQC 模型中使用的矿物相及其约束条件见表 4.4,所用矿物的溶度积常数见表 4.5。反应后砷浓度的模拟结果及其实测值的对比见图 4.6,显示二者在某些情况下虽相差无几,但多数情况下有较明显差别。这说明除水铝钙石的溶解和羟砷钙石的沉淀外,尚有其他过程对除砷也有贡献。XRD 和 SEM 证据均已表明在羟砷钙石外,尚有其他含砷矿物(或其固溶体系列)在除砷实验中形成,但由于我们未能获取(由于其可能为固溶体系列,在这种情况下也无法获取溶度积常数)以上矿物的溶度积常数,故在模拟中未予以考虑。另外,除砷实验所用水铝钙石为我们在实验室合成的化合物,其化学结构式与水铝钙石的标准化学结构式并不完全一致,因此其实际溶度积常数与文献中提供的应略有差别,这也会导致反应后砷含量的模拟结果偏离实测值。

表 4.4　PHREEQC 模型中使用的矿物相及其约束条件

矿物相	模拟约束	初始量（g/kg H$_2$O）
水铝钙石	dissolve_only	2
羟砷钙石	precipitate_only	0
三水铝石	precipitate_only	0

表 4.5　PHREEQC 模拟中所用矿物的溶度积常数

矿物相	化学结构式	溶解反应方程	lg K_{sp}	文献
水铝钙石	Ca$_4$Al$_2$(OH)$_{12}$Cl$_2$·6H$_2$O	Ca$_4$Al$_2$(OH)$_{12}$Cl$_2$·6H$_2$O $\Longrightarrow$ 4Ca^{2+} + 2Al(OH)$_4^-$ + 2Cl$^-$ + 4OH$^-$ + 6H$_2$O	−27.89	Bothe and Brown,1999
羟钙石	Ca(OH)$_2$	Ca(OH)$_2$ $\Longrightarrow$ Ca^{2+} + 2OH$^-$	−5.20	WATEQ4F 数据库
三水铝石	Al(OH)$_3$	Al(OH)$_3$ + H$_2$O $\Longrightarrow$ Al(OH)$_4^-$ + H$^+$	−14.56	WATEQ4F 数据库
拜三水铝石	Al(OH)$_3$	Al(OH)$_3$ + H$_2$O $\Longrightarrow$ Al(OH)$_4^-$ + H$^+$	−13.82	Wagh,2004
砷酸钙	Ca$_3$(AsO$_4$)$_2$·4H$_2$O	Ca$_3$(AsO$_4$)$_2$·4H$_2$O $\Longrightarrow$ 3Ca^{2+} + 2AsO$_4^{3-}$ + 4H$_2$O	−18.91	WATEQ4F 数据库
羟砷钙石	Ca$_5$(AsO$_4$)$_3$(OH)	Ca$_5$(AsO$_4$)$_3$(OH) $\Longrightarrow$ 5Ca^{2+} + 3AsO$_4^{3-}$ + OH$^-$	−39.60	Myneni et al.,1997

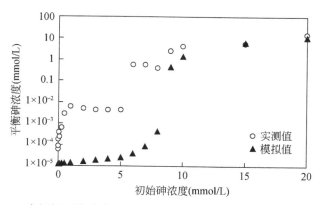

图 4.6　水铝钙石除砷酸盐后溶液砷酸盐浓度实测值和模拟值的对比

在除砷实验中,水砷钙石和水羟砷铝石等矿物或其固溶体系列的形成意味着溶液中 OH^-、Ca^{2+}、$Al(OH)_4^-$ 等组分的消耗,这必然减小溶液相对于三水铝石、拜三水铝石、羟砷钙石等矿物的离子活度积,从而降低上述矿物发生沉淀的可能性。这解释了为何在模拟结果中,随初始溶液砷浓度的增加,三水铝石的沉淀本应也增加(图4.7),但事实上在对应于高初始砷浓度(大于 0.3 mmol/L)的反应后固体样品中却没有检测到三水铝石。由于同样的原因,随初始溶液砷浓度的增加,羟砷钙石衍射峰的强度的增加并不如除氟实验中萤石衍射峰强度的增加那样显著。然而,尽管水砷钙石和水羟砷铝石或其固溶体系列对除砷有不可忽视的贡献,由于其化学结构式和溶度积常数的不确定性,难以对其贡献进行定量的分析。

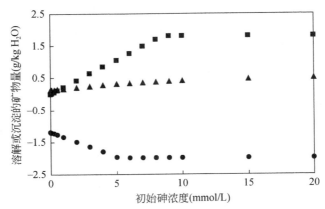

图 4.7　水铝钙石除砷酸盐实验中矿物反应量的模拟结果

●水铝钙石;▲三水铝石;■羟砷钙石。正值表示矿物沉淀,负值表示矿物溶解

4.1.4　砷酸盐去除的影响因素

1)反应温度对砷酸盐去除效果的影响

升高反应温度可明显提高水铝钙石对溶液中砷酸盐的去除效率(表4.6)。尽

表 4.6　反应温度分别为 25℃、45℃、65℃时水铝钙石除砷酸盐的效果

初始砷酸盐浓度(mmol/L)	反应后砷酸盐浓度(mmol/L)		
	25 ℃	45 ℃	65 ℃
0.002	0.0001	n. d.	n. d.
0.1	0.0002	0.0001	n. d.
0.3	0.0006	0.0001	n. d.
0.5	0.0026	0.0006	n. d.

续表

初始砷酸盐浓度(mmol/L)	反应后砷酸盐浓度(mmol/L)		
	25 ℃	45 ℃	65 ℃
1.0	0.0060	0.0011	n.d.
3.0	0.0043	0.0016	0.0009
5.0	0.0042	0.0015	0.0013
10	4.06	3.22	2.69
15	5.36	4.00	3.85
20	14.4	11.7	9.5

注:n.d.:未检出。

管缺少相关矿物在非标准状态下的化学热力学参数,但可以推测对除砷有贡献的某些含砷矿物的溶度积常数可能随反应温度升高呈降低趋势,因而导致反应温度的提高对水铝钙石除砷酸盐效果有促进作用。

2) 水中 HCO_3^-、Cl^-、SO_4^{2-} 对水铝钙石除砷酸盐效果的影响

竞争去除实验结果显示在低初始浓度(0.05 mmol/L)条件下,水中 Cl^-、SO_4^{2-} 的存在对除砷结果影响不大;在高初始浓度(0.5 mmol/L)条件下,水中 Cl^- 的存在对除砷结果也几无影响(表4.7)。原因为上述条件下 Cl^-、SO_4^{2-} 均不参与矿物沉淀过程,而层间阴离子交换又对水铝钙石除砷的贡献甚小。然而,溶液中 HCO_3^- 的存在以及高初始浓度(0.5 mmol/L)条件下 SO_4^{2-} 的存在则对水铝钙石除砷效果的影响显著,这是因为上述条件下 HCO_3^- 和 SO_4^{2-} 可与水铝钙石溶解产生的 Ca^{2+} 结合而形成方解石和石膏沉淀,从而抑制 Ca^{2+} 与砷酸盐的结合。

表 4.7　HCO_3^-、Cl^-、SO_4^{2-} 对水铝钙石除砷酸盐效果的影响

(上述阴离子与砷酸盐的毫克当量比为 10∶1)

初始砷酸盐浓度(mmol/L)	竞争阴离子	反应后砷酸盐浓度(mmol/L)	
		竞争去除实验	砷酸盐单组分实验
0.05	HCO_3^-	0.05	0.0004
0.05	Cl^-	0.002	0.0004
0.05	SO_4^{2-}	0.0002	0.0004
0.5	HCO_3^-	0.013	0.003
0.5	Cl^-	0.004	0.003
0.5	SO_4^{2-}	0.012	0.003

4.2　水氯铁镁石除砷

　　水铝钙石可有效去除水中的砷酸盐,但对亚砷酸盐则不具备去除能力。因此,寻求可同时高效去除砷酸盐和亚砷酸盐的阴离子黏土具有重要意义。已有研究表明,含铁矿物如针铁矿(Lakshmipathiraj et al.,2006)、水铁矿(Raven et al.,1998)、磁铁矿(Dixit and Hering,2003)、铁锰氧化物(Zeng et al.,2008)等能通过表面络合作用有效固定溶液中的砷,因此在水处理领域已被用于含砷废水的净化。与一般含铁矿物相比,含铁的阴离子黏土不但可能通过表面络合过程去除水中的砷,也有望基于层间阴离子交换及溶解−再沉淀过程进一步提升除砷能力,因此本节以水氯铁镁石——一种层板结构含铁的阴离子黏土为除砷剂,系统研究了其对溶液中亚砷酸盐和砷酸盐的去除能力,并重点分析了水氯铁镁石的 Mg/Fe 比和焙烧过程对其除砷效果的影响。实验设计如下:

　　反应动力学实验:配制浓度分别为 150 μg/L 和 7500 μg/L 的砷酸盐和亚砷酸盐溶液,取 100 mL 于聚乙烯瓶中,加入 Mg/Fe 比为 2.5∶1 及 5∶1 的水氯铁镁石为去除剂,在 25℃ 下于恒温水浴振荡器中充分反应。在反应进行 1 h、2 h、3 h、5 h、8 h、15 h、24 h 时,取样过滤,检测清液中砷酸盐和亚砷酸盐的浓度。

　　不同 Mg/Fe 比的水氯铁镁石除砷对比实验:合成 Mg/Fe 比为 2.5∶1、3∶1、3.5∶1、4∶1、5∶1 的五组水氯铁镁石,配制 100 mL 浓度分别为 150 μg/L、1500 μg/L、7500 μg/L 的砷酸盐和亚砷酸盐溶液于聚乙烯瓶中,加入 0.2 g 的水氯铁镁石在 25℃ 条件下于恒温水浴振荡器中反应 24 h。反应后取水样过滤,测定反应平衡时砷酸盐和亚砷酸盐的浓度,确定除砷效果最佳的 Mg/Fe 比。

　　等温实验:配制浓度为 150 μg/L、300 μg/L、750 μg/L、1500 μg/L、3000 μg/L、7500 μg/L 的砷酸盐和亚砷酸盐溶液,取 100 mL 于聚乙烯瓶中,加入 0.2 g 最佳 Mg/Fe 比的水氯铁镁石或其焙烧产物为去除剂,在 25℃ 恒温水浴振荡器中反应,反应平衡时过滤样品,清液用于砷酸盐和亚砷酸盐及其他主要化学组分浓度的测试,固体样品用于 XRD 和 SEM-EDX 等分析。

　　取样及测试方法:用 0.22 μm 滤膜过滤水氯铁镁石除砷后溶液样品,取上清液倒入取样瓶中,置于冰箱中在 4℃ 条件下保存。溶液砷浓度用原子荧光光度计检测。

4.2.1　反应动力学实验

　　实验结果表明水氯铁镁石除砷达到反应平衡的时间受其 Mg/Fe 比、反应系统中砷的形态以及初始溶液砷浓度的影响。总体上,反应平衡时间随 Mg/Fe 比的增加而增加,且除砷酸盐的平衡时间远小于除亚砷酸盐(图4.8)。砷酸盐溶液在投加水氯铁镁石后 1 ~ 2 h 达到反应平衡,而亚砷酸盐溶液则需要近 24 h。另外,砷酸盐溶液初始浓度的增加有助于其与水氯铁镁石的反应,加快反应速率。

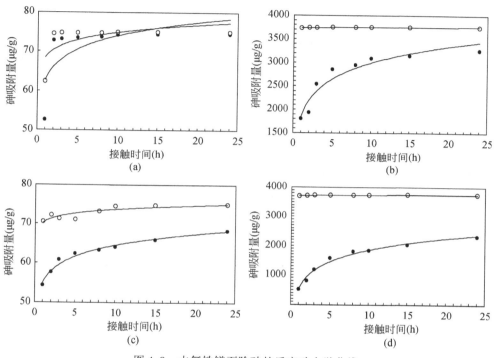

图 4.8　水氯铁镁石除砷的反应动力学曲线

(a)Mg/Fe 比为 2.5,初始砷浓度为 150 μg/L;(b)Mg/Fe 比为 2.5,初始砷浓度为 7500 μg/L;(c)Mg/Fe 比为 5,初始砷浓度为 150 μg/L;(d)Mg/Fe 比为 5,初始砷浓度为 7500 μg/L。○砷酸盐;●亚砷酸盐

Lagergren 准二级模型对反应动力学数据的拟合如图 4.9 所示。各组实验数据

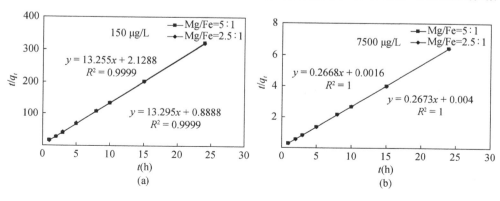

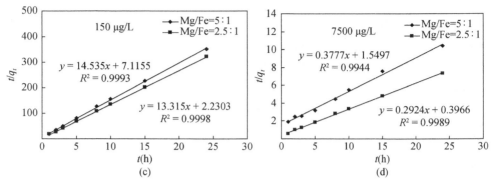

图 4.9　准二级模型对水氯铁镁石去除砷酸盐（a、b）和亚砷酸盐
（c、d）的反应动力学数据的拟合

的拟合相关系数均在 0.99 以上,指示在溶解态砷自水氯铁镁石颗粒水化膜向其表面的迁移、自水氯铁镁石表面向层间位置的扩散,以及在层间位置上的化学吸附等三个步骤中,第三步是控制反应速率的关键因素。另外,砷酸盐的吸附速率常数 K_2 远大于亚砷酸盐(表 4.8),表明水氯铁镁石对砷酸盐的吸附速度更快。

表 4.8　不同实验条件下水氯铁镁石的吸附动力学参数

水氯铁镁石的 Mg/Fe 比	As 形态	初始砷浓度(μg/L)	K_2
2.5	砷酸盐	150	0.1988
2.5	亚砷酸盐	150	0.0795
2.5	砷酸盐	7500	0.0445
2.5	亚砷酸盐	7500	0.0003
5.0	砷酸盐	150	0.0842
5.0	亚砷酸盐	150	0.0296
5.0	砷酸盐	7500	0.0178
5.0	亚砷酸盐	7500	0.0001

4.2.2　Mg/Fe 比对除砷的影响

用 Mg/Fe 比为 2.5∶1、3.0∶1、3.5∶1、4.0∶1 和 5.0∶1 的水氯铁镁石分别处理砷酸盐和亚砷酸盐溶液,反应平衡后测定溶液砷含量,并计算水氯铁镁石的除砷率,如表 4.9 所示。

表 4.9　Mg/Fe 比不同的水氯铁镁石的除砷结果

编号	初始浓度 (μg/L)	平衡浓度 (μg/L)	去除率 (%)	编号	初始浓度 (μg/L)	平衡浓度 (μg/L)	去除率 (%)
$Fa_{2.5}$	150	0.10	99.93	$Ta_{2.5}$	150	0.35	99.76
$Fa_{3.0}$	150	0.14	99.91	$Ta_{3.0}$	150	2.13	98.58
$Fa_{3.5}$	150	0.15	99.90	$Ta_{3.5}$	150	2.69	98.20
$Fa_{4.0}$	150	0.60	99.60	$Ta_{4.0}$	150	3.96	97.36
$Fa_{5.0}$	150	0.79	99.47	$Ta_{5.0}$	150	14.41	90.39
$Fb_{2.5}$	1500	0.60	99.96	$Tb_{2.5}$	1500	38.26	97.45
$Fb_{3.0}$	1500	1.15	99.92	$Tb_{3.0}$	1500	51.59	96.56
$Fb_{3.5}$	1500	1.54	99.90	$Tb_{3.5}$	1500	201.45	86.57
$Fb_{4.0}$	1500	2.24	99.85	$Tb_{4.0}$	1500	202.31	86.51
$Fb_{5.0}$	1500	3.08	99.79	$Tb_{5.0}$	1500	212.38	85.84
$Fc_{2.5}$	7500	5.31	99.93	$Tc_{2.5}$	7500	987.48	86.83
$Fc_{3.0}$	7500	24.88	99.67	$Tc_{3.0}$	7500	1859.54	75.21
$Fc_{3.5}$	7500	25.64	99.66	$Tc_{3.5}$	7500	2049.63	72.67
$Fc_{4.0}$	7500	27.26	99.64	$Tc_{4.0}$	7500	2349.07	68.68
$Fc_{5.0}$	7500	31.08	99.59	$Tc_{5.0}$	7500	2842.03	62.11
$Fd_{2.5}$	750(mg/L)	87.80(mg/L)	88.29	$Td_{2.5}$	750(mg/L)	176.20(mg/L)	76.51
$Fd_{3.0}$	750(mg/L)	94.50(mg/L)	87.40	$Td_{3.0}$	750(mg/L)	233.20(mg/L)	68.91
$Fd_{3.5}$	750(mg/L)	97.90(mg/L)	86.95	$Td_{3.5}$	750(mg/L)	266.50(mg/L)	64.47
$Fd_{4.0}$	750(mg/L)	98.20(mg/L)	86.91	$Td_{4.0}$	750(mg/L)	276.00(mg/L)	63.20
$Fd_{5.0}$	750(mg/L)	99.05(mg/L)	86.79	$Td_{5.0}$	750(mg/L)	279.70(mg/L)	62.71

注:编号中"F"代表砷酸盐,"T"代表亚砷酸盐,数字代表 Mg/Fe 比。

　　不论砷溶液初始浓度如何,水氯铁镁石除砷均具有以下规律:随水氯铁镁石 Mg/Fe 比升高,砷的去除率呈下降趋势,即在本实验研究中,Mg/Fe 比为 2.5 的水氯铁镁石是最佳除砷材料。此外,水氯铁镁石对砷酸盐的去除效果明显好于对亚砷酸盐的效果:当砷酸盐初始浓度不超过 7500 μg/L 时,不同 Mg/Fe 比的水氯铁镁石的除砷率均在 99.5% 以上;Mg/Fe 为 2.5∶1 的水氯铁镁石处理 7500 μg/L 的砷酸盐溶液后其浓度仍符合我国生活饮用水标准(< 10 μg/L)。

　　当初始砷浓度较大时(750 mg/L),水氯铁镁石对砷的去除率明显下降,但其除砷量事实上仍大幅度上升。我们计算了不同初始砷浓度条件下水氯铁镁石的除砷量,并将结果用柱状图表示,见图 4.10。当初始砷浓度为 750 mg/L 时,水氯铁镁石对砷酸盐的去除量达 331.1 mg/g,对亚砷酸盐的去除量达 286.9 mg/g。此外,水

　　氯铁镁石的 Mg/Fe 比的差异对去除砷酸盐的影响较小,而对去除亚砷酸盐的影响则较大;随 Mg/Fe 比的上升,水氯铁镁石对亚砷酸盐的去除量明显降低,说明水氯铁镁石中 Fe 的含量是影响其亚砷酸盐吸附的主导因素。

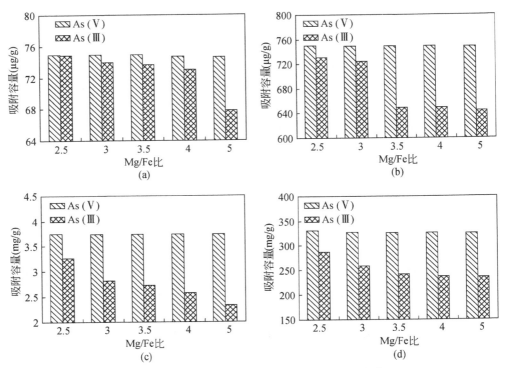

图 4.10　Mg/Fe 比不同的水氯铁镁石的除砷量的对比

(a)初始砷浓度为 150 μg/L;(b)初始砷浓度为 1500 μg/L;(c)初始砷浓度为 7500 μg/L;

(d)初始砷浓度为 750 mg/L

4.2.3　焙烧对除砷的影响

　　焙烧过程一般可显著增加阴离子黏土去除水中有害阴离子的能力。为考察焙烧作用对水氯铁镁石除砷的影响,我们开展了不同 Mg/Fe 比的水氯铁镁石的焙烧产物的除砷实验。然而,与未焙烧水氯铁镁石相比,焙烧水氯铁镁石的除砷效率虽在 Mg/Fe 比较高时有明显提高,在 Mg/Fe 比较低时则提高幅度不大(特别是在 Mg/Fe 比为 2.5∶1 的情况下)。和未焙烧水氯铁镁石的除砷规律相同的是:当溶液初始砷浓度增加时,焙烧水氯铁镁石对溶液中砷的吸附量也相应增加,且对砷酸盐的吸附量在相同条件下也总体上大于对亚砷酸盐的吸附量(图 4.11)。此外,水氯铁镁石经历焙烧过程后,其原始 Mg/Fe 比对除砷效果的影响大大减弱,不同 Mg/Fe 比的水氯铁镁石在相同初始浓度条件下的除砷量非常相近。

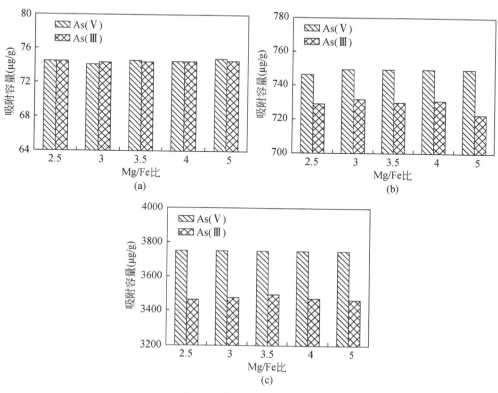

图 4.11　水氯铁镁石焙烧产物除砷量的对比
(a)初始砷浓度为 150 μg/L;(b)初始砷浓度为 1500 μg/L;(c)初始砷浓度为 7500 μg/L

4.2.4　等温吸附实验

鉴于 Mg/Fe 比为 2.5:1 的水氯铁镁石具有最强的除砷能力,我们开展了其除砷的等温吸附实验,实验结果及相关计算结果见表 4.10。当初始砷浓度不高于 7.5 mg/L 时,溶液中的砷酸盐接近完全去除,并达到饮用水标准(< 10 μg/L),去除率均可达 99.9% 以上,水氯铁镁石及其焙烧产物的除砷量均升高到 3.7 mg/g 左右。相比之下,亚砷酸盐的去除效果较差,仅在初始砷浓度小于 0.75 mg/L 时去除结果符合饮用水标准(< 10 μg/L),随初始亚砷酸盐浓度的升高,反应后溶液砷浓度也不断升高,去除率则逐渐下降;但水氯铁镁石及其焙烧产物的除亚砷酸盐量依然增加,在初始亚砷酸盐浓度为 7.5 mg/L 的条件下达到 3.3 mg/g 左右。

表 4.10　Mg/Fe 比为 2.5∶1 的水氯铁镁石及其焙烧产物在 25℃下除砷的等温吸附实验数据

编号	初始砷浓度 （μg/L）	平衡浓度 （μg/L）	去除量 （μg/g）	去除率 （%）	反应后溶液 pH
iFa	150	0.10	74.95	99.93	10.01
iFb	300	0.10	149.95	99.97	10.02
iFc	750	0.57	374.71	99.92	10.01
iFd	1500	0.83	749.59	99.94	10.03
iFe	3000	1.84	1499.08	99.94	10.03
iFf	7500	5.78	3747.11	99.92	9.95
icFa	150	0.10	74.95	99.93	11.04
icFb	300	0.11	149.95	99.96	11.01
icFc	750	0.17	374.91	99.98	11.01
icFd	1500	0.60	749.70	99.96	11.02
icFe	3000	1.25	1499.38	99.96	11.03
icFf	7500	6.02	3746.99	99.92	11.07
iTa	150	0.10	74.95	99.93	9.95
iTb	300	1.43	149.28	99.52	9.94
iTc	750	13.48	368.26	98.20	9.96
iTd	1500	38.64	730.68	97.42	9.96
iTe	3000	98.39	1450.80	96.72	9.93
iTf	7500	984.01	3258.00	86.88	9.93
icTa	150	0.10	74.95	99.93	11.11
icTb	300	1.48	149.26	99.51	11.20
icTc	750	10.91	369.55	98.55	11.28
icTd	1500	36.42	731.79	97.57	11.31
icTe	3000	104.20	1447.90	96.53	11.32
icTf	7500	791.83	3354.09	89.44	11.20

注：编号中"i"代表未焙烧水氯铁镁石，"ic"代表其焙烧产物，"F"代表砷酸盐，"T"代表亚砷酸盐。

　　将四组等温吸附实验数据用 Langmuir 和 Frendlich 模型进行拟合，结果如图 4.12 和图 4.13 所示。焙烧和未焙烧水氯铁镁石对亚砷酸盐的吸附同时符合 Langmuir 模型和 Frendlich 模型，相关系数（R^2）均达 0.95 以上，表明对水中亚砷酸盐的去除有贡献的过程包括表面吸附和层间阴离子交换。然而,砷酸盐的去除则只能用 Frendlich 模型拟合(未焙烧和焙烧水氯铁镁石的相关系数(R^2)分别为 0.973 和 0.990);相比之下,Langmuir 模型的拟合效果很差(相关系数分别仅为 0.348 和0.410),意味着水氯铁镁石对砷酸盐的去除主要依赖于层间阴离子交换。

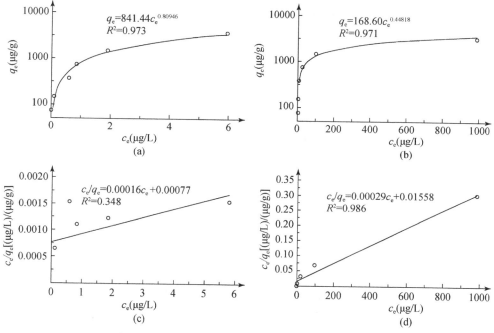

图 4.12　Mg/Fe 比为 2.5 的水氯铁镁石除砷的等温吸附数据及
Freundlich 和 Langmuir 模型对其的拟合

(a)Freundlich 模型拟合除砷酸盐数据;(b)Freundlich 模型拟合除亚砷酸盐数据;
(c)Langmuir 模型拟合除砷酸盐数据;(d)Langmuir 模型拟合除亚砷酸盐数据

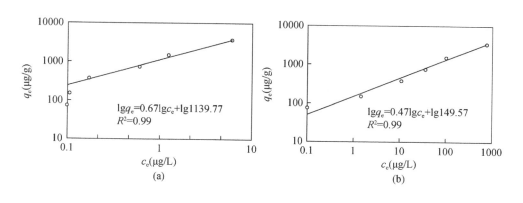

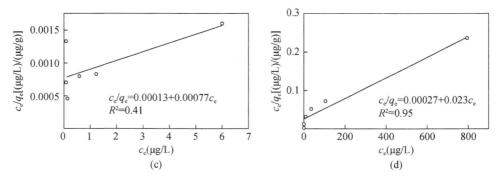

图 4.13　Mg/Fe 比为 2.5 的焙烧水氯铁镁石除砷的等温吸附数据及
Freundlich 和 Langmuir 模型对其的拟合

（a）Freundlich 模型拟合除砷酸盐数据；（b）Freundlich 模型拟合除亚砷酸盐数据；
（c）Langmuir 模型拟合除砷酸盐数据；（d）Langmuir 模型拟合除亚砷酸盐数据

4.2.5　除砷机理

1. 未焙烧水氯铁镁石除砷机理

水氯铁镁石在除砷前后的 XRD 图谱见图 4.14 和图 4.15。XRD 分析表明与初始浓度相对低(不高于 7500 μg/L)的砷溶液反应后的水氯铁镁石仍然保留着特

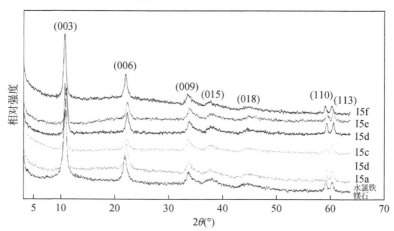

图 4.14　水氯铁镁石除砷酸盐后的 XRD 图谱

初始砷酸盐浓度为 I5a:150μg/L,I5b:300μg/L,I5c:750μg/L,
I5d:1500μg/L,I5e:3000μg/L,I5f:7500μg/L

征峰,且除在与 7500 μg/L 的亚砷酸盐溶液反应时形成一个强度不大的铁砷石
$[Fe_2As_4(O,OH)_9]$ 的衍射峰外,所有反应条件下都没有其他新矿物的特征衍射峰出
现。这说明当溶液初始砷浓度较低时,水氯铁镁石溶解产生的组分几乎不与溶液中
的砷发生沉淀作用。前文的等温实验结果分析也表明水氯铁镁石对砷酸盐及亚砷酸
盐的去除均符合 Freundlich 吸附模型——意味着溶液中砷酸盐和亚砷酸盐在水氯铁
镁石层间的吸附是主要除砷机理,溶解-沉淀过程对砷的去除没有或几乎没有贡献。

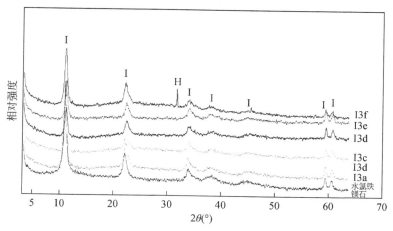

图 4.15　水氯铁镁石除亚砷酸盐后的 XRD 图谱

初始亚砷酸盐浓度为 I3a:150μg/L,I3b:300μg/L,I3c:750μg/L,
I3d:1500μg/L,I3e:3000μg/L,I3f:7500μg/L。I:水氯铁镁石;H:铁砷石

然而,当溶液初始砷浓度升高至 750 mg/L 时,水氯铁镁石与其反应后生成了
大量其他矿物的沉淀。与砷酸盐溶液反应后产生的新矿物包括砷镁石、水氯铁镁
石、砷氢镁石、脆砷铁矿、水砷氢铁石、水砷铁石、臭葱石等[图 4.16(a)和表 4.11];

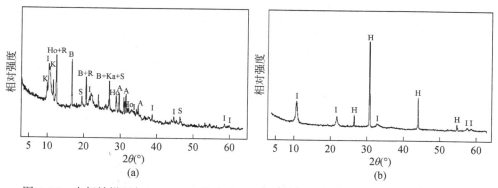

图 4.16　水氯铁镁石与 750 mg/L 的砷酸盐(a)和亚砷酸盐(b)溶液反应后的 XRD 图谱

以上不同矿物的衍射峰的层间距值可能非常相近,因而在 XRD 图谱中相互叠加,如标记为"B+Ka+S"的衍射峰表示水砷镁石、水砷铁石、臭葱石的叠加,"Ho+R"表示此衍射峰为砷镁石和砷氢镁石;"B+R"则表示此衍射峰为水砷镁石和砷氢镁石。与 750 mg/L 的亚砷酸盐溶液反应后虽仍仅出现铁砷石[$Fe_2As_4(O,OH)_9$]一种新矿物,但与初始亚砷酸盐浓度为 7500 μg/L 相比,衍射峰强度大大增加。综上,当初始砷浓度足够高时,无论溶液中为砷酸盐或亚砷酸盐,均能与水氯铁镁石溶解产生的 Fe^{3+} 和 Mg^{2+} 形成含砷矿物,而含砷矿物的沉淀减小了溶液相对于水氯铁镁石的离子活度积,又进而促进了水氯铁镁石溶解。

表 4.11　图 4.16 中各字母代表的矿物及其化学结构式

代表字母	矿物英文名	矿物中文名	化学结构式
A	angelellite	脆砷铁矿	$Fe_4O_3(AsO_4)_2$
B	brassite	水砷镁石	$Mg(AsO_4OH)\cdot 4H_2O$
Ho	hornesite	砷镁石	$Mg_3(AsO_4)_2\cdot 8H_2O$
I	iowaite	水氯铁镁石	$Mg_{2.58}Fe(OH)_{7.13}Cl_{1.03}\cdot 2.8H_2O$
K	kaatialaite	水砷氢铁石	$Fe(H_2AsO_4)_3\cdot 3\sim 5H_2O$
Ka	kankite	水砷铁石	$FeAsO_4\cdot 5H_2O$
R	rosslerite	砷氢镁石	$MgHAsO_4\cdot 7H_2O$
S	scorodite	臭葱石	$FeAsO_4\cdot 2H_2O$
H	karibibite	铁砷石	$Fe_2As_4(O,OH)_9$

　　水氯铁镁石与初始浓度为 750 mg/L 的砷溶液反应后的扫描电镜图像与 XRD 结果大致相吻合。与砷酸盐溶液反应后样品的 SEM 图像见图 4.17,样品中出现了与水氯铁镁石形态有明显差别的、纤维状或薄片状的矿物,能谱分析(图 4.19)指

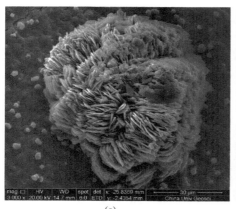

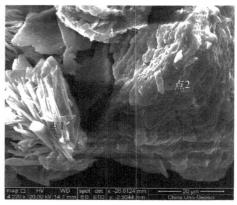

(a)　　　　　　　　　　　　　　　　(b)

图 4.17　水氯铁镁石与 750 mg/L 的砷酸盐溶液反应后的 SEM 图像

示这些矿物应为臭葱石和水镁石(纤维水镁石)。与亚砷酸盐溶液反应后的样品则仍主要由水氯铁镁石晶体组成,此外,识别出了一种化学组成为 As、Fe、O 的新矿物(图 4.18 和图 4.19),应为铁砷石。

图 4.18　水氯铁镁石与 750 mg/L 的亚砷酸盐溶液反应后的 SEM 图像

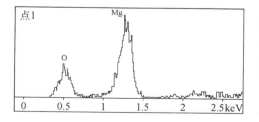

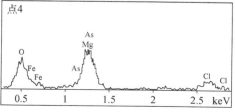

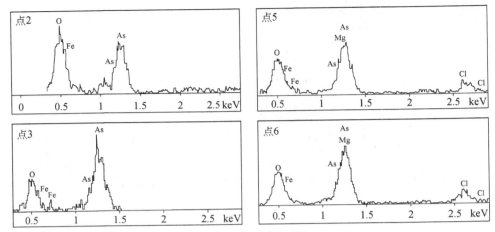

图 4.19　能谱分析结果

分析点标注在图 4.17 和图 4.18 中

2. 焙烧水氯铁镁石除砷机理

如前文所述,焙烧后水氯铁镁石失去层状结构而形成双金属复合氧化物。当水氯铁镁石的焙烧产物加入不同浓度砷酸盐溶液后,因结构记忆效应可结合溶液中的阴离子重新恢复层状结构。溶液 pH 是其中砷的存在形态的主要影响因素,对水氯铁镁石表面官能团的种类和性质也有重要控制作用。与其他阴离子黏土相同,水氯铁镁石是良好的溶液 pH 缓冲剂。表 4.10 显示不论初始砷浓度和 pH 如何,砷酸盐溶液加入焙烧水氯铁镁石后的 pH 均在 11 左右,在此 pH 条件下溶液中砷酸盐的主要存在形态为 AsO_4^{3-} 和 $HAsO_4^{2-}$(图 4.20)。

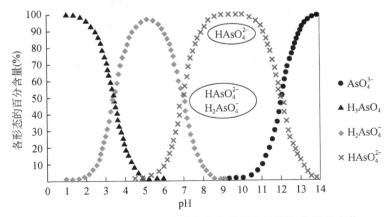

图 4.20　不同 pH 条件下砷酸盐的各种形态的摩尔分数的变化

这样,在焙烧后水氯铁镁石与砷酸盐溶液的反应过程中,其中 $HAsO_4^{2-}$ 与 AsO_4^{3-} 作为层间阴离子参与焙烧产物的结构重建,反应过程可表达为

$$2Mg_{2.5}FeO_4 + 14H_2O + HAsO_4^{2-} \longrightarrow [Mg_{2.5}Fe(OH)_7]_2(HAsO_4^{2-}) \cdot 6H_2O + 2OH^-$$

$$3Mg_{2.5}FeO_4 + 18H_2O + AsO_4^{3-} \longrightarrow [Mg_{2.5}Fe(OH)_7]_3(AsO_4^{3-}) \cdot 6H_2O + 3OH^-$$

恢复层面结构的水氯铁镁石的(003)晶面对应的衍射峰的层间距(d)放大后如图 4.21(b)所示。总体来看,d(003)值随溶液初始砷酸盐浓度的增加而减小,但在砷酸盐浓度为 300 $\mu g/L$ 和 1500 $\mu g/L$ 时出现双峰。原因应为焙烧后水氯铁镁石易吸附空气中的 CO_2,被吸附的 CO_2 部分以 CO_3^{2-} 的形态插入层间,CO_3^{2-} 在层间区亲和力极强,以至于可与 $HAsO_4^{2-}$ 或 AsO_4^{3-} 在层间区共存。图 4.21(b)双峰中 d 值较小者应反映离子半径较小的 CO_3^{2-},d 值较大者反映 $HAsO_4^{2-}$ 或 AsO_4^{3-}。

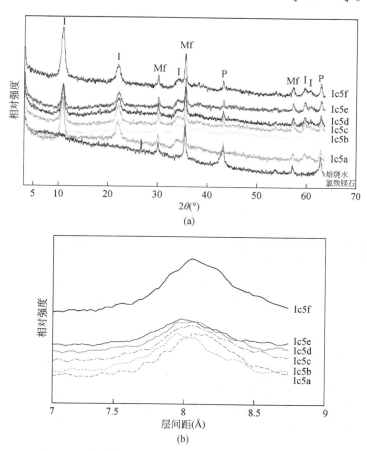

图 4.21 水氯铁镁石焙烧产物除砷酸盐后的 XRD 图谱

I:水氯铁镁石,Mf:镁铁矿,P:方镁石;初始砷酸盐浓度为,Ic5a:150 $\mu g/L$,
Ic5b:300 $\mu g/L$,Ic5c:750 $\mu g/L$,Ic5d:1500 $\mu g/L$,Ic5e:3000 $\mu g/L$,Ic5f:7500 $\mu g/L$

水氯铁镁石焙烧产物去除溶液中亚砷酸盐的机理和去除砷酸盐相似,也为结构恢复过程中吸纳溶液中以阴离子形式存在的亚砷酸盐(图4.22)。亚砷酸盐溶液中加入焙烧水氯铁镁石后的 pH 也在 11 左右,砷以 $H_2AsO_3^-$ 为主,同时存在 $HAsO_3^{2-}$。除亚砷酸盐过程可表示为

$$Mg_{2.5}FeO_4+10H_2O+H_2AsO_3^- \longrightarrow Mg_{2.5}Fe(OH)_7(H_2AsO_3^-)\cdot 6H_2O+OH^-$$

$$2Mg_{2.5}FeO_4+14H_2O+HAsO_3^{2-} \longrightarrow [Mg_{2.5}Fe(OH)_7]_2(HAsO_3^{2-})\cdot 6H_2O+2OH^-$$

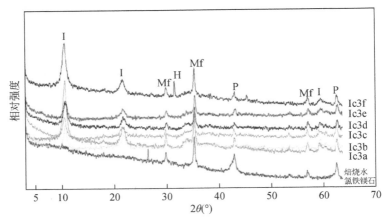

图4.22　水氯铁镁石焙烧产物除亚砷酸盐后的 XRD 图谱

I:水氯铁镁石,Mf:镁铁矿,P:方镁石,H:岩盐;初始亚砷酸盐浓度为,Ic3a:150 μg/L,
Ic3b:300 μg/L,Ic3c:750 μg/L,Ic3d:1500 μg/L,Ic3e:3000 μg/L,Ic3f:7500 μg/L

焙烧水氯铁镁石除砷后的扫描电镜(SEM)图像(图4.23 和表4.12)同样显示

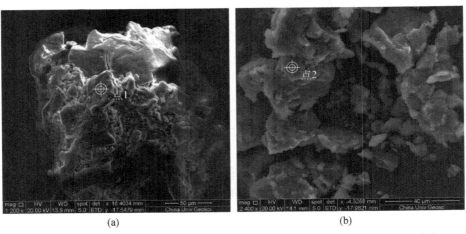

图4.23　与砷酸盐(a)和亚砷酸盐(b)溶液(7.5 mg/L)反应后恢复层状结构的
焙烧水氯铁镁石的 SEM 图像

其(至少部分)已恢复原始层状结构。

表 4.12　反应后焙烧水氯铁镁石的元素组成的能谱分析结果(以元素摩尔分数计)

编号	Mg	Fe	O	Cl
点 1	22.66	9.75	67.59	—
点 2	22.22	8.89	62.25	6.64

注:分析点位标注于图 4.23 中。

本章探讨了水铝钙石和水氯铁镁石的除砷能力,发现水铝钙石可有效去除水中砷酸盐,但对亚砷酸盐则不具备去除能力。与水铝钙石相比,水氯铁镁石不但可高效去除溶液中的砷酸盐,对亚砷酸盐也有良好的去除效果。将水铝钙石和水氯铁镁石与其他材料的除砷容量进行对比(表 4.13),结果显示两种阴离子黏土具有显著优势,应用前景乐观。

表 4.13　水铝钙石和水氯铁镁石与常见除砷材料的除砷量对比

除砷材料	化学结构式	pH	除亚砷酸盐量 (mg/g)	除砷酸盐量 (mg/g)	参考文献
含铈纤维状蛋白质	—	3～7	—	172.5	Deng and Yu, 2012
纳米级含锆吸附剂	$Zr_2(OH)_6SO_4 \cdot 3H_2O$	2.5～3.5	—	256.4	Ma et al., 2011b
Fe-Ti 双氧化物	$TiO_2-Fe_2O_3$	5	—	12.1±4	D'Arcy et al., 2011
Fe-Si 双氧化物	$Fe_2O_3-SiO_2$	5～8	—	12.9～20.7	Mahmood et al., 2012
再生铜铁矿	$CuFe_2O_4$	3.7	—	45.66	Tu et al., 2012
锰铁矿	$MnFe_2O_4$	3	93.8	90.4	Zhang et al., 2010a
钴铁矿	$CoFe_2O_4$	3	100.3	73.8	Zhang et al., 2010a
磁铁矿	Fe_3O_4	3	49.8	44.1	Zhang et al., 2010a
针铁矿	$FeOOH$	7	—	60.6	Wu et al., 2014
氢氧化铁	$Fe(OH)_3$	7	—	68.75	Lafferty and Loeppert, 2005
普通水滑石	$Mg_6Al_2(OH)_{16}CO_3 \cdot 4H_2O$	5～11	—	15.8	Goh et al., 2010
纳米级水滑石	$Mg_6Al_2(OH)_{16}CO_2 \cdot 4H_2O$	6	—	85.5	Wu et al., 2013
水铝钙石	$Ca_4Al_2(OH)_{12}Cl_2 \cdot 6H_2O$	10.5～11.9	—	361.7	本研究
水氯铁镁石	$Mg_{2.58}Fe(OH)_{7.13}Cl_{1.03} \cdot 2.8H_2O$	9.9～11.3	286.9	331.1	本研究

水铝钙石对水中砷(砷酸盐)的去除主要依赖于其溶解及其后含砷矿物的沉

淀,如水砷铝石、格水砷钙石、砷钙石、六方砷钙石、三斜砷钙石、水砷钙石、针水砷钙石、砷铝石、水砷铝石等。相比之下,水氯铁镁石的溶解度远低于水铝钙石,因而在溶液初始砷浓度较低时其溶解产生的 Fe^{3+} 或 Mg^{2+} 不足以与砷酸盐或亚砷酸盐形成含砷矿物,砷的去除机理主要为层间阴离子交换。当溶液初始砷浓度较高时,溶液中加入水氯铁镁石后相对于某些砷-铁和砷-镁矿物的离子活度积大于其溶度积常数,因而导致了这些矿物的沉淀,溶解-沉淀过程成为主导性的除砷机理。对未焙烧的水氯铁镁石而言,其 Mg/Fe 比是影响除砷效果的重要因素,在本实验研究中 2.5 为水氯铁镁石除砷的最佳 Mg/Fe 比。然而,焙烧过程可削弱水氯铁镁石的 Mg/Fe 比对除砷效果的影响。

第5章　阴离子黏土去除水溶液中的硼

在酸性−中性−略偏碱性条件下,当硼含量未高到形成多聚硼氧配阴离子的程度时,硼酸是硼在水中的唯一或主要存在形式(图5.1)。因此,天然水环境中的硼一般主要以硼酸的形式存在,为其高效去除带来了困难。

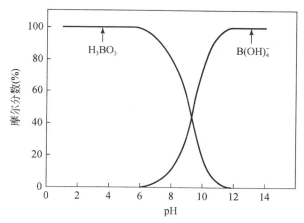

图5.1　不同pH条件下硼在水中的存在形态

目前常用的水体除硼方法包括凝结沉淀法、离子交换树脂法、萃取法、反渗透分离法等(宋德政,1982;寇雅芳等,2011)。

凝结沉淀法首先将水体中的硼转化为难溶硼酸盐或硼酸,再将其从反应系统中分离出来。此法适用于含硼量高的水体,又可分为加碱沉淀法和加酸沉淀法。加碱沉淀法指在弱碱性条件下,使硼与金属氧化物生成难溶的硼酸盐沉淀;加酸沉淀法则主要利用硼在无机酸中溶解度小的特点,向溶液中加入盐酸或硫酸使硼转化为溶解度较小的硼酸,从而实现硼的分离(王玉梅,1995)。

离子交换树脂法除硼技术依靠硼交换树脂稳定的物化性能、较高的选择性和可反复使用的便捷性,具备操作简单、脱硼率高的优点,其除硼原理基于硼酸的两种不同化学性质。①水溶液中的硼酸总浓度小于 0.025 mol/L 时,以 $B(OH)_3$ 和 $B(OH)_4^-$ 形式存在,浓度较高时则主要以 $B_3O_3(OH)_4^-$ 和 $B_3O_3(OH)_5^{2-}$ 的形式存在,上述阴离子形式的硼可被阴离子交换树脂脱除。对于硼酸,一般采用强碱性阴离子交换树脂的去除效果较好(晋心文,2010)。②硼酸可以和多羟基化合物生成络合物,因此可采用带有多羟基基团的螯合树脂除硼。

　　萃取法用含邻二羟基等与水不相溶的有机试剂为萃取剂,将硼溶液与其充分混合,使水中的硼与有机试剂中的多羟基官能团反应并形成络合物萃取到有机相中,从而达到从水相中分离硼酸根离子的目的(杨鑫,2008)。

　　反渗透分离法在有盐分的水环境中施加比自然渗透压力更大的外压,使渗透向相反方向进行,从而把原水中的水分子压到反渗透膜的另一边,得到洁净的水。待去除的组分(如硼)则仍然保留在原水中。该方法具有效率高、操作方便、无二次污染等优点,其处理效果主要取决于膜的种类、pH 和操作压力(刘茹,2007)。

　　上述除硼方法均各自存在问题。凝结沉淀法对硼的去除率不高,一般仅50% ~ 60%,主要适用于硼含量非常高的卤水的第一步处理。离子交换树脂法的除硼效果较好,尤其适用于含硼量低的水处理体系,但其交换容量和机械强度都较低,且在除硼过程中易受其他阴离子影响;另外,由于树脂造价高,因此离子交换树脂法除硼常费用高昂。萃取法的工艺流程短、连续性好、杂质分离彻底、生产成本低等,但处理设备复杂,有机萃取剂造价较高且部分易溶于水,除硼过程中可形成二次污染,故并未得以广泛使用。反渗透技术操作方便、占地面积小,而且几乎可去除包括硼在内的所有组分,但该技术在运行时能量消耗大,维护费用高,且不同的膜元件对硼的去除效果的区别很大,除硼总体效率也偏低。因此,研发造价低廉、维护费用低的除硼材料和方法,在当前仍极具紧迫性并有重要意义。本章介绍我们制备的两种阴离子黏土——水氯铁镁石和水滑石——在除硼实验中的效果,并深入探讨其除硼机理。

5.1　水氯铁镁石除硼

　　实验设计如下:

　　配制浓度为 10 mmol/L(108 mg/L)的硼溶液,取 100 mL 置于 PET 瓶中,加入 0.2 g Mg/Fe 比为 2.5:1 的焙烧水氯铁镁石,在 25℃下置于旋转培养器上反应。反应 1 h、2 h、3 h、5 h、8 h、15 h、24 h 后,取样过滤,测定溶液硼浓度,用反应动力学模型分析实验结果。

　　设置硼溶液的浓度梯度为 0.5 mmol/L、1 mmol/L、2 mmol/L、5 mmol/L、8 mmol/L、10 mmol/L(5.4 mg/L、10.8 mg/L、21.6 mg/L、54 mg/L、86.4 mg/L、108 mg/L),各取 100 mL 置于 PET 瓶中并加入 0.2 g Mg/Fe 比为 2.5:1 的焙烧水氯铁镁石。在 25℃下于旋转培养器上反应至达到平衡(24 h),而后取样过滤,测定清液硼含量。

　　选择地热水中的 5 种主要有害组分 B、F^-、SO_4^{2-}、亚砷酸盐、砷酸盐,并以 Cl^- 作为背景电解质,开展竞争吸附实验。五种有害组分均设置以下六个浓度系列:

0.01 mmol/L、0.05 mmol/L、0.1 mmol/L、0.5 mmol/L、1 mmol/L、5 mmol/L,每个系列背景电解质 Cl⁻ 的浓度都设置为 500 mg/L(表5.1)。各系列均取 100 mL 溶液于 PET 瓶中,与 0.2 g 焙烧水氯铁镁石反应 24 h。反应结束后,抽取上层清液用 0.22 μm 滤膜过滤,而后测试样品 pH 及其 B、亚砷酸盐、砷酸盐、SO_4^{2-}、F⁻ 和 Cl⁻ 浓度。

表5.1　竞争吸附实验设计

编号	背景电解质 NaCl (mg/L)	NaF (mmol/L)	Na_2SO_4 (mmol/L)	$NaAsO_2$ (mmol/L)	Na_2HAsO_4 (mmol/L)	H_3BO_3 (mmol/L)
C_1	500	0.01	0.01	0.01	0.01	0.01
C_2	500	0.05	0.05	0.05	0.05	0.05
C_3	500	0.1	0.1	0.1	0.1	0.1
C_4	500	0.5	0.5	0.5	0.5	0.5
C_5	500	1	1	1	1	1
C_6	500	5	5	5	5	5

由于竞争吸附实验产生的样品的 TDS 较高,选择姜黄素分光光度法(HJ/T 49—1999)测定其中硼的浓度。该方法灵敏度高,检出限为 0.02 ~ 1 mg/L。测试原理为含硼水样在酸性条件下与姜黄素共同蒸发,生成玫瑰花箐苷,该络合物可溶于乙醇或异丙醇中,用分光光度计检测时在 540 nm 处产生最大吸收峰,其颜色深度与硼的含量成正比。样品亚砷酸盐和砷酸盐含量用原子荧光光度计测定,SO_4^{2-}、F⁻ 和 Cl⁻ 含量用离子色谱仪(戴安 ICS-900 型)测定。

5.1.1　反应动力学实验

反应动力学实验数据总结于表5.2中。溶液中硼浓度随反应时间呈逐渐下降趋势,同时吸附剂上的硼含量则逐渐增加,在 24 h 左右达到反应平衡。此时硼吸附量为 15.78 mg/g,硼去除率达 29.22%。

表5.2　反应动力学实验结果

反应时间 (h)	初始硼浓度 (mg/L)	反应后浓度 (mg/L)	吸附量 (mg/g)	去除率 (%)
1	108	83.48	12.26	22.70
2	108	83.31	12.84	22.64
3	108	84.89	11.56	21.40
5	108	84.89	11.56	21.40

反应时间 （h）	初始硼浓度 （mg/L）	反应后浓度 （mg/L）	吸附量 （mg/g）	去除率 （%）
8	108	82.78	12.61	23.36
15	108	84.54	11.73	24.50
24	108	76.44	15.78	29.22

将焙烧水氯铁镁石吸附硼的反应动力学过程用 Lagergren 准一级和准二级动力学模型进行拟合（图5.2），发现后者具有更高的相关系数（$R^2 = 0.986$），指示化学吸附是控制除硼速率的关键环节。

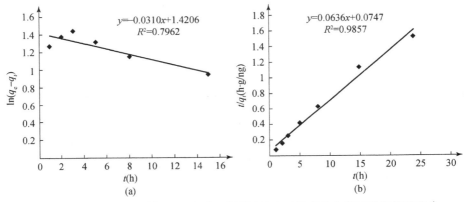

图 5.2　Lagergren 一级模型（a）和准二级模型（b）对反应动力学实验数据的拟合

5.1.2　等温吸附实验

水氯铁镁石除硼的等温吸附实验数据见表5.3。随初始溶液硼浓度的升高，水氯铁镁石对硼的吸附量增加，而去除率降低。初始硼浓度为 108 mg/L 时水氯铁镁石对硼的吸附量可达 15.78 mg/g，除硼能力并不突出。

表5.3　水氯铁镁石除硼的等温吸附实验结果

初始硼浓度 （mg/L）	平衡浓度 （mg/L）	吸附量 （mg/g）	去除率 （%）	pH
5.4	1.77	1.81	67.22	8.59
10.8	5.25	2.77	51.37	9.67
21.6	10.85	5.38	49.79	9.53
54	35.46	9.27	34.32	8.68
86.4	64.84	10.78	26.12	9.56
108	76.44	15.78	29.22	9.56

　　pH 对硼在溶液中的存在形态有直接影响,并控制着吸附剂表面官能团的性质。水氯铁镁石等阴离子黏土是良好的 pH 缓冲剂,因而硼溶液在加入水氯铁镁石后的 pH 主要取决于后者的溶解过程,大大偏离其初始 pH。当 pH 小于 5 时,水溶液中的硼以 H_3BO_3 形式存在;大于 12.5 时,以络阴离子 $B(OH)_4^-$ 形式存在;在此之间变化时,则 H_3BO_3 和 $B(OH)_4^-$ 并存。本实验研究中,硼溶液加入水氯铁镁石后的最终 pH 为 8.59~9.56,因而硼同时以 H_3BO_3 和 $B(OH)_4^-$ 两种形式存在,浓度接近 1∶1。在除硼过程中,带负电荷的 $B(OH)_4^-$ 可被水氯铁镁石表面吸附或进入其层间区,但呈电中性的 H_3BO_3 则难以被去除。虽然在 $B(OH)_4^-$ 被水氯铁镁石吸附后,溶液中的硼将在各种存在形式间再分配,即 H_3BO_3 要部分向 $B(OH)_4^-$ 转化(转化的比例取决于此时的溶液 pH),但硼在本实验 pH 条件下部分以 H_3BO_3 形式存在这一特征仍在一定程度上影响了水氯铁镁石的除硼效果。

　　水氯铁镁石对硼的吸附过程可用 Freundlich 和 Langmuir 等温吸附模型拟合(图 5.3),但前者的拟合相关系数更高($R^2 = 0.962$),表明水氯铁镁石对硼的去除以层间离子交换为主,但也存在表面吸附。据 Freundlich 模型所得参数 n 的值为 $0.558(n<1)$(表 5.4),属非优惠性吸附,说明水氯铁镁石对硼的亲和力不高。

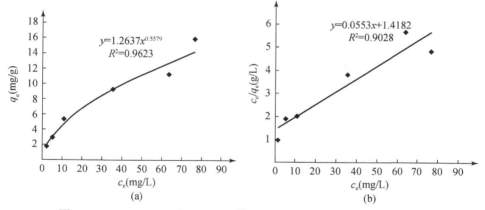

图 5.3　Freundlich(a)和 Langmuir 模型(b)对等温吸附实验数据的拟合

表 5.4　等温吸附实验模型参数

Freundlich 等温模型			Langmuir 等温模型		
K	n	R^2	K_L	q_m	R^2
1.264	0.558	0.962	0.039	18.083	0.903

5.1.3　竞争吸附实验

　　水氯铁镁石除硼的竞争吸附实验结果见表 5.5。实验数据表明,随着各组分初始浓度的增加,焙烧水氯铁镁石对其吸附量也增加,但去除率降低。将水氯铁镁石与溶液中各组分达到平衡时其吸附量与初始浓度的关系进行图示(图5.4),可直观看出反应平衡时各组分吸附量随初始浓度增加由快到慢为砷酸盐 > 亚砷酸盐 > F^->B>SO_4^{2-}。在各组分中,砷酸盐与水氯铁镁石的亲和力最强,其表面吸附位置和层间离子交换位置应主要被砷酸盐占据,其次为亚砷酸盐和 F^-。这说明在去除 F^-、B、As 等多种有害组分并存的地热水时,水氯铁镁石去除有害阴离子组分的能力将主要被 As 利用;对硼而言,水氯铁镁石不是理想的去除剂。

表5.5 竞争吸附实验数据

组分	初始浓度(mmol/L)	平衡浓度(mmol/L)	吸附量(mmol/g)	去除率(%)
B	0.01	0.00	0.00	70.56
	0.05	0.04	0.01	29.47
	0.10	0.08	0.01	24.24
	0.50	0.47	0.02	6.21
	1.00	0.93	0.04	7.34
	5.00	4.72	0.07	5.53
亚砷酸盐	0.01	0.00	0.00	47.49
	0.05	0.01	0.02	42.76
	0.10	0.01	0.05	46.29
	0.50	0.17	0.17	33.09
	1.00	0.65	0.17	17.34
	5.00	4.40	0.30	6.00
砷酸盐	0.01	0.00	0.00	96.55
	0.05	0.00	0.02	95.89
	0.10	0.00	0.05	96.84
	0.50	0.03	0.23	93.11
	1.00	0.22	0.39	78.51
	5.00	1.48	1.76	70.42
F^-	0.01	0.00	0.01	100.00
	0.05	0.02	0.01	54.26
	0.10	0.04	0.03	64.27
	0.50	0.25	0.12	49.95
	1.00	0.68	0.16	31.58
	5.00	4.56	0.22	8.84

续表

组分	初始浓度(mmol/L)	平衡浓度(mmol/L)	吸附量(mmol/g)	去除率(%)
SO_4^{2-}	0.01	0.00	0.01	98.96
	0.05	0.04	0.01	23.23
	0.10	0.08	0.01	21.83
	0.50	0.45	0.02	9.12
	1.00	0.94	0.03	6.36
	5.00	4.91	0.05	1.89
Cl^-	14.08	112.32	—	—
	14.08	101.77	—	—
	14.08	113.20	—	—
	14.08	97.38	—	—
	14.08	110.76	—	—
	14.08	103.38	—	—

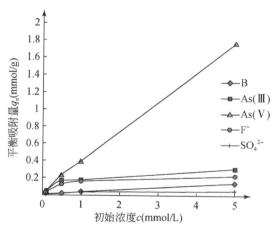

图 5.4　平衡吸附量随浓度变化图

　　与砷酸盐、亚砷酸盐、F^-、B、SO_4^{2-}不同,溶液中 Cl^- 浓度在竞争吸附实验后反而有所上升。原因应为水氯铁镁石在焙烧时层间氯的脱出并不完全,因而其后与含各种阴离子组分的溶液反应时氯进入液相中。

　　计算各初始浓度条件下溶液中各组分的平衡浓度(c_e)和平衡时水氯铁镁石的吸附量(q_e),以此绘制等温吸附曲线并分别拟合于 Freundlich 和 Langmuir 等温模型,结果见图 5.5。

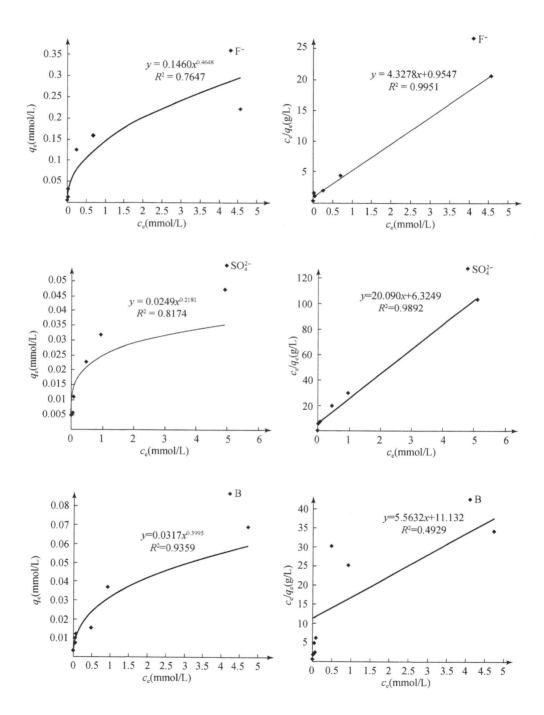

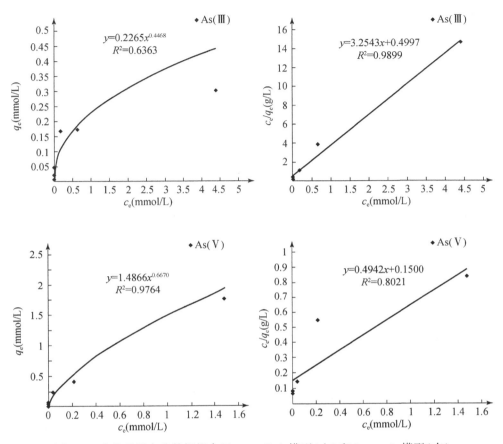

图 5.5　竞争吸附实验数据拟合于 Freundlich 模型(左)和 Langmuir 模型(右)

在竞争吸附条件下,五种组分的吸附模式可分为两类:亚砷酸盐、F^-、SO_4^{2-} 的吸附实验数据对 Langmuir 模型的拟合程度较高,表明这三种组分的去除主要依赖于水氯铁镁石的表面吸附;而砷酸盐和 B 的实验数据则更符合 Freundlich 等温模型,表明砷酸盐和 B 在焙烧水氯铁镁石恢复结构时作为主要插层离子参与结构重建,并主要以这种方式被从水中去除。

对比 亚砷酸盐、F^-、SO_4^{2-} 拟合于 Langmuir 等温模型后所获得的表征吸附能力的参数 K_L 与 q_m(表5.6),规律为亚砷酸盐 > F^- > SO_4^{2-},表明水氯铁镁石表面对上述三种组分的吸附能力由强到弱依次为亚砷酸盐 > F^- > SO_4^{2-}。焙烧水氯铁镁石表面的 Fe^{3+} 在碱性条件下会以表面吸附的形式固定亚砷酸盐;F^- 也可与水氯铁镁石表面的 Fe^{3+} 和 Mg^{2+} 发生络合作用。

表 5.6 竞争吸附实验模型参数

系列	Freundlich 等温模型			Langmuir 等温模型		
	K	n	R^2	K_L	q_m(mmol/L)	R^2
B	0.0317	0.3995	0.9359	2.0010	0.0898	0.4929
亚砷酸盐	0.2265	0.4468	0.6363	6.5125	0.3073	0.9899
砷酸盐	1.4866	0.6670	0.9764	3.2947	2.0235	0.8021
F^-	0.1460	0.4648	0.7647	4.5332	0.2311	0.9951
SO_4^{2-}	0.0249	0.2181	0.8174	3.1763	0.0498	0.9892

对比砷酸盐和 B 的吸附实验数据拟合于 Freundlich 模型所获得的参数 K 和 n, 结果为砷酸盐>B。竞争吸附实验达到平衡时的溶液 pH 为 10.5 左右, 此时 As 以 $HAsO_4^{2-}$ 与 AsO_4^{3-} 的形态存在, B 以 $B(OH)_4^-$ 的形式存在; $HAsO_4^{2-}$ 与 AsO_4^{3-} 的离子半径小于 $B(OH)_4^-$, 所带电荷则大于 $B(OH)_4^-$, 因而更易插入层间。此外, 砷酸盐可与水氯铁镁石层板上的 Fe 络合。综上, 砷酸盐的去除效果明显好于 B。

5.2 水滑石除硼

鉴于水氯铁镁石的除硼量有限, 设计了系统的水滑石除硼实验, 以考察水滑石的除硼能力。

反应动力学实验分六批进行, 编号分别为 UT_1、UT_2、UT_3、AT_1、AT_2 和 AT_3, 详见表 5.7。取 0.1 g 未焙烧水滑石于 100 mL 编号为 U 的 PET 瓶中, 为使具有同样 Mg、Al 摩尔量的焙烧水滑石参与反应, 取 0.622 g 焙烧水滑石于 100 mL 编号为 A 的 PET 瓶中。取 25 mL 浓度为 7.05 mg/L、70.47 mg/L 和 140.95 mg/L 的硼溶液于已加入水滑石的 PET 瓶中。浓度 c 系列中的 x 表示反应系统中硼和水滑石的摩尔比, 摩尔比 0.5、1.0 和 2.0 分别对应于溶液硼浓度 7.05 mg/L、70.47 mg/L 和 140.95 mg/L。当溶液硼浓度为 140.95 mg/L 时, 反应系统中硼的总量与水滑石层间位置的量相同。在水浴恒温振荡器中进行水滑石除硼反应, 振荡速度为 120 r/min。每个样品的反应时间见表 5.8 和表 5.9。反应结束后, 离心样品, 测定清液硼浓度。

表 5.7 反应动力学实验编号说明

U	A	T		c		H
		温度		浓度		
未焙烧水滑石	焙烧水滑石	T_1	25℃	c_1	$x=0.5$	时间
		T_2	45℃	c_2	$x=1.0$	
		T_3	65℃	c_3	$x=2.0$	

表 5.8 未焙烧水滑石样品的反应时间

样品编号	UT_1c_1	UT_1c_2	UT_1c_3	UT_2c_1	UT_2c_2	UT_2c_3	UT_3c_1	UT_3c_2	UT_3c_3
$H_1(h)$	3.00	3.00	3.00	1.00	1.00	2.00	0.60	1.60	1.60
$H_2(h)$	5.40	5.40	5.40	1.50	1.90	4.00	1.60	3.40	3.40
$H_3(h)$	9.60	9.60	9.60	3.20	5.20	8.00	2.80	5.40	5.40
$H_4(h)$	12.80	12.80	12.80	4.10	10.00	12.00	3.40	8.10	10.60
$H_5(h)$	15.10	15.10	15.10	7.70	12.00	17.00	5.40	12.20	17.00
$H_6(h)$	20.60	20.60	20.60	10.00	19.00	24.00	8.10	17.00	22.00

表 5.9 焙烧水滑石样品的反应时间

样品编号	AT_1c_1	AT_1c_2	AT_1c_3	AT_2c_1	AT_2c_2	AT_2c_3	AT_3c_1	AT_3c_2	AT_3c_3
$H_1(h)$	0.55	0.55	0.55	0.33	0.50	0.50	0.17	0.17	0.17
$H_2(h)$	1.05	1.05	1.05	0.83	1.00	1.00	0.50	0.50	0.50
$H_3(h)$	2.00	2.00	2.00	1.50	2.50	2.50	1.00	1.00	1.00
$H_4(h)$	3.20	4.10	4.10	2.50	3.90	3.90	2.00	2.00	2.00
$H_5(h)$	5.10	6.00	6.70	3.90	6.30	7.00	3.50	3.50	3.50
$H_6(h)$	6.70	9.20	11.10	6.30	8.10	10.10	6.00	6.00	6.00

在等温吸附实验中,未焙烧水滑石与焙烧水滑石的用量与反应动力学实验相同。取 25 mL 浓度为 7.05 mg/L、14.09 mg/L、35.24 mg/L、49.33 mg/L、70.47 mg/L、84.57 mg/L、105.71 mg/L、126.85 mg/L 和 140.95 mg/L 的硼溶液于已加入水滑石的 PET 瓶中,置于水浴恒温振荡器中在设定温度条件下反应,振荡速度为 120 r/min。反应完成后,离心样品,检测清液硼浓度,固体样品则烘干后进行 XRD 物相分析。

选择地下水(包括地热水)中三种主要阴离子 Cl^-、HCO_3^- 和 SO_4^{2-},开展同硼的竞争吸附实验。用浓度为 105.71 mg/L 的硼溶液($x=1.5$)参与反应,Cl^-、HCO_3^- 和 SO_4^{2-} 的摩尔浓度与硼相同。在 25℃ 和 65℃ 条件下反应,反应时间为 24 h。

用甲亚胺-H 酸光度法(HZHJSZ00146)测定水中硼的含量。甲亚胺-H 酸光度法的显色原理是,在 pH=5.2 的乙酸铵和盐酸缓冲溶液中硼与甲亚胺-H 酸生成可溶于水的甲亚胺 H-硼酸棕黄色化合物,其最大吸收波长在 410~420 nm 处。该化合物显色速度慢,6 h 后发色完全,在 30 h 内稳定(其摩尔吸光系数 $\varepsilon=6\times10^3$)。多种金属离子在水中易与显色试剂生成沉淀,其颜色对测试结果有不同程度干扰,故加入少量 EDTA 作为掩蔽;钾、钠的存在会减缓反应的速度,延长反应时间,所以在溶液反应 6 h 后再进行测定可以消除干扰。对于硼含量为 0.10~1.0 mg/L 的水样取 1.00 mL 进行测试,含量在测试范围以外的样品需要进行前处理。

5.2.1　反应动力学实验

　　反应动力学实验所得的水滑石及其焙烧产物在 25℃、45℃、65℃ 三个温度系列的结果见图 5.6。从六组实验中硼浓度随反应时间变化的趋势来看,随着反应温度升高,不同初始浓度溶液和不同类型水滑石的吸附平衡时间均减小。硼溶液浓度越高,达到平衡所需时间越长。焙烧水滑石达到平衡所需时间要比未焙烧水滑石短。

　　对于未焙烧水滑石,温度的升高使低浓度溶液更快地达到吸附平衡;而对于焙烧后水滑石,温度的升高使高浓度溶液更快地达到吸附平衡。这反映了未焙烧水滑石对硼的吸附过程的动力学主要受控于两个因素,第一,硼从溶液向水滑石–硼溶液边界的扩散;第二,硼和水滑石层间 Cl⁻ 的交换。当溶液中硼含量低时,温度的升高对上述两个过程的加速效应更显著(相同的能量施加于较少的溶质,可以取得

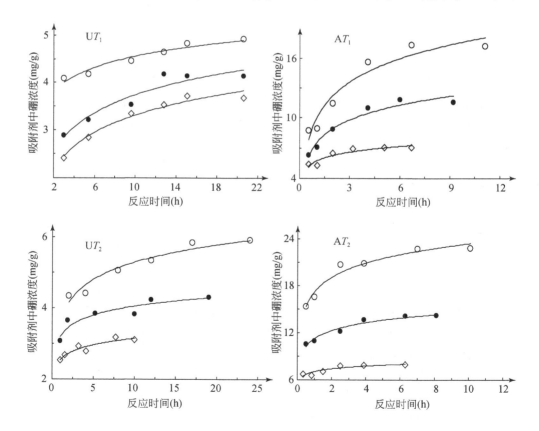

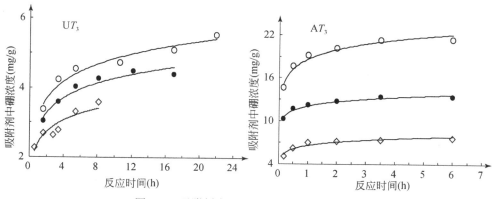

图 5.6　吸附剂中硼浓度随反应时间的变化

◇ c_1 浓度；● c_2 浓度；○ c_3 浓度

更显著的吸附效果）；而焙烧后水滑石对硼的吸附过程的动力学主要受控于水滑石层的重建速度，水滑石层间阴离子的重建速度又受控于反应温度和硼溶液浓度两个因素。反应温度似乎是主控因素，当温度较高时（65℃），硼溶液浓度对吸附平衡时间几乎没有影响，是影响反应动力学的次要因素，只有在反应温度较低时这一因素的作用才得以体现，此时硼溶液浓度越低，对水滑石层间位置的竞争就越弱，水滑石层状结构的重建速度就越快，吸附反应到达平衡的速度也就越快。

图 5.7 显示准二级模型对反应动力学实验数据拟合得较好，指示化学吸附（可能为硼–铝络合）普遍存在于除硼过程中。这意味着水中硼扩散到双电层边界并向水滑石层表面的扩散的过程在时间上仅占整个吸附过程的一小部分，而硼从水滑石层表面向吸附（交换）位置的扩散并在交换位置上的化学吸附则是反应时间长度的控制性因素。

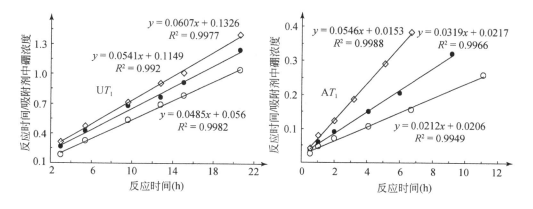

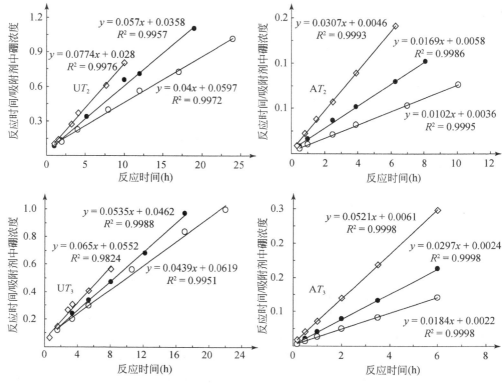

图 5.7　准二级动力学模型对反应动力学实验数据的拟合

◇ c_1 浓度；● c_2 浓度；○ c_3 浓度

5.2.2　等温吸附实验

水滑石对硼的等温吸附实验结果见表 5.10 和表 5.11。基于吸附实验结果计算了水滑石对硼达到吸附平衡时液相和吸附剂的硼浓度（c_e、q_e），并绘制了等温吸附曲线（图 5.8、图 5.9）。

表 5.10　未焙烧水滑石（U）的吸附实验数据

样品编号	初始 H_3BO_3 浓度（mg/L）	吸附量（mg/g）	平衡浓度（mg/L）	去除率（%）
T_1U_1	7.05	0.92	2.90	56.07
T_1U_2	14.09	1.53	7.23	45.77
T_1U_5	35.24	3.13	23.13	35.13

续表

样品编号	初始 H_3BO_3 浓度 （mg/L）	吸附量 （mg/g）	平衡浓度 （mg/L）	去除率 （%）
T_1U_7	49.33	3.86	33.90	31.27
T_1U_{10}	70.47	4.42	51.89	25.40
T_1U_{12}	84.57	4.74	65.70	22.39
T_1U_{15}	105.71	4.82	85.62	18.38
T_1U_{18}	126.85	4.98	106.18	15.80
T_1U_{20}	140.95	5.06	117.75	14.67
T_3U_1	7.05	0.85	1.62	67.82
T_3U_2	14.09	1.52	5.91	50.63
T_3U_5	35.24	3.03	21.69	35.85
T_3U_7	49.33	3.57	32.30	30.64
T_3U_{10}	70.47	3.88	50.23	23.62
T_3U_{12}	84.57	4.17	66.77	19.98
T_3U_{15}	105.71	4.36	84.19	17.15
T_3U_{18}	126.85	5.11	101.62	16.76
T_3U_{20}	140.95	5.18	111.97	15.61

表 5.11　焙烧水滑石（A）的吸附实验数据

样品编号	初始 H_3BO_3 浓度 （mg/L）	吸附量 （mg/g）	平衡浓度 （mg/L）	去除率 （%）
T_1A_1	7.05	1.35	2.08	61.73
T_1A_2	14.09	2.70	4.92	57.73
T_1A_5	35.24	7.86	16.21	54.66
T_1A_7	49.33	9.48	24.70	48.85
T_1A_{10}	70.47	13.25	35.96	47.83
T_1A_{12}	84.57	15.71	51.43	43.18
T_1A_{15}	105.71	17.06	65.22	39.42
T_1A_{18}	126.85	18.65	81.59	36.25
T_1A_{20}	140.95	18.89	90.20	34.25
T_3A_1	7.05	1.36	2.11	61.68
T_3A_2	14.09	3.16	5.09	60.69
T_3A_5	35.24	7.85	14.99	56.59
T_3A_7	49.33	10.12	21.61	53.80
T_3A_{10}	70.47	13.35	35.55	48.29
T_3A_{12}	84.57	15.58	47.98	44.68

样品编号	初始 H_3BO_3 浓度 （mg/L）	吸附量 （mg/g）	平衡浓度 （mg/L）	去除率 （%）
T_3A_{15}	105.71	18.17	61.76	42.26
T_3A_{18}	126.85	20.24	76.33	39.74
T_3A_{20}	140.95	20.37	89.32	36.20

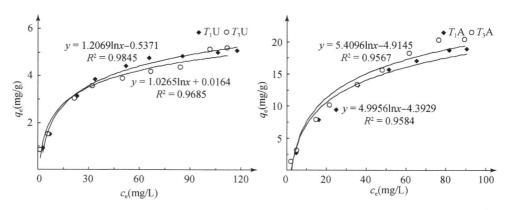

图 5.8　Freundlich 吸附模型对 T_1U 和 T_3U、T_1A 和 T_3A 反应系列的拟合

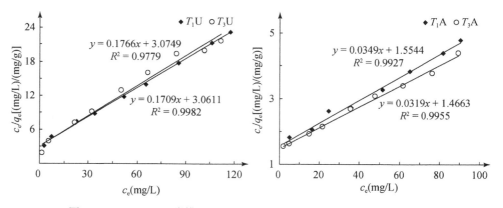

图 5.9　Langmuir 吸附模型对 T_1U 和 T_3U、T_1A 和 T_3A 反应系列的拟合

　　Freundlich 和 Langmuir 等温吸附模型对吸附实验数据的拟合指示水滑石吸附硼的行为同时符合 Langmuir 和 Freundlich 模式，T_1U 实验系列被 Freundlich 和 Langmuir 模型拟合的相关系数分别为 0.985 和 0.998，T_3U 实验系列被 Freundlich 和 Langmuir 模型拟合的相关系数分别为 0.969 和 0.978，T_1A 实验系列被 Freundlich 和 Langmuir 模型拟合的相关系数分别为 0.958 和 0.993，T_3A 实验系列

被 Freundlich 和 Langmuir 模型拟合的相关系数分别为 0.957 和 0.996。但所有反应系列与 Langmuir 等温吸附模式的匹配度略高,说明水滑石的除硼过程虽然包括水中 $B(OH)_4^-$ 与其层间 Cl^- 的离子交换,但 $B(OH)_4^-$ 在水滑石表面的吸附更为重要。

　　基于未焙烧水滑石和焙烧水滑石的 Langmuir 等温吸附曲线,计算出水滑石对硼的最大吸附量 q_0,见表 5.12。计算结果指示焙烧水滑石的除硼效率远高于焙烧水氯铁镁石,因而是去除水中硼的更为适合的材料。

表 5.12　T_1U、T_3U、T_1A 和 T_3A 四个反应系列中水滑石的最大吸附量

样品编号	最大吸附量 q_0(mg/g)	样品编号	最大吸附量 q_0(mg/g)
T_1U	5.85	T_1A	28.65
T_3U	5.66	T_3A	31.35

5.2.3　除硼影响因素

1）温度和初始硼浓度对除硼效果的影响

　　温度是影响未焙烧和焙烧水滑石除硼速率的重要因素。总体来看,水滑石除硼达到平衡的时间在不同反应系列均随温度升高而缩短(表 5.13),即高温有利于硼在水滑石上的快速吸附,说明水滑石对硼的吸附是吸热行为。水滑石加入水溶液后,其中的硼首先需要克服水滑石颗粒周围水化膜的阻力,迁移到其表面,然后才可进一步向水滑石层间位置扩散。而温度对水滑石吸附硼的上述阶段均有影响。升高反应温度不仅可增强溶液中硼克服水滑石表面水化膜阻力的能力,也有利于水滑石表面的硼向层间位置的扩散。

表 5.13　未焙烧和焙烧水滑石样品在不同反应温度条件下达到除硼平衡所需的时间

样品编号	时间(h)	样品编号	时间(h)
UT_1c_1	15.10	AT_1c_1	3.20
UT_2c_1	7.70	AT_2c_1	2.50
UT_3c_1	5.40	AT_3c_1	2.00
UT_1c_2	15.10	AT_1c_2	6.00
UT_2c_2	12.00	AT_2c_2	3.90
UT_3c_2	12.20	AT_3c_2	2.00
UT_1c_3	15.10	AT_1c_3	6.70
UT_2c_3	17.00	AT_2c_3	7.00
UT_3c_3	22.00	AT_3c_3	3.50

　　然而,分析水滑石对硼的去除率与反应温度等因素的关系(图 5.10)可知,温度对水滑石除硼效率的影响并不显著。对未焙烧水滑石而言,当初始浓度较低时,高温条件下硼去除率稍高,低温条件下则反之。对焙烧水滑石而言,不论初始溶液硼浓度如何,均为高温条件下硼的去除率略高。

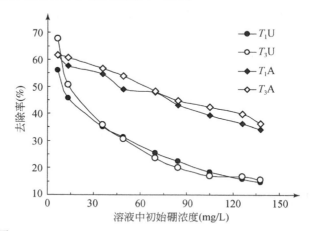

图 5.10　T_1U、T_3U、T_1A 和 T_3A 四个反应系列的硼去除率对比

　　在初始硼浓度较低时(7.05 mg/L),未焙烧水滑石和焙烧水滑石的硼去除率都较高,为 56.07% ~67.82%,65℃ 条件下未焙烧水滑石的硼去除率甚至高于同等条件下焙烧水滑石的去除率。但随着溶液初始硼浓度的升高,两种水滑石的硼去除率均下降,但未焙烧水滑石的下降速度更快。当初始硼浓度为 140.95 mg/L 时,不同温度条件下水滑石的硼去除率不超过 40%。

　　2)竞争性阴离子对除硼效果的影响

　　25℃ 和 65℃ 条件下的竞争吸附实验结果如表 5.14 和表 5.15 所示,各实验系列的硼去除率总体为"同时存在三种竞争性阴离子" < "存在竞争性阴离子 HCO_3^-"< "存在竞争性阴离子 SO_4^{2-}" < "存在竞争性阴离子 Cl^-"。反应系统中同时存在三种竞争性阴离子 HCO_3^-、SO_4^{2-}、Cl^- 时,水滑石对硼的去除率最低的原因不言自明。只存在一种竞争性阴离子时,HCO_3^- 对硼去除率的影响最大,则是因为 CO_3^{2-} 是各种常见阴离子中与水滑石层间位置亲和力最强的;由于水滑石的加入,溶液呈偏碱性状态,故反应系统中添加的 HCO_3^- 转化为 CO_3^{2-} 的形式存在。

表 5.14　25℃条件下竞争吸附实验数据

样品编号	吸附剂硼浓度(mg/g)	溶液硼浓度(mg/L)	去除率(%)
T_1UCl^-	3.59	95.82	8.52
$T_1UHCO_3^-$	1.97	99.83	4.68

续表

样品编号	吸附剂硼浓度（mg/g）	溶液硼浓度（mg/L）	去除率（%）
$T_1 USO_4^{2-}$	2.24	99.16	5.32
$T_1 Uall$	1.88	100.05	4.47
$T_1 U_{15}$	7.69	85.62	18.25
$T_1 ACl^-$	2.96	97.38	7.03
$T_1 AHCO_3^-$	1.17	101.84	2.77
$T_1 ASO_4^{2-}$	2.42	98.72	5.75
$T_1 Aall$	2.15	99.39	5.11
$T_1 A_{15}$	15.89	65.22	37.73

表 5.15　65℃条件下竞争吸附实验数据

样品编号	吸附剂硼浓度（mg/g）	溶液硼浓度（mg/L）	去除率（%）
$T_3 UCl^-$	3.27	96.41	7.77
$T_3 UHCO_3^-$	1.73	100.24	4.11
$T_3 USO_4^{2-}$	2.24	98.97	5.33
$T_3 Uall$	1.49	100.82	3.55
$T_3 U15$	8.18	84.19	19.46
$T_3 ACl^-$	4.37	93.67	10.40
$T_3 AHCO_3^-$	2.43	98.50	5.77
$T_3 ASO_4^{2-}$	3.51	95.79	8.36
$T_3 Aall$	2.11	99.28	5.03
$T_3 A_{15}$	17.20	61.76	40.92

3）焙烧处理对水滑石除硼效果的影响

本实验研究中未焙烧水滑石和焙烧水滑石的除硼效果存在明显差异,后者明显好于前者。主要原因为水滑石具有结构记忆效应,经过焙烧的水滑石在水中能够自发重建结构,同时,水中的阴离子可以插入水滑石层间,作为层间阴离子参与其结构恢复过程。这样,未焙烧水滑石层间原本存在 Cl^-（也应有少量 OH^- 和层间水）,故在除硼过程中,溶液中的硼酸根离子需要逐步扩散进入层间区并将 Cl^- 交换出来。但当焙烧水滑石除硼时,溶液中的硼酸根离子可在其结构重建过程中直接进入层间区,不需要与 Cl^- 等阴离子交换。因此,焙烧水滑石的除硼速率更快,对硼的吸附量也更大。

5.2.4　除硼机理

水滑石具备独特的层状结构,且有较大的比表面积;经高温焙烧形成金属组分均匀分散的复合氧化物后,一般比表面积仍较大。例如,CO_3^{2-}插层水滑石经高温焙烧处理后,转化为镁铝复合氧化物 $Mg_6Al_2O_9$,且通过在水镁石层产生小孔而释放出气体 CO_2 与 H_2O,使层间 CO_3^{2-} 得以全部或接近全部脱除;焙烧水滑石在水溶液中恢复层状结构后,其表面微孔趋于消失而介孔可以保留,故比表面积仍非常可观。本实验研究制备的未焙烧水滑石和焙烧水滑石均具有较大的比表面积,为溶液中硼的表面吸附提供了有利条件。

对未焙烧水滑石而言,其除硼后样品的 XRD 谱图(图 5.11、图 5.12)中强度较大的衍射峰(003 峰、006 峰和 012 峰)均出现于低衍射角区,峰形窄而尖;在 60°衍射角附近则出现明显的表征层状结构的双峰。因此,参与除硼反应后的水滑石样品结晶度好,晶相单一,并未改变其矿物特征,意味着除硼机理中并不包括溶解−再沉淀过程。另外,反应后水滑石样品的 003 衍射峰所对应的层间距(d−spacing)与反应前相比有所增大,说明溶液中的 $B(OH)_4^-$ 已进入水滑石层间并与 Cl^- 发生了交换反应。然而,反应前后 003 衍射峰对应层间距的变化并不大,说明溶液中 $B(OH)_4^-$ 与水滑石层间 Cl^- 的交换反应非常有限,大部分液相硼还是因在水滑石表面的吸附而被去除,并未进入层间区,否则 003 衍射峰对应的层间距应有显著变化。

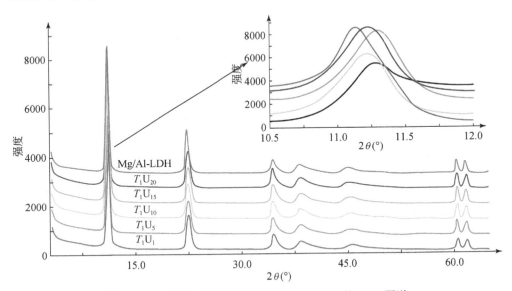

图 5.11　未焙烧水滑石样品在 25℃下除硼后的 XRD 图谱

为证明以上推断,对反应后的水滑石样品进行了比表面积测定,并对参与反应的样品的总表面积进行了计算,结果见表 5.16。硼酸根离子的横截面积约为 36 Å²(Li et al.,1996),这样与初始浓度为 7.1 mg/L 和 141.0 mg/L 的硼溶液反应后,未焙烧水滑石所吸附硼酸根离子若铺成单层,总面积分别为 2.08 m² 和 11.67 m²,分

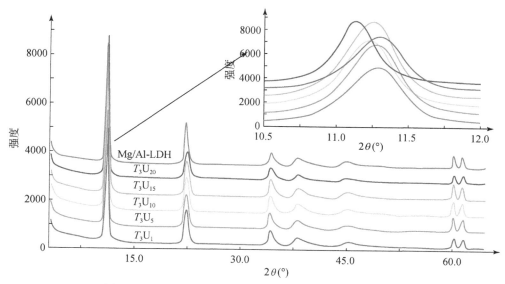

图 5.12　未焙烧水滑石样品在 65℃下除硼后的 XRD 图谱

别小于或略大于样品的总表面积(分别为 6.46 m² 和 5.58 m²)。因此,表面吸附是
未焙烧水滑石除硼的主要机理。

表 5.16　反应后水滑石总表面积与所吸附硼铺成单层后面积的对比

吸附剂	初始硼浓度 (mg/L)	用量 (g)	比表面积 (m²/g)	硼去除率 (%)	所吸附硼铺成单层 后的面积(m²)	样品总表面积 (m²)
未焙烧 水滑石	7.1	0.1	64.6	58.8	2.08	6.46
未焙烧 水滑石	141.0	0.1	55.8	16.5	11.67	5.58
焙烧 水滑石	7.1	0.1	50.7	70.5	2.49	2.84
焙烧 水滑石	141.0	0.1	23.7	36.0	25.46	1.33

　　对焙烧后水滑石而言,其除硼后样品的 XRD 图谱指示其已在反应过程中恢复
了原有层状结构(图 5.13、图 5.14);但焙烧后水滑石反应后产物的 003 衍射峰略
显平缓,说明依靠"结构记忆效应"恢复层状结构后,其结晶程度不如未焙烧水滑
石好,晶面也不如未焙烧水滑石平整。

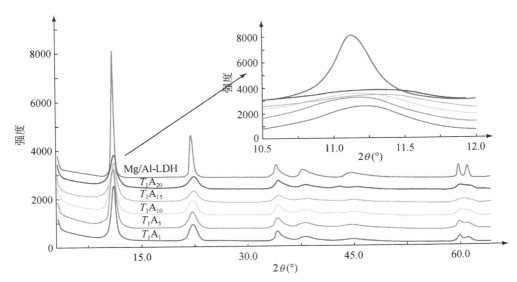

图 5.13 焙烧水滑石样品在 25℃ 下除硼后的 XRD 图谱

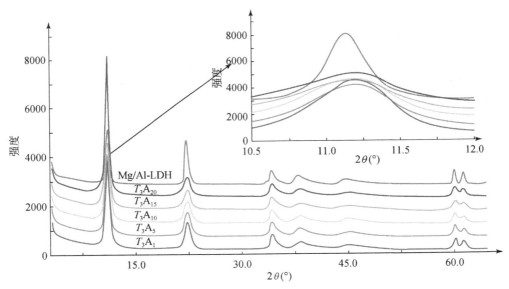

图 5.14 焙烧水滑石样品在 65℃ 下除硼后的 XRD 图谱

但无论如何,由焙烧水滑石的"结构记忆"效应导致的结构重建必然伴随有溶液中阴离子的插层,即水溶液中的 $B(OH)_4^-$ 可在焙烧水滑石恢复其原有层状结构时插入层间区,成为重要的除硼机理。我们同样对反应后的焙烧水滑石样品进行了比表面积测定并计算了参与反应的样品的总表面积(结果见表5.16)。与初始浓度为 141.0 mg/L 的硼溶液反应后的焙烧水滑石所吸附的硼如铺成单层,其总面积为 25.46 m^2,远远高于样品的总表面积(1.33 m^2)。这样,至少在高初始硼浓度条件下,焙烧水滑石的主要除硼机理为阴离子插层,表面吸附仅对除硼有次要贡献。

第6章　阴离子黏土处理地热水中有害组分

6.1　地热水处理方案设计

鉴于分布在西藏和云南的水热区所排泄的地热水往往同时富集氟、砷、硼等有害组分,且氟、砷、硼在地热水中的主要存在形态均为阴离子,易于合成、成本低廉、对阴离子有良好吸附能力的阴离子黏土是对其进行净化的首选材料。因此,我们基于大量前期基础实验工作,选择西藏当雄羊八井水热区和云南龙陵邦腊掌水热区的地热流体样品(相关水化学指标和主要有害组分含量见表 6.1),用阴离子黏土材料对其中有害组分进行了处理。如前文讨论,各类阴离子黏土虽结构相似,但对不同阴离子的去除效果和机理都不尽相同。对比各类阴离子黏土去除氟、砷、硼的吸附容量后,我们有针对性地选择对氟、砷、硼去除效果分别最佳的焙烧后水铝钙石、水氯铁镁石、水滑石(制备方法见前文)来开展去除实验,并根据实验结果确定了可有效同时处理地热水中的氟、砷、硼,并使其达到《生活饮用水卫生标准》(GB 5749—2006)的最佳阴离子黏土配比。

表6.1　用于地热水处理试验的样品的采样情况和主要有害组分含量

水热区	样品编号	pH	F (mg/L)	As (μg/L)	B (mg/L)	SO_4^{2-} (mg/L)	Cl^- (mg/L)	HCO_3^- (mg/L)	CO_3^{2-} (mg/L)
西藏羊八井	ZK359	8.77	17.4	1589	21.3	66.0	564	408	17.3
云南邦腊掌	DFQ	9.05	27.7	130	3.89	58.5	20.1	380	26.9

在地热水处理实验中,选用 3 种不同规格(a:内径 30mm、长度 40cm;b:内径 20mm、长度 40cm;c:内径 30mm、长度 18cm)的反应柱,以均匀混合的阴离子黏土(焙烧 5h 后研磨并过 65 目筛网)和石英砂(用去离子水清洗、干燥;25～50 目)为反应柱填充材料。其他实验器材包括蠕动泵(保定齐力恒流泵 BT200)、铁架台、医用脱脂纱布、直角移液管、烧瓶夹、内径 30mm 和 20mm 的橡胶塞、1000 mL 烧杯、100mL 量筒、0.22 μm 滤头、50 mL 聚乙烯瓶等。将反应柱与蠕动泵用橡皮管连接,地热水经蠕动泵在一定流速下进入反应柱底部,被阴离子黏土处理后从柱顶部流出,由直角移液管导入烧杯,用量筒定时定量接取处理后的地热水样品,过 0.22 μm 滤头后用 50 mL PET 瓶装样待测,反应柱装置示意图见图 6.1。

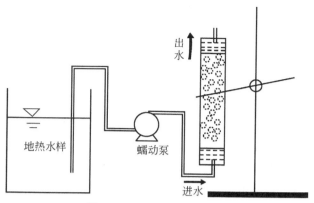

图 6.1　反应柱装置示意图

　　总体实验设计思路(图 6.2)为:先在同一反应柱、恒定渗流速率以及阴离子黏土与石英砂均匀混合条件下,确定可同时去除地热水中氟、砷、硼并使上述有害元素达到《生活饮用水卫生标准》(GB 5749—2006)的最佳阴离子黏土类型及配比;

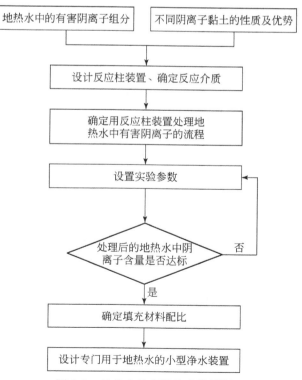

图 6.2　地热水处理的技术路线图

而后分析地热水渗流速率、渗流断面面积、反应柱长度等因素对去除效果的影响;最终获取最优的反应柱尺寸/规格、地热水渗流速率、阴离子黏土类型及配比等技术参数,为研发以阴离子黏土为填充材料的用于专门处理地热水中氟、砷、硼的小型净水装置奠定基础。

具体实验方案如下。

1) 确定反应柱填充材料最佳配比的实验

首先选择内径 30 mm、长度 40 cm 的玻璃柱 a 为反应柱,以蠕动泵转速控制地热水的流速为 2.7 mL/min,处理水量定为 1000 mL,预先设定阴离子黏土用量,进行地热水中有害组分的试处理,并取反应时间为 0 h、1.0 h、2.0 h、4.0 h 和 6.0 h 后的水样 30 mL,分别测定其 pH、EC(电导率)以及氟、砷、硼、SO_4^{2-}、Cl^-、CO_3^{2-}、HCO_3^- 等阴离子的浓度。将氟、砷、硼浓度与生活饮用水卫生标准(GB 5749—2006)相比较,若上述组分中某一组分含量超标,根据超标情况在下一次实验中适当增加用于去除该组分的阴离子黏土的用量;若某一组分的含量刚好达标,在下一次实验中保持相应阴离子黏土的用量;若某一组分的含量远低于生活饮用水卫生标准,则在下一次实验中可适量减少相应阴离子黏土的用量。以此为原则,反复进行处理实验,直到最终确定使所有有害组分(氟、砷、硼)同时达标,且各种阴离子黏土用量均最少的最佳阴离子黏土配比。

2) 分析地热水渗流速率对去除效果影响的实验

根据以上实验结果,用净水装置 a 以最佳阴离子黏土配比进行实验,在阴离子黏土用量、反应柱尺寸不变的条件下,分析地热水渗流速率对其处理结果的影响。本实验以蠕动泵的转速控制地热水的流速,可根据给定时间内的渗流量计算出渗流速率。分别在渗流速率 $v_1 = 2.7$ mL/min、$v_2 = 5.4$ mL/min 的条件下,测定反应时间为 0 h、1.0 h、2.0 h、4.0 h 和 6.0 h 后水样的 pH、EC 以及氟、砷、硼、SO_4^{2-}、Cl^-、CO_3^{2-}、HCO_3^- 等阴离子的浓度,比较不同渗流速率下的水处理效果,总结其对处理效果的影响。

3) 分析反应柱尺寸对去除效果影响的实验

根据以上实验结果,以最佳阴离子黏土配比开展进一步的实验,在阴离子黏土用量、地热水渗流速率不变的条件下,分析渗流断面面积和反应柱长度对处理效果的影响。在实验过程中,当阴离子黏土用量一定时,需保证阴离子黏土在反应柱中的填充密度不变,即阴离子黏土与石英砂的用量均不变,反应柱的体积也不变。因此当渗流断面面积改变时,反应柱的长度必然相应发生变化,即渗流路径长度发生改变。本实验分别再以 b(内径 20 mm、长度 40 cm)和 c(内径 30 mm、长度 18 cm)反应柱处理地热水,取反应时间为 0 h、1.0 h、2.0 h、4.0 h 和 6.0 h 后的水样 30 mL,用 0.22 μm 滤膜过滤后分别测定 pH、EC 以及氟、砷、硼、SO_4^{2-}、Cl^-、CO_3^{2-}、HCO_3^-

等阴离子的浓度,比较不同反应柱的水处理结果并加以总结。

6.2　地热水处理结果

6.2.1　西藏羊八井地热水处理结果

1. 阴离子黏土最佳配比的确定

以西藏当雄羊八井地热水(样品编号:ZK359)为待处理水样,内径 30 mm、长度 40 cm 的玻璃柱管 a 为净水反应柱,将一定配比的阴离子黏土材料与 25~50 目石英砂(380 g)均匀混合后填充到反应柱中,保证反应柱充满,净水流速控制在 2.7 mL/min,净水量设定为 1000 mL,分别接取反应时间为 0 h、1.0 h、2.0 h、4.0 h 和 6.0 h 后的水样 30 mL,测定其氟、砷、硼、SO_4^{2-}、Cl^-、CO_3^{2-}、HCO_3^- 等阴离子的浓度以及 pH、EC 值。适当调整阴离子黏土的用量后,找到可同时使水样 ZK359 中氟、砷、硼浓度达到《生活饮用水卫生标准》(GB 5749—2006)的最佳阴离子黏土用量配比。本配比实验共进行四组(分别用 ZK359-Ⅰ、ZK359-Ⅱ、ZK359-Ⅲ、ZK359-Ⅳ表示),其阴离子黏土用量和氟、砷、硼含量超标时间如表 6.2 所示。

表 6.2　配比实验阴离子黏土用量及氟、砷、硼含量超标时间

(Ⅰ、Ⅱ、Ⅲ和Ⅳ分别代表第一、二、三、四组配比)

实验编号	水铝钙石		水氯铁镁石		水滑石	
	用量(g)	氟检测超标时刻(h)	用量(g)	砷检测超标时刻(h)	用量(g)	硼检测超标时刻(h)
ZK359-Ⅰ	5.0	2	2.0	6	10.0	1
ZK359-Ⅱ	10.0	4	2.0	达标	20.0	6
ZK359-Ⅲ	12.5	6	1.5	达标	20.0	达标
ZK359-Ⅳ	15.0	达标	1.0	达标	20.0	达标

在实验 ZK359-Ⅰ中,氟、硼在 0~6 h 的浓度变化范围分别为 0.356~5.43 mg/L、0.175~4.789 mg/L,其浓度分别在实验进行 2 h 和 1 h 后即超过《生活饮用水卫生标准》(GB 5749—2006);砷在 0~4 h 的浓度范围为 0~6.02 μg/L,达到饮用水标准,6 h 后浓度增加到 12.1 μg/L,接近《生活饮用水卫生标准》(GB 5749—2006)中砷的限值 10 μg/L。根据以上实验结果,在实验 ZK359-Ⅱ中适当增加了对氟、硼去除效果较好的焙烧水铝钙石和水滑石的含量,由于焙烧水铝钙石同

时可有效除砷,且 ZK359-Ⅰ实验中最终砷含量已接近 10 μg/L,故先不增加焙烧水氯铁镁石的量。因此,实验 ZK359-Ⅱ的阴离子黏土配比确定为:水铝钙石 10.0 g、水氯铁镁石 2.0 g、水滑石 20.0 g。

在实验 ZK359-Ⅱ中,氟在 0~6 h 的浓度变化范围为 0~2.19 mg/L,4 h 时检测到氟含量超过《生活饮用水卫生标准》(GB 5749—2006)中氟的限值;由于大大增加了焙烧后水铝钙石的用量,砷的含量已达到《生活饮用水卫生标准》(GB 5749—2006),0~6 h 的浓度变化范围为 0~5.87 μg/L;由于焙烧后水滑石的含量增加了 1 倍,处理后水样中硼浓度大幅度降低,0~6 h 的浓度变化范围为 0.182~0.551 mg/L,6 h 后检出浓度略有超标。以上实验结果表明在此阴离子黏土配比条件下,砷含量已远低于《生活饮用水卫生标准》(GB 5749—2006)的限值,而氟、硼的含量已非常接近《生活饮用水卫生标准》(GB 5749—2006)中相应的限值,因此在后续实验 ZK359-Ⅲ中可适当减少焙烧水氯铁镁石的用量,增加除氟效果较好的焙烧水铝钙石的用量,焙烧水滑石的用量则保持不变。最终确定的实验 ZK359-Ⅲ的阴离子黏土配比为:水铝钙石 12.5 g、水氯铁镁石 1.5 g、水滑石 20.0 g。

在实验 ZK359-Ⅲ中,氟在 0~6 h 的浓度变化范围为 0~1.53 mg/L,6 h 后检测浓度超出限值(超出 0.525 mg/L);砷、硼在 0~6 h 的浓度变化范围分别为 0~4.57 μg/L、0.179~0.472 mg/L,均已在《生活饮用水卫生标准》(GB 5749—2006)限值范围内。这样,在后续实验 ZK359-Ⅳ中可稍增加除氟效果较好的焙烧水铝钙石的用量,适当减少焙烧水氯铁镁石的用量,且保持焙烧水滑石的用量不变。实验 ZK359-Ⅳ的阴离子黏土配比为:水铝钙石 15.0 g、水氯铁镁石 1.0 g、水滑石 20.0 g。

在实验 ZK359-Ⅳ中,0~6 h 时间段内的氟、砷、硼浓度变化范围分别为 0~0.720 mg/L、0~3.65 μg/L、0.101~0.432 mg/L,均在《生活饮用水卫生标准》(GB 5749—2006)限值范围内,全部达标。另外,氟、砷、硼浓度值恰好接近限值,说明阴离子黏土用量适当。因此,实验 ZK359-Ⅳ的阴离子黏土配比满足了预期目标及各项要求。

综上,在以内径 30 mm、长度 40 cm 的玻璃柱管为反应柱,保持渗流速率为 2.7 mL/min,净水量为 1000 mL,阴离子黏土与 25~50 目石英砂均匀混合作为反应柱填充材料的条件下,去除西藏羊八井 ZK359 地热水中有害元素氟、砷、硼,使其达到《生活饮用水卫生标准》(GB 5749—2006)的最佳阴离子黏土(焙烧后)配比为:水铝钙石 15.0 g、水氯铁镁石 1.0 g、水滑石 20.0 g。

2. 地热水中有害组分去除效果分析

阴离子黏土去除地热水中有害组分的效果用去除率 R 表示,可据式(6.1)计算。4 组柱实验(ZK359-Ⅰ、ZK359-Ⅱ、ZK359-Ⅲ、ZK359-Ⅳ)中氟、砷、硼的去除率计算结果见表 6.3~表 6.5。

$$R = \frac{c_0 - c_t}{c_0} \times 100 \tag{6.1}$$

式中,R 为去除率(%);c_0 为初始浓度(mg/L);c_t 为时刻 t 时的浓度(mg/L)。

表 6.3　西藏羊八井地热水样品除氟实验结果

(Ⅰ、Ⅱ、Ⅲ和Ⅳ分别代表第一、二、三、四组配比;1、2、3、4、5 分别代表 0 h、1 h、2 h、4 h、6 h 反应时刻)

编号	时间 (h)	氟浓度 (mg/L)	去除率 R (%)	编号	时间 (h)	氟浓度 (mg/L)	去除率 R (%)
ZK359-Ⅰ-2	1	0.833	95.2	ZK359-Ⅲ-2	1	0	100
ZK359-Ⅰ-3	2	1.49	91.5	ZK359-Ⅲ-3	2	0	100
ZK359-Ⅰ-4	4	3.36	80.7	ZK359-Ⅲ-4	4	0.907	94.8
ZK359-Ⅰ-5	6	5.43	68.9	ZK359-Ⅲ-5	6	1.53	91.3
ZK359-Ⅱ-2	1	0	100	ZK359-Ⅳ-1	0	0	100
ZK359-Ⅱ-3	2	0	100	ZK359-Ⅳ-2	1	0	100
ZK359-Ⅱ-4	4	1.45	91.7	ZK359-Ⅳ-3	2	0	100
ZK359-Ⅱ-5	6	2.19	87.4	ZK359-Ⅳ-4	4	0.525	97.0
ZK359-Ⅲ-1	0	0	100	ZK359-Ⅳ-5	6	0.720	95.9

表 6.4　西藏羊八井地热水样品除砷实验结果

(Ⅰ、Ⅱ、Ⅲ和Ⅳ分别代表第一、二、三、四组配比;1、2、3、4、5 分别代表 0 h、1 h、2 h、4 h、6 h 反应时刻)

编号	时间 (h)	砷浓度 (μg/L)	去除率 R (%)	编号	时间 (h)	砷浓度 (μg/L)	去除率 R (%)
ZK359-Ⅰ-1	0	0	100	ZK359-Ⅲ-1	0	0	100
ZK359-Ⅰ-2	1	0	100	ZK359-Ⅲ-2	1	0	100
ZK359-Ⅰ-3	2	2.56	99.8	ZK359-Ⅲ-3	2	0	100
ZK359-Ⅰ-4	4	6.02	99.6	ZK359-Ⅲ-4	4	3.85	99.8
ZK359-Ⅰ-5	6	12.1	99.2	ZK359-Ⅲ-5	6	4.57	99.7
ZK359-Ⅱ-1	0	0	100	ZK359-Ⅳ-1	0	0	100
ZK359-Ⅱ-2	1	0	100	ZK359-Ⅳ-2	1	0	100
ZK359-Ⅱ-3	2	0	100	ZK359-Ⅳ-3	2	0	100
ZK359-Ⅱ-4	4	4.63	99.7	ZK359-Ⅳ-4	4	1.89	99.9
ZK359-Ⅱ-5	6	5.87	99.6	ZK359-Ⅳ-5	6	3.65	99.8

表 6.5　西藏羊八井地热水样品除硼实验结果

（I、II、III和IV分别代表第一、二、三、四组配比；1、2、3、4、5分别代表 0 h、1 h、2 h、4 h、6 h 反应时刻）

编号	时间（h）	硼浓度（mg/L）	去除率 R（%）	编号	时间（h）	硼浓度（mg/L）	去除率 R（%）
ZK359-I-1	0	0.175	99.2	ZK359-III-1	0	0.179	99.2
ZK359-I-2	1	1.13	94.7	ZK359-III-2	1	0.212	99.0
ZK359-I-3	2	3.21	85.0	ZK359-III-3	2	0.366	98.3
ZK359-I-4	4	4.75	77.7	ZK359-III-4	4	0.429	98.0
ZK359-I-5	6	4.79	77.6	ZK359-III-5	6	0.472	97.8
ZK359-II-1	0	0.182	99.1	ZK359-IV-1	0	0.101	99.5
ZK359-II-2	1	0.212	99.0	ZK359-IV-2	1	0.296	98.6
ZK359-II-3	2	0.386	98.2	ZK359-IV-3	2	0.374	98.3
ZK359-II-4	4	0.418	98.0	ZK359-IV-4	4	0.425	98.0
ZK359-II-5	6	0.551	97.4	ZK359-IV-5	6	0.432	98.0

实验 ZK359-I反应 6 h 后水样中氟浓度由初始的 17.4 mg/L 降至 5.43 mg/L，去除率近 70%；水样中砷浓度由初始的 1589 μg/L 降至 12.1 μg/L，去除率高达 99%，且反应两小时内的去除率可达 100%；水样中硼浓度由初始的 21.3 mg/L 降至 4.79 mg/L，去除率达到 78%。虽然实验 ZK359-I 对各有害阴离子的去除率较高，但处理后的地热水样仍未达到《生活饮用水卫生标准》（GB 5749—2006）。

根据实验 ZK359-I 结果适当增加阴离子黏土用量后，实验 ZK359-II 中净水 6 h 后水样中氟浓度可降低至 2.19 mg/L，去除率增加到 87%；而砷的浓度均在 10 μg/L 以内，已基本去除殆尽，去除率近 100%；硼浓度可降低到 0.551 mg/L，接近《生活饮用水卫生标准》（GB 5749—2006）限值，其去除率可达 97%。该实验结果显示此阴离子黏土配比对各有害阴离子的去除率均较高，砷、硼已基本低于限值，仅氟浓度未达到《生活饮用水卫生标准》（GB 5749—2006）。

在实验 ZK359-II 的基础上适当调整阴离子黏土用量后，实验 ZK359-III净水 6 h 后水样中的砷、硼浓度均已在《生活饮用水卫生标准》（GB 5749—2006）范围内，去除率均在 97% 以上；而氟浓度也已降至 1.53 mg/L，仅超过《生活饮用水卫生标准》（GB 5749—2006）限值 0.53 mg/L，去除率已高达 91%。

为获得最佳阴离子黏土配比，在实验 ZK359-III 的基础上再次调整阴离子黏土用量后，实验 ZK359-IV测试结果显示：净水 6 h 后水样中的氟、砷、硼的浓度分别降为 0.720 mg/L、3.65 mg/L、0.432 mg/L，均在《生活饮用水卫生标准》（GB 5749—2006）限值以下，去除率均在 95% 以上。

　　根据以上实验结果,四组柱实验中氟、砷、硼的去除率随时间的变化如图 6.3 所示。氟、砷、硼的去除率随时间推移而降低,随阴离子黏土用量的增加而上升。随反应的进行,阴离子黏土层间位置不断被水中各类阴离子占据,可供阴离子插层的层间位置逐渐减少;同时,地热水中与阴离子黏土外表面液膜之间氟、砷、硼等组分的浓度差逐渐变小,地热水中阴离子向阴离子黏土表面迁移的驱动力也随之减小。因此,去除率随时间推移逐渐降低。

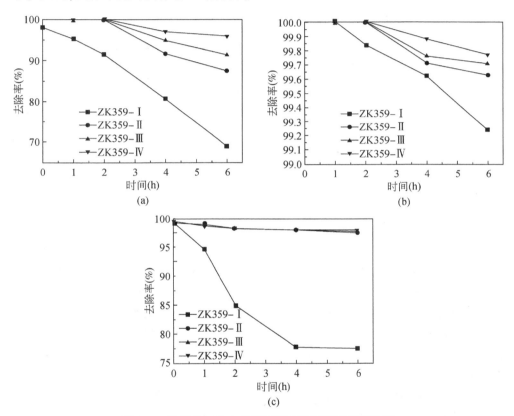

图 6.3　四组柱实验中各阴离子去除率随时间变化图
(a)氟;(b)砷;(c)硼;ZK359-Ⅰ、ZK359-Ⅱ、ZK359-Ⅲ和 ZK359-Ⅳ
分别表示第一、二、三、四组配比实验

6.2.2　云南邦腊掌地热水处理结果

1. 阴离子黏土最佳配比的确定

以云南龙陵邦腊掌地热水(样品编号:DFQ)为待处理水样,内径 30 mm、长度 40 cm 的玻璃柱管 a 为净水反应柱,将一定配比的阴离子黏土与 25 ~ 50 目石英砂(380 g)均匀混合后填充到反应柱中,保证反应柱充满,净水流速控制在 2.7 mL/min,净水量设定为 1000 mL,分别取反应时间在 0 h、1.0 h、2.0 h、4.0 h 和 6.0 h 后的水样 30 mL,测定其 pH、EC 和氟、砷、硼、SO_4^{2-}、Cl^-、CO_3^{2-}、HCO_3^- 等阴离子的浓度,使云南邦腊掌 DFQ 地热水中阴离子氟、砷、硼同时达到《生活饮用水卫生标准》(GB 5749—2006)。本配比实验共进行 4 组,其阴离子黏土用量和氟、砷、硼含量超标时间如表 6.6 所示。

表 6.6　配比实验阴离子黏土用量及氟、砷、硼超标时间

(Ⅰ、Ⅱ、Ⅲ和Ⅳ分别代表第一、二、三、四组配比)

实验编号	水铝钙石(g)		水氯铁镁石(g)		水滑石(g)	
	用量(g)	氟检测超标时刻(h)	用量(g)	砷检测超标时刻(h)	用量(g)	硼检测超标时刻(h)
DFQ-Ⅰ	5.0	0	2.0	6	2.0	1
DFQ-Ⅱ	10.0	1	2.0	达标	5.0	1
DFQ-Ⅲ	15.0	2	1.5	达标	8.0	2
DFQ-Ⅳ	20.0	达标	1.5	达标	10.0	达标

在实验 DFQ-Ⅰ 中,加入少量阴离子黏土后,氟浓度在反应初始虽有所降低,但仍高达 6.58 mg/L,超过饮用水标准限值;砷在 0 ~ 6 h 的浓度变化范围为 0.420 ~ 10.9 μg/L,6 h 时的浓度仅略超过饮用水标准限值(超出 0.9 μg/L);硼在 0 ~ 6 h 的浓度变化范围为 0 ~ 2.57 mg/L,1 h 后的浓度便超过饮用水标准限值。总体来看,经处理后氟、硼的浓度仍较高,远未达到标准,而砷的浓度已接近饮用水标准限值。因此,在实验 DFQ-Ⅱ 中增加了除氟和除硼效果较好的焙烧水铝钙石和水滑石,阴离子黏土配比为:水铝钙石 10.0 g、水氯铁镁石 2.0 g、水滑石 5.0 g。

在实验 DFQ-Ⅱ中,氟、硼在 0 ~ 6 h 的浓度变化范围分别为 0.470 ~ 15.3 mg/L、0.137 ~ 2.051 mg/L,均在 1 h 后便超过饮用水标准限值;砷在 0 ~ 6 h 的浓度变化为 0.474 ~ 0.822 μg/L,远低于饮用水标准限值。这样,在实验 DFQ-Ⅲ 中增加了焙烧水铝钙石和水滑石的用量,而稍减少了焙烧水氯铁镁石的用量,其阴离子黏土配比为:水铝钙石 15.0 g、水氯铁镁石 1.5 g、水滑石 8.0 g。

在实验 DFQ-Ⅲ中,氟、硼在 0 ~ 6 h 的浓度变化范围分别是 0.229 ~ 8.75 mg/L、0.062 ~ 1.39 mg/L,虽然浓度较实验 DFQ-Ⅱ有所降低,但仍未达到标准,均在 2h 后浓度便超过饮用水标准限值;砷在 0 ~ 6 h 的浓度变化为 0.458 ~ 0.654 μg/L,远低于饮用水标准限值。这样,在实验 DFQ-Ⅳ中适当增加了焙烧水铝钙石和水滑石的用量,以去除未达标的氟和硼,设计的阴离子黏土配比为:水铝钙石 20.0 g、水氯铁镁石1.5 g、水滑石10.0 g。

在实验DFQ-Ⅳ中,氟、砷、硼在0~6 h内的浓度变化范围分别为0~0.648 mg/L、0.594~1.58 μg/L、0.0152~0.451 mg/L,均在《生活饮用水卫生标准》(GB 5749—2006)的相应限值以下。而且,虽最终砷浓度明显低于饮用水标准限值,但氟、硼的浓度接近限值,因此加入的阴离子黏土应已基本消耗;在用量较小的情况下,达到了预期目的。

综上所述,在以内径30 mm、长度40 cm的玻璃柱管为净水反应柱,渗流速率控制为2.7 mL/min,净水量为1000 mL,阴离子黏土与25~50目石英砂均匀混合作为净水填充材料的条件下,去除云南龙陵邦腊掌DFQ地热水中有害元素氟、砷、硼,使其达到《生活饮用水卫生标准》(GB 5749—2006)的最佳阴离子黏土(焙烧后)配比为:水铝钙石20.0 g、水氯铁镁石1.5 g、水滑石10.0 g。

2. 地热水中有害组分去除效果分析

在不同反应条件下,用阴离子黏土去除云南龙陵邦腊掌DFQ地热水中氟、砷、硼所获得的去除率如表6.7~表6.9所示。

表6.7　云南邦腊掌地热水样品除氟实验结果

(Ⅰ、Ⅱ、Ⅲ和Ⅳ分别代表第一、二、三、四组配比;1、2、3、4、5分别代表0 h、1 h、2 h、4 h、6 h反应时刻)

编号	时间 (h)	氟浓度 (mg/L)	去除率R (%)	编号	时间 (h)	氟浓度 (mg/L)	去除率R (%)
DFQ-Ⅰ-1	0	6.58	76.3	DFQ-Ⅲ-1	0	0.229	99.2
DFQ-Ⅰ-2	1	9.56	65.5	DFQ-Ⅲ-2	1	0.868	96.9
DFQ-Ⅰ-3	2	10.7	61.4	DFQ-Ⅲ-3	2	3.08	88.9
DFQ-Ⅰ-4	4	16.6	40.3	DFQ-Ⅲ-4	4	6.76	75.6
DFQ-Ⅰ-5	6	20.0	27.8	DFQ-Ⅲ-5	6	8.75	68.5
DFQ-Ⅱ-1	0	0.470	98.3	DFQ-Ⅳ-1	0	0	100
DFQ-Ⅱ-2	1	2.93	89.4	DFQ-Ⅳ-2	1	0.451	98.4
DFQ-Ⅱ-3	2	7.19	74.1	DFQ-Ⅳ-3	2	0.454	98.4
DFQ-Ⅱ-4	4	14.0	49.4	DFQ-Ⅳ-4	4	0.700	97.5
DFQ-Ⅱ-5	6	15.3	44.9	DFQ-Ⅳ-5	6	0.648	97.7

实验DFQ-Ⅰ反应6 h后,水样中氟浓度由初始的27.7 mg/L降为20.0 mg/L,去除率仅为27.8%;砷浓度由130 μg/L降为10.9 μg/L,去除率高达91.6%,其含量已基本在饮用水标准限值之内;硼浓度由初始的3.89 mg/L降为2.57 mg/L,去除率仅为33.9%。总体来看,处理后的地热水样仅砷含量接近《生活饮用水卫生

标准》(GB 5749—2006)限值,而氟和硼的浓度远未达到标准。

表 6.8　云南邦腊掌地热水样品除砷实验结果

(Ⅰ、Ⅱ、Ⅲ和Ⅳ分别代表第一、二、三、四组配比;1、2、3、4、5分别代表 0 h、1 h、2 h、4 h、6 h 反应时刻)

编号	时间 (h)	砷浓度 (μg/L)	去除率 R (%)	编号	时间 (h)	砷浓度 (μg/L)	去除率 R (%)
DFQ-Ⅰ-1	0	0.420	99.7	DFQ-Ⅲ-1	0	0.458	99.7
DFQ-Ⅰ-2	1	0.292	99.8	DFQ-Ⅲ-2	1	0.460	99.7
DFQ-Ⅰ-3	2	0.410	99.7	DFQ-Ⅲ-3	2	0.588	99.6
DFQ-Ⅰ-4	4	5.47	95.8	DFQ-Ⅲ-4	4	0.574	99.6
DFQ-Ⅰ-5	6	10.9	91.6	DFQ-Ⅲ-5	6	0.654	99.5
DFQ-Ⅱ-1	0	0.474	99.6	DFQ-Ⅳ-1	0	0.594	99.5
DFQ-Ⅱ-2	1	0.764	99.4	DFQ-Ⅳ-2	1	0.788	99.4
DFQ-Ⅱ-3	2	0.496	99.6	DFQ-Ⅳ-3	2	0.850	99.4
DFQ-Ⅱ-4	4	0.910	99.3	DFQ-Ⅳ-4	4	1.30	99.0
DFQ-Ⅱ-5	6	0.822	99.4	DFQ-Ⅳ-5	6	1.58	98.8

表 6.9　云南邦腊掌地热水样品除硼实验结果

(Ⅰ、Ⅱ、Ⅲ和Ⅳ分别代表第一、二、三、四组配比;1、2、3、4、5分别代表 0 h、1 h、2 h、4 h、6 h 反应时刻)

编号	时间 (h)	硼浓度 (mg/L)	去除率 R (%)	编号	时间 (h)	硼浓度 (mg/L)	去除率 R (%)
DFQ-Ⅰ-1	0	0	100	DFQ-Ⅲ-1	0	0.062	98.4
DFQ-Ⅰ-2	1	1.35	65.2	DFQ-Ⅲ-2	1	0.487	87.5
DFQ-Ⅰ-3	2	1.80	53.6	DFQ-Ⅲ-3	2	0.992	74.5
DFQ-Ⅰ-4	4	1.96	49.7	DFQ-Ⅲ-4	4	1.25	67.9
DFQ-Ⅰ-5	6	2.57	33.9	DFQ-Ⅲ-5	6	1.39	64.3
DFQ-Ⅱ-1	0	0.137	96.5	DFQ-Ⅳ-1	0	0.015	99.6
DFQ-Ⅱ-2	1	1.28	67.2	DFQ-Ⅳ-2	1	0.068	98.3
DFQ-Ⅱ-3	2	1.31	66.2	DFQ-Ⅳ-3	2	0.103	97.4
DFQ-Ⅱ-4	4	1.45	62.7	DFQ-Ⅳ-4	4	0.449	88.5
DFQ-Ⅱ-5	6	2.05	47.3	DFQ-Ⅳ-5	6	0.451	88.4

　　在实验 DFQ-Ⅰ基础上适当增加阴离子黏土用量后,实验 DFQ-Ⅱ净水 6 h 后氟浓度降为 15.3 mg/L,去除率稍增加至 44.9%,仍未达标;砷浓度降低至 0.822 μg/L,去除率高达 99.4%,远低于饮用水标准限值;硼浓度降低至 2.05 mg/L,去除

率稍增至 47.3% ,但仍未达标。

在实验 DFQ-Ⅲ中再次增加了除氟和除硼效果较佳的焙烧水铝钙石和水滑石的用量;相应地,氟和硼的浓度在净水 6 h 后均有所降低,分别降为 8.75 mg/L 和 1.39 mg/L,去除率则分别增加至 68.5% 和 64.3% ,但含量仍未达标。净水 6 h 后,砷浓度进一步降为 0.654 μg/L,去除率高达 99.5% 。

在实验 DFQ-Ⅲ基础上再次增加焙烧水铝钙石和水滑石的用量分别至 20.0 g 和 10.0 g 后,氟、砷、硼的浓度最终降至 0.648 mg/L、1.58 μg/L、0.451 mg/L,去除率相应大幅度增加至 97.7%、98.8%、88.4% ,其含量均达到了《生活饮用水卫生标准》(GB 5749—2006)。

根据以上实验结果,分别绘制了四组柱实验中氟、砷、硼的去除率随时间的变化曲线,如图 6.4 所示。与西藏当雄羊八井 ZK359 的实验结果相似,云南邦腊掌 DFQ 中氟、砷、硼的去除率随时间推移而降低,随阴离子黏土用量增加而上升。

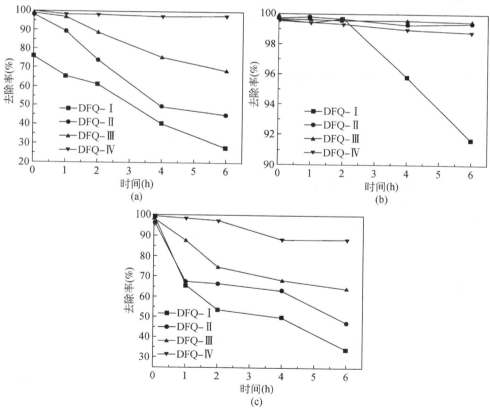

图 6.4　四组柱实验中各阴离子去除率随时间变化图
(a)氟;(b)砷;(c)硼;DFQ-Ⅰ、DFQ-Ⅱ、DFQ-Ⅲ和 DFQ-Ⅳ
分别表示第一、二、三、四组配比实验

6.3　地热水处理过程中其中主要阴离子含量的变化

与地热水中氟、砷、硼的主要存在形式[F^-、$HAsO_4^{2-}/AsO_4^{3-}$、$H_2AsO_3^-/HAsO_3^{2-}$、$B(OH)_4^-$]相比,CO_3^{2-} 和 SO_4^{2-} 具有在阴离子黏土上的竞争吸附优势[常见阴离子在阴离子黏土层间的交换能力顺序是 $CO_3^{2-}>SO_4^{2-}>HPO_4^{2-}>F^->Cl^->B(OH)_4^->NO_3^-$]。此外,地热水中的重碳酸盐、硫酸盐一般为常量组分,含量较高;用阴离子黏土处理地热水时,反应系统的 pH 将随阴离子黏土的加入而显著上升,使水中重碳酸盐向碳酸盐转化(原理如图 3.5 所示),阴离子黏土对水中碳酸盐的吸附更加剧了这种转化。因此,地热水中的重碳酸盐、硫酸盐等主要阴离子组分更容易被阴离子黏土表面吸附或进入阴离子黏土层间,从而降低阴离子黏土对氟、砷、硼的去除效率。为深入分析不同地热水样品中重碳酸盐、硫酸盐的存在对氟、砷、硼的去除效果的影响,对实验过程中地热水中重碳酸盐/碳酸盐、硫酸盐的含量进行了测试,并总结了其变化趋势。

6.3.1　地热水中硫酸盐含量的变化

在所设计的地热水处理实验中,西藏当雄羊八井(ZK359)和云南龙陵邦腊掌(DFQ)地热水中硫酸盐的去除率见表 6.10、表 6.11,其随时间的变化趋势如图 6.5 所示。

表 6.10　西藏当雄羊八井地热水中硫酸盐在水处理过程中的含量变化

(Ⅰ、Ⅱ、Ⅲ和Ⅳ分别代表第一、二、三、四组配比;1、2、3、4、5 分别代表 0 h、1 h、2 h、4 h、6 h 反应时刻)

编号	时间 (h)	硫酸盐浓度 (mg/L)	去除率 R (%)	编号	时间 (h)	硫酸盐浓度 (mg/L)	去除率 R (%)
ZK359-Ⅰ-1	0	3.94	94.0	ZK359-Ⅲ-1	0	2.14	96.8
ZK359-Ⅰ-2	1	0	100	ZK359-Ⅲ-2	1	0	100
ZK359-Ⅰ-3	2	5.73	91.3	ZK359-Ⅲ-3	2	0	100
ZK359-Ⅰ-4	4	6.25	90.5	ZK359-Ⅲ-4	4	2.67	96.0
ZK359-Ⅰ-5	6	6.32	90.4	ZK359-Ⅲ-5	6	4.14	93.7
ZK359-Ⅱ-1	0	3.07	95.4	ZK359-Ⅳ-1	0	1.61	97.6
ZK359-Ⅱ-2	1	0	100	ZK359-Ⅳ-2	1	0	100
ZK359-Ⅱ-3	2	0	100	ZK359-Ⅳ-3	2	0	100
ZK359-Ⅱ-4	4	4.29	93.5	ZK359-Ⅳ-4	4	2.64	96.0
ZK359-Ⅱ-5	6	4.71	92.9	ZK359-Ⅳ-5	6	4.05	93.9

表 6.11　云南龙陵邦腊掌地热水中硫酸盐在水处理过程中的含量变化

（Ⅰ、Ⅱ、Ⅲ和Ⅳ分别代表第一、二、三、四组配比;1、2、3、4、5分别代表0 h、1 h、2 h、4 h、6 h 反应时刻）

编号	时间（h）	硫酸盐浓度（mg/L）	去除率 R（%）	编号	时间（h）	硫酸盐浓度（mg/L）	去除率 R（%）
DFQ-Ⅰ-1	0	34.3	41.4	DFQ-Ⅲ-1	0	6.60	88.7
DFQ-Ⅰ-2	1	28.5	51.2	DFQ-Ⅲ-2	1	2.34	96.0
DFQ-Ⅰ-3	2	30.2	48.4	DFQ-Ⅲ-3	2	2.75	95.3
DFQ-Ⅰ-4	4	32.0	45.4	DFQ-Ⅲ-4	4	2.76	95.3
DFQ-Ⅰ-5	6	36.3	37.9	DFQ-Ⅲ-5	6	3.15	94.6
DFQ-Ⅱ-1	0	7.60	87.0	DFQ-Ⅳ-1	0	5.97	89.8
DFQ-Ⅱ-2	1	2.74	95.3	DFQ-Ⅳ-2	1	1.65	97.2
DFQ-Ⅱ-3	2	2.58	95.6	DFQ-Ⅳ-3	2	1.39	97.6
DFQ-Ⅱ-4	4	2.54	95.7	DFQ-Ⅳ-4	4	2.63	95.5
DFQ-Ⅱ-5	6	4.47	92.4	DFQ-Ⅳ-5	6	2.68	95.4

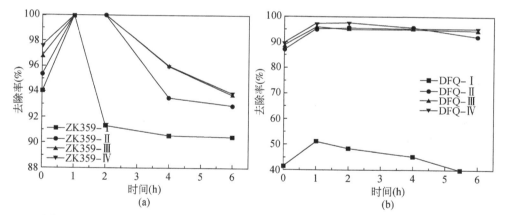

图 6.5　西藏当雄羊八井和云南龙陵邦腊掌地热水中硫酸盐去除率随时间的变化

（Ⅰ、Ⅱ、Ⅲ和Ⅳ分别代表第一、二、三、四组配比实验）

西藏当雄羊八井 ZK359 地热水样品中硫酸盐的含量为 66.0 mg/L,在《生活饮用水卫生标准》(GB 5749—2006)限值以下,不需要进行处理。但在用阴离子黏土去除水中氟、硼、砷的过程中,水中硫酸盐同样会进入其层间,并影响氟、砷、硼等有害组分的去除效果。在四组柱实验进行 6 h 后,水中硫酸盐含量分别降低至 6.32 mg/L、4.71 mg/L、4.14 mg/L、4.05 mg/L(表 6.10),去除率均在 90% 以上。云南龙陵邦腊掌 DFQ 地热水样品中硫酸盐的含量为 58.45 mg/L,同样由于未超过

《生活饮用水卫生标准》(GB 5749—2006)限值而不需处理。在四组柱实验中,水中硫酸盐含量最终分别降至 36.3 mg/L、4.47 mg/L、3.15 mg/L、2.68 mg/L(表 6.11),除第一组实验的去除率(37.9%)较低外,其他三组均在 92% 以上。

图 6.5 指示四组柱实验中硫酸盐的去除率均随反应进行呈先增加后减小的趋势;在给定的反应时刻,去除率则随阴离子黏土用量的增加而增加。在实验初始阶段,由于阴离子黏土有充足的表面吸附位点和层间交换位置,且地热水中 SO_4^{2-} 在各类阴离子中较易被阴离子黏土吸附和经离子交换进入阴离子黏土层间,因而其含量快速下降,去除率则呈上升趋势。ZK359 地热水中硫酸盐在 1 h 时去除率达100%,已被完全去除,DFQ 地热水中硫酸盐在 1 h 时的去除率也高于 1 h 后的任一反应时刻。随时间推移,反应柱系统内阴离子黏土的表面吸附位点和层间交换位置被各类阴离子[SO_4^{2-}、HCO_3^-/CO_3^{2-}、F^-、$HAsO_4^{2-}/AsO_4^{3-}$、$H_2AsO_3^-/HAsO_3^{2-}$、$B(OH)_4^-$等]逐渐占据,F^-、$HAsO_4^{2-}/AsO_4^{3-}$ 等阴离子还与水铝钙石等阴离子黏土溶解后进入液相的组分(如 Ca^{2+})相结合形成沉淀,减小了阴离子黏土对硫酸盐的吸附容量,使硫酸盐去除率逐渐降低。

6.3.2　地热水中重碳酸盐和碳酸盐含量的变化

地热水中的 HCO_3^-/CO_3^{2-} 并非有害组分,但其存在同样可明显降低阴离子黏土对水中氟、砷、硼的去除率。由前述不同类型阴离子在阴离子黏土层间的交换能力顺序可知,CO_3^{2-} 较 SO_4^{2-} 更具竞争吸附优势,从而会更严重地影响阴离子黏土对地热水中氟、砷、硼的去除效果。以下对比了阴离子黏土处理西藏羊八井和云南邦腊掌地热水过程中水中重碳酸盐和碳酸盐的变化规律(为便于对比,二者的含量均采用摩尔浓度单位),羊八井和邦腊掌地热水中 HCO_3^- 和 CO_3^{2-} 在水处理过程中的含量变化分别见表 6.12、表 6.13。

表 6.12　西藏当雄羊八井地热水中 HCO_3^- 和 CO_3^{2-} 在水处理过程中的含量变化

(Ⅰ、Ⅱ、Ⅲ和Ⅳ分别代表第一、二、三、四组配比;1、2、3、4、5 分别代表 0 h、1 h、2 h、4 h、6 h 反应时刻)

样品编号	时间 (h)	总碱度 (以 $CaCO_3$ 计,mg/L)	CO_3^{2-} (mmol/L)	HCO_3^- (mmol/L)	无机碳总和 (mmol/L)
ZK359-Ⅰ-1	0	340	1.49	1.23	2.72
ZK359-Ⅰ-2	1	521	2.54	0	2.54
ZK359-Ⅰ-3	2	556	2.88	0	2.88
ZK359-Ⅰ-4	4	631	3.33	0	3.33
ZK359-Ⅰ-5	6	646	3.29	0	3.29

续表

样品编号	时间 (h)	总碱度 (以 CaCO₃ 计, mg/L)	CO_3^{2-} (mmol/L)	HCO_3^- (mmol/L)	无机碳总和 (mmol/L)
ZK359-Ⅱ-1	0	275	1.10	0.52	1.62
ZK359-Ⅱ-2	1	330	1.14	0	1.14
ZK359-Ⅱ-3	2	455	2.06	0	2.06
ZK359-Ⅱ-4	4	556	2.70	0	2.70
ZK359-Ⅱ-5	6	621	3.16	0	3.16
ZK359-Ⅲ-1	0	185	0.488	0	0.49
ZK359-Ⅲ-2	1	270	0.719	0	0.72
ZK359-Ⅲ-3	2	405	1.79	0	1.79
ZK359-Ⅲ-4	4	526	2.39	0	2.39
ZK359-Ⅲ-5	6	536	2.47	0	2.47
ZK359-Ⅳ-1	0	120	0.250	0	0.25
ZK359-Ⅳ-2	1	265	0.546	0	0.55
ZK359-Ⅳ-3	2	335	1.24	0	1.24
ZK359-Ⅳ-4	4	405	1.35	0	1.35
ZK359-Ⅳ-5	6	430	1.40	0	1.40

表 6.13　云南龙陵邦腊掌地热水中 HCO_3^- 和 CO_3^{2-} 在水处理过程中的含量变化

(Ⅰ、Ⅱ、Ⅲ和Ⅳ分别代表第一、二、三、四组配比;1、2、3、4、5 分别代表 0 h、1 h、2 h、4 h、6 h 反应时刻)

编号	时间 (h)	总碱度 (以 CaCO₃ 计, mg/L)	CO_3^{2-} (mmol/L)	HCO_3^{2-} (mmol/L)	无机碳总和 (mmol/L)
DFQ-Ⅰ-1	0	313	2.08	0.500	2.58
DFQ-Ⅰ-2	1	518	3.03	0	3.03
DFQ-Ⅰ-3	2	668	4.25	0	4.25
DFQ-Ⅰ-4	4	731	4.74	0	4.74
DFQ-Ⅰ-5	6	831	5.33	0	5.33
DFQ-Ⅱ-1	0	305	1.97	0	1.97
DFQ-Ⅱ-2	1	445	2.49	0	2.49
DFQ-Ⅱ-3	2	596	3.74	0	3.74
DFQ-Ⅱ-4	4	736	4.93	0	4.93
DFQ-Ⅱ-5	6	811	5.30	0	5.30
DFQ-Ⅲ-1	0	270	1.62	0	1.62
DFQ-Ⅲ-2	1	490	2.20	0	2.20
DFQ-Ⅲ-3	2	536	3.40	0	3.40
DFQ-Ⅲ-4	4	676	4.21	0	4.21

编号	时间 （h）	总碱度 （以 CaCO$_3$ 计,mg/L）	CO$_3^{2-}$ （mmol/L）	HCO$_3^{2-}$ （mmol/L）	无机碳总和 （mmol/L）
DFQ-Ⅲ-5	6	806	5.27	0	5.27
DFQ-Ⅳ-1	0	190	0.803	0	0.803
DFQ-Ⅳ-2	1	255	1.12	0	1.12
DFQ-Ⅳ-3	2	320	1.26	0	1.26
DFQ-Ⅳ-4	4	551	1.29	0	1.29
DFQ-Ⅳ-5	6	581	1.39	0	1.39

西藏当雄羊八井 ZK359 地热水样品中的重碳酸盐和碳酸盐的原始含量分别为 408 mg/L 和 17.3 mg/L（摩尔浓度分别为 6.69 mmol/L 和 0.289 mmol/L,二者之和为 6.98 mmol/L）。在反应过程中,HCO$_3^-$ 含量迅速降低至 0,CO$_3^{2-}$ 含量随时间推移逐渐增加,HCO$_3^-$ 和 CO$_3^{2-}$ 含量之和则表现出先减小后增大的趋势。随阴离子黏土用量的增加,同一时刻的 CO$_3^{2-}$ 和 HCO$_3^-$ 含量（或 HCO$_3^-$ 和 CO$_3^{2-}$ 含量之和）有减小的趋势,四组柱实验在反应 6 h 后的 HCO$_3^-$ 和 CO$_3^{2-}$ 含量之和分别为 3.29 mmol/L、3.16 mmol/L、2.47 mmol/L、1.40 mmol/L。

云南龙陵邦腊掌 DFQ 地热水样品中重碳酸盐和碳酸盐的原始含量分别为 380 mg/L 和 26.9 mg/L（摩尔浓度分别为 6.23 mmol/L 和 0.449 mmol/L,二者之和为 6.68 mmol/L）。在反应过程中,HCO$_3^-$ 含量可迅速降低至 0,CO$_3^{2-}$ 含量随也时间推移而增加,HCO$_3^-$ 和 CO$_3^{2-}$ 含量之和同样表现出先减小后增大的趋势。随阴离子黏土用量的增加,同一时刻的 CO$_3^{2-}$ 和 HCO$_3^-$ 含量（或 HCO$_3^-$ 和 CO$_3^{2-}$ 含量之和）的变化趋势仍与羊八井地热水相同,四组柱实验在反应 6 h 后的 HCO$_3^-$ 和 CO$_3^{2-}$ 含量之和分别为 5.33 mmol/L、5.30 mmol/L、5.27 mmol/L、1.39 mmol/L。

如前所述,HCO$_3^-$ 含量的降低是其在高 pH 条件下向 CO$_3^{2-}$ 的迅速转化的结果,而促使二者总量以先减小后增大方式变化的原因则更为复杂。可能的机理为:在实验前期,各类阴离子黏土对 CO$_3^{2-}$ 的吸附,兼之水铝钙石溶解形成的 Ca^{2+} 和水中部分 CO$_3^{2-}$ 结合形成方解石,使水中 CO$_3^{2-}$ 的含量急剧下降,此时阴离子黏土的表面吸附位点和层间交换位置较多,F$^-$、AsO$_4^{3-}$ 等其他阴离子同样被阴离子黏土有效去除,不和（或仅非常有限地和）CO$_3^{2-}$ 竞争 Ca^{2+} 以形成萤石（CaF$_2$）、羟砷钙石 [Ca$_5$(AsO$_4$)$_3$(OH)] 等沉淀;其后,随着实验的进行,阴离子黏土的表面吸附位点和层间交换位置渐渐减少,水铝钙石也逐渐消耗殆尽,新流入柱反应系统的地热水中的 HCO$_3^-$ 转化为 CO$_3^{2-}$ 后,其去除率大大下降,而新进入的 F$^-$ 等阴离子还可能和柱反应介质中先前沉淀的方解石反应,形成萤石等沉淀,并释放出 CO$_3^{2-}$,使 CO$_3^{2-}$ 的去除率进一步下降。

6.4 地热水处理效果的主要影响因素分析

为探讨地热水处理反应柱的参数设计和有害组分去除效果之间的关系,根据前述实验结果,选取处理效果最佳的阴离子黏土配比(第四组配比)对影响反应柱水处理效率的因素进行了分析。在其他条件不变的情况下,改变地热水渗流速率($v_1 = 2.7$ mL/min、$v_2 = 5.4$ mL/min)或反应柱尺寸[b:D_2(内径)= 20 mm、L_2(长度)= 40 cm 和 c:D_3 = 30 mm、L_3 = 18 cm],对比分析以上参数的改变对地热水中氟、砷、硼的去除效果的影响。

6.4.1 地热水在反应柱中的渗流速率对其处理效果的影响

选择反应柱 a(D_1 = 30 mm、L_1 = 40 cm)以及处理效果最佳的阴离子黏土配比(第四组配比),通过控制蠕动泵转速设定水样在反应柱中的渗流速率分别为 v_1 = 2.7 mL/min、v_2 = 5.4 mL/min,分析地热水样去除有害阴离子的效果对渗流速率变化的响应。取反应时间为 0 h、1.0 h、2.0 h、4.0 h 和 6.0 h 后的水样,测量其氟、砷、硼含量,结果见表 6.14~ 表 6.16。氟、砷、硼的去除率随时间的变化如图 6.6 ~ 图 6.8 所示。

表 6.14 不同渗流速率下地热水中氟含量随时间的变化

(v 表示渗流速率,v_1 = 2.7 mL/min、v_2 = 5.4 mL/min;

1、2、3、4、5 分别代表 0 h、1 h、2 h、4 h、6 h 反应时刻)

编号	时间 (h)	氟浓度 (mg/L)	去除率 R (%)	编号	时间 (h)	氟浓度 (mg/L)	去除率 R (%)
ZK359-v_1-1	0	0	100	DFQ-v_1-1	0	0	100
ZK359-v_1-2	1	0	100	DFQ-v_1-2	1	0.451	98.4
ZK359-v_1-3	2	0	100	DFQ-v_1-3	2	0.454	98.4
ZK359-v_1-4	4	0.525	97.0	DFQ-v_1-4	4	0.700	97.5
ZK359-v_1-5	6	0.720	95.9	DFQ-v_1-5	6	0.648	97.7
ZK359-v_2-1	0	0.515	97.1	DFQ-v_2-1	0	0.549	98.0
ZK359-v_2-2	1	1.33	92.4	DFQ-v_2-2	1	2.73	90.2
ZK359-v_2-3	2	2.96	83.0	DFQ-v_2-3	2	3.45	87.5
ZK359-v_2-4	4	4.74	72.8	DFQ-v_2-4	4	5.74	79.3
ZK359-v_2-5	6	6.03	65.4	DFQ-v_2-5	6	7.65	72.4

表 6.15　不同渗流速率下地热水中砷含量随时间的变化

（v 表示渗流速率，$v_1 = 2.7$ mL/min、$v_2 = 5.4$ mL/min；

1、2、3、4、5 分别代表 0 h、1 h、2 h、4 h、6 h 反应时刻）

编号	时间（h）	砷浓度（μg/L）	去除率 R（%）	编号	时间（h）	砷浓度（μg/L）	去除率 R（%）
ZK359-v_1-1	0	0	100	DFQ-v_1-1	0	0.594	99.5
ZK359-v_1-2	1	0	100	DFQ-v_1-2	1	0.788	99.4
ZK359-v_1-3	2	0	100	DFQ-v_1-3	2	0.850	99.4
ZK359-v_1-4	4	1.89	99.9	DFQ-v_1-4	4	1.30	99.0
ZK359-v_1-5	6	3.65	99.8	DFQ-v_1-5	6	1.58	98.8
ZK359-v_2-1	0	0	100	DFQ-v_2-1	0	6.97	94.7
ZK359-v_2-2	1	20.3	98.7	DFQ-v_2-2	1	8.76	93.3
ZK359-v_2-3	2	130	91.8	DFQ-v_2-3	2	9.55	92.7
ZK359-v_2-4	4	191	88.0	DFQ-v_2-4	4	13.8	89.4
ZK359-v_2-5	6	193	87.9	DFQ-v_2-5	6	20.6	84.2

表 6.16　不同渗流速率下地热水中硼含量随时间的变化

（v 表示渗流速率，$v_1 = 2.7$ mL/min、$v_2 = 5.4$ mL/min；

1、2、3、4、5 分别代表 0 h、1 h、2 h、4 h、6 h 反应时刻）

编号	时间（h）	硼浓度（mg/L）	去除率 R（%）	编号	时间（h）	硼浓度（mg/L）	去除率 R（%）
ZK359-v_1-1	0	0.101	99.5	DFQ-v_1-1	0	0.015	99.6
ZK359-v_1-2	1	0.296	98.6	DFQ-v_1-2	1	0.068	98.3
ZK359-v_1-3	2	0.374	98.3	DFQ-v_1-3	2	0.103	97.4
ZK359-v_1-4	4	0.425	98.0	DFQ-v_1-4	4	0.449	88.5
ZK359-v_1-5	6	0.432	98.0	DFQ-v_1-5	6	0.451	88.4
ZK359-v_2-1	0	0.96	95.5	DFQ-v_2-1	0	0.520	86.6
ZK359-v_2-2	1	1.70	92.0	DFQ-v_2-2	1	0.962	75.3
ZK359-v_2-3	2	2.43	88.6	DFQ-v_2-3	2	1.53	60.7
ZK359-v_2-4	4	6.55	69.3	DFQ-v_2-4	4	1.84	52.7
ZK359-v_2-5	6	10.6	50.4	DFQ-v_2-5	6	2.11	45.8

　　地热水在反应柱中的渗流速率反映了其与阴离子黏土的反应时间。当渗流速率为 5.4 mL/min 时，氟、砷、硼的去除率明显低于渗流速率为 2.7 mL/min。羊八井和邦腊掌地热水中氟的去除率的最大下降幅度分别为 30.5%（6 h 时由 95.9% 降至 65.4%）和 25.3%（6 h 时由 97.7% 降至 72.4%），氟浓度均在 1 h 后超过了《生活饮用水卫生标准》（GB 5749—2006）限值；砷的去除率的最大下降幅度分别为

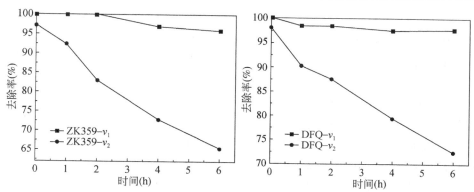

图 6.6　不同渗流速率条件下羊八井和邦腊掌地热水中氟的去除率随时间的变化

v 代表渗流速率，$v_1 = 2.7 \ mL/min$、$v_2 = 5.4 \ mL/min$

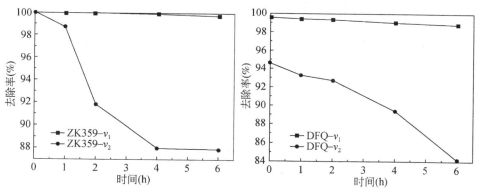

图 6.7　不同渗流速率条件下羊八井和邦腊掌地热水中砷的去除率随时间的变化

v 代表渗流速率，$v_1 = 2.7 \ mL/min$、$v_2 = 5.4 \ mL/min$

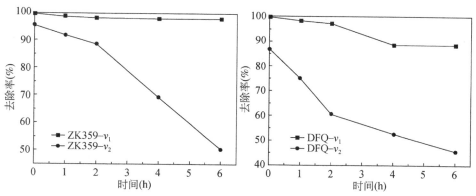

图 6.8　不同渗流速率条件下羊八井和邦腊掌地热水中硼的去除率随时间的变化

v 代表渗流速率，$v_1 = 2.7 \ mL/min$、$v_2 = 5.4 \ mL/min$

11.9%（6 h时由99.8%降至87.9%）和14.6%（6 h时由98.8%降至84.2%），砷浓度相应在1 h和4 h后超标；硼的去除率的最大下降幅度分别为47.6%（6 h时由98.0%降至50.4%）和42.6%（6 h时由88.4%降至45.8%），硼浓度均在反应伊始便已超标。

当地热水在反应柱内的渗流速率增加时，其在滤层内的停留时间变短，使阴离子黏土去除水中有害阴离子的能力未得以充分利用，进而导致净水效率降低。然而，降低渗流速率虽有利于提高有害阴离子的去除效率，但同时会减少给定时间内的水处理量。因此，在实际应用中，应根据待处理水体中有害组分的含量和需水量，通过反复试验选择合适的渗流速率，既要保证水处理后有害组分的含量低于《生活饮用水卫生标准》（GB 5749—2006）限值，又要保证获得足够的水处理量。

6.4.2 反应柱尺寸对地热水处理效果的影响

在探究反应柱尺寸对地热水处理效果的影响时，需固定阴离子黏土和石英砂的用量不变，且阴离子黏土在反应柱中的填充方式和填充密度不变。这样，确定地热水渗流速率 $v_1 = 2.7$ mL/min，选择处理效果最佳的阴离子黏土配比（第四组阴离子黏土配比，其中石英砂用量为200 g），并采用体积相等的反应柱 b（$D_2 = 20$ mm、$L_2 = 40$ cm）和 c（$D_3 = 30$ mm、$L_3 = 18$ cm），开展了地热水中氟、砷、硼的去除实验，去除率见表6.17~表6.19，去除率随时间的变化如图6.9~图6.11所示。

表6.17 不同反应柱尺寸条件下地热水中氟含量随时间的变化

（b和c分别表示内径20mm、长度40cm和内径30mm、长度18cm的反应柱；

1、2、3、4、5分别代表0 h、1 h、2 h、4 h、6 h反应时刻）

编号	时间（h）	氟浓度（mg/L）	去除率 R（%）	编号	时间（h）	氟浓度（mg/L）	去除率 R（%）
ZK359-b-1	0	0	100	DFQ-b-1	0	0	100
ZK359-b-2	1	0	100	DFQ-b-2	1	0.322	98.8
ZK359-b-3	2	0	100	DFQ-b-3	2	0.385	98.6
ZK359-b-4	4	0.289	98.3	DFQ-b-4	4	0.670	97.6
ZK359-b-5	6	0.627	96.4	DFQ-b-5	6	0.633	97.7
ZK359-c-1	0	0.492	97.2	DFQ-c-1	0	0	100
ZK359-c-2	1	1.53	91.2	DFQ-c-2	1	2.32	91.6
ZK359-c-3	2	3.85	78.0	DFQ-c-3	2	5.85	78.9
ZK359-c-4	4	5.25	69.9	DFQ-c-4	4	7.54	72.8
ZK359-c-5	6	7.20	58.7	DFQ-c-5	6	9.32	66.4

表 6.18　不同反应柱尺寸条件下地热水中砷含量随时间的变化

（b 和 c 分别表示内径 20mm、长度 40cm 和内径 30mm、长度 18cm 的反应柱；

1、2、3、4、5 分别代表 0 h、1 h、2 h、4 h、6 h 反应时刻）

编号	时间 （h）	砷浓度 （μg/L）	去除率 R （%）	编号	时间 （h）	砷浓度 （μg/L）	去除率 R （%）
ZK359-b-1	0	0	100	DFQ-b-1	0	0	100
ZK359-b-2	1	0	100	DFQ-b-2	1	0	100
ZK359-b-3	2	0	100	DFQ-b-3	2	0	100
ZK359-b-4	4	0	100	DFQ-b-4	4	1.14	99.1
ZK359-b-5	6	0	100	DFQ-b-5	6	1.50	98.9
ZK359-c-1	0	7.83	99.5	DFQ-c-1	0	0	100
ZK359-c-2	1	35.8	97.8	DFQ-c-2	1	7.83	94.0
ZK359-c-3	2	150	90.5	DFQ-c-3	2	18.6	85.7
ZK359-c-4	4	219	86.2	DFQ-c-4	4	23.6	81.9
ZK359-c-5	6	290	81.8	DFQ-c-5	6	35.8	72.6

表 6.19　不同反应柱尺寸条件下地热水中硼含量随时间的变化

（b 和 c 分别表示内径 20mm、长度 40cm 和内径 30mm、长度 18cm 的反应柱；

1、2、3、4、5 分别代表 0 h、1 h、2 h、4 h、6 h 反应时刻）

编号	时间 （h）	硼浓度 （mg/L）	去除率 R （%）	编号	时间 （h）	硼浓度 （mg/L）	去除率 R （%）
ZK359-b-1	0	0.033	99.9	DFQ-b-1	0	0.025	99.4
ZK359-b-2	1	0.038	99.8	DFQ-b-2	1	0.098	97.5
ZK359-b-3	2	0.064	99.7	DFQ-b-3	2	0.287	92.6
ZK359-b-4	4	0.075	99.7	DFQ-b-4	4	0.505	87.0
ZK359-b-5	6	0.084	99.6	DFQ-b-5	6	0.525	86.5
ZK359-c-1	0	1.53	92.8	DFQ-c-1	0	0.152	96.1
ZK359-c-2	1	2.53	88.1	DFQ-c-2	1	0.677	82.6
ZK359-c-3	2	3.54	83.4	DFQ-c-3	2	1.52	60.9
ZK359-c-4	4	4.89	77.1	DFQ-c-4	4	1.47	62.1
ZK359-c-5	6	4.64	78.2	DFQ-c-5	6	1.55	60.3

　　在反应柱体积不变的前提下,增大反应柱的内径必然使其长度减小;换言之,若地热水渗流断面面积减小,滤层长度必然增加。根据实验结果,反应柱内径的增

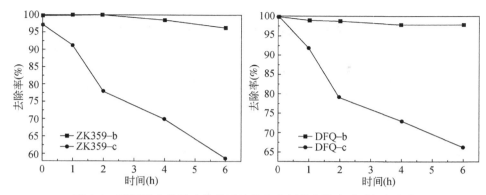

图 6.9 不同反应柱尺寸条件下地热水中氟的去除率随时间的变化

b 和 c 分别表示内径 20mm、长度 40cm 和内径 30mm、长度 18cm 的反应柱

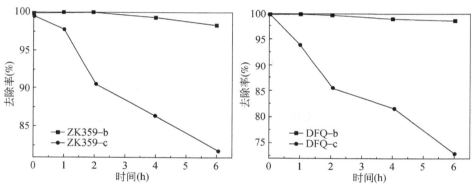

图 6.10 不同反应柱尺寸条件下地热水中砷的去除率随时间的变化

b 和 c 分别表示内径 20mm、长度 40cm 和内径 30mm、长度 18cm 的反应柱

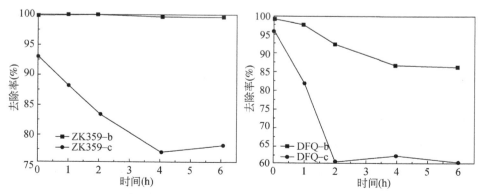

图 6.11 不同反应柱尺寸条件下地热水中硼的去除率随时间的变化

b 和 c 分别表示内径 20mm、长度 40cm 和内径 30mm、长度 18cm 的反应柱

大使氟、砷、硼的去除率均明显降低。羊八井和邦腊掌地热水中氟的最大降幅分别为37.7%（6 h时由96.4%降至58.7%）和31.3%（6 h由97.7%降至66.4%），其含量均在净水1 h后便超标；砷的最大降幅分别为18.2%（6 h时由100%降至81.8%）和26.3%（6 h由98.9%降至72.6%），砷含量在1 h和2 h后超标；硼的最大降幅分别为22.6%（4 h时由99.7%降至77.1%）和31.7%（2h由92.6%降至60.9%），羊八井地热水在反应初始便超标，邦腊掌地热水在1 h后含量超标。

当改变反应柱内径（渗流断面面积）时，实质上地热水的渗流路径长度同时被改变。渗流断面面积增大不影响阴离子黏土和地热水的反应时间，但渗流路径长度（即滤层长度）的减小意味着地热水在阴离子黏土滤层中的停留时间和反应时间的缩短，不利于其中有害组分的去除。因此，增大反应柱内径会降低净水装置的水处理效果。在实际应用中，应在反应柱制造工艺许可的前提下，尽量减小反应柱内径，以在同等条件下最大化有害组分的去除效果。

第7章 阴离子黏土处理增强型地热系统返排液中有害组分

7.1 待处理增强型地热系统返排液的选择

增强型地热系统(EGS)压裂返排液指水力压裂过程结束后返排回地表的液体,其水量较大,返排期可持续几天到几周,甚至更长时间。压裂返排液一般具有多种有害组分;由于干热岩的水力压裂过程常辅以化学刺激手段,且注入的强酸往往在随返排液排出地表前并不会完全被岩体所中和,在此情况下返排液还具有酸性特征,而化学刺激剂中的原本存在的阴离子,如氯、氟等,也全部或部分保留于返排液中。为减小 EGS 工程实施过程中的负面环境效应,必须回收 EGS 返排液并进行处理,在其达到相关排放标准后再排入环境;EGS 返排液中有害组分的有效处理对我国今后大规模开发利用干热岩后的环境保护工作意义重大。

然而,我国目前尚无 EGS 工程,因此不具备从正在实施水力压裂的 EGS 工程现场采集压裂返排液的条件。这样,在本次研究中采取的策略为根据国外已建的典型 EGS 工程产生的返排液的化学特征,在实验室配制主要化学组成完全相同的溶液,并用阴离子黏土对其进行处理。鉴于美国 Fenton Hill 和法国 Soultz 干热岩项目中水力压裂和化学刺激技术的有效应用,选取以上两个 EGS 项目产生的返排液为处理对象,以期为我国今后实施 EGS 工程后返排液的净化处理提供技术储备。

美国新墨西哥州的 Fenton Hill 项目是世界上首个干热岩开发利用项目,始于 1974 年。该项目最初由美国政府资助,但其后在国际能源署(International Energy Agency,IEA)协调下,英国、法国、德国和日本相继加入,开展了开创性的工程研究并取得了重要突破(苏正等,2012)。法国 Soultz 干热岩项目位于上莱茵河谷 Soultz-sous-Forêts 和 Kutzenhausen 之间,在阿尔萨斯(Alsace)斯特拉斯堡(Strasbourg)以北约 70 km,靠近上莱茵河地堑西缘(翟海珍等,2014)。该项目采用化学刺激技术辅助水力压裂以改造热储层,经多次现场试验优化化学刺激剂组成后,使流体生产效率大幅度提高,并能长时间维持稳定。

应该指出,我国今后实施的 EGS 必然在多方面(如干热岩岩性、水力压裂方式、化学刺激剂类型等)与以上两个国外的典型 EGS 存在差异,因此本次研究处理的 EGS 返排液必然从化学组成、有害组分类型及含量等方面有别于我国未来在 EGS 实践中产生的返排液。尽管如此,本实验采用的水处理方法和技术路线框架应对我国 EGS 实施过程中返排液的净化具有借鉴意义。

7.2　增强型地热系统返排液中有害组分的处理结果

7.2.1　实验设计

根据法国 Soultz 和美国 Fenton Hill 的 EGS 工程水力压裂试验产生的返排液的化学特征所配制的两组溶液的编号分别为"Soultz"和"Fenton",主要化学组分浓度见表 7.1。Soultz 样品中氯含量较高,需要处理,而氟含量较低,已达到"地热水有害成分最高允许排放浓度标准(DZ 40-85)";针对上述情况,取 100 mL 的样品,加入一定量(2 g、5 g、10 g)的 CO_3^{2-} 插层水滑石,设定反应时间分别为 3 h、5 h、8 h、15 h、24 h、72 h,进行静态吸附去除实验。Fenton 样品中氯含量相对较低,而氟、砷、硼含量较高,则采用焙烧后水铝钙石、水氯铁镁石、水滑石共同处理的方法,取 100 mL 的样品,加入不同配比的焙烧后阴离子黏土,设定反应时间分别为 3 h、5 h、8 h、15 h、24 h、72 h,进行静态吸附实验。在反应后,测定溶液中主要有害组分和相关组分含量,并根据实验结果调节阴离子黏土用量和反应时间。

表 7.1　实验室配制的待处理的 EGS 返排液的主要化学组成

编号	pH	Na (mg/L)	K (mg/L)	Ca (mg/L)	Mg (mg/L)	Fe (mg/L)	Al (mg/L)
Soultz	3.93	27533	3507	6535	115	30.0	0.720
Fenton	7.26	1084	92.5	23.3	0	0.829	1.23

编号	Cl (mg/L)	SO_4^{2-} (mg/L)	HCO_3^- (mg/L)	F (mg/L)	B (mg/L)	As (mg/L)
Soultz	55465	220	137	3.61	0	0
Fenton	959	401	558	18.3	33.5	7.02

7.2.2　实验结果和分析

1)法国 Soultz 增强型地热系统返排液处理结果

在基于法国 Soultz 增强型地热系统返排液化学组成配制的溶液中加入不同质

量的水滑石后,对各种阴离子组分的处理结果见表 7.2。由于返排液中阴离子种
类多、含量高,反应达到平衡的时间相比处理单组分溶液时更长(至少 24 h);该平
衡时间也随阴离子黏土用量的增加而增加。

表 7.2　法国 Soultz 项目返排液处理结果

(Ⅰ、Ⅱ、Ⅲ 分别代表阴离子黏土用量为 2 g、5 g、10 g;1、2、3、4、5、6 分别代表

3/8 h、8/15 h、15/24 h、24/48 h、48/72 h、72/96 h 反应时刻)

编号	阴离子黏土用量 (g)	反应时间 (h)	pH	Cl (mg/L)	SO_4^{2-} (mg/L)	F (mg/L)	HCO_3^- (mg/L)	CO_3^{2-} (mg/L)
Soultz	0	0	3.93	55465	220	3.61	137	0
S-Ⅰ-1	2	3	11.43	54732	180	0.440	0	165
S-Ⅰ-2	2	8	11.62	54274	176	0.400	0	81.0
S-Ⅰ-3	2	15	11.64	53846	174	0.340	0	75.0
S-Ⅰ-4	2	24	11.67	53403	168	0.350	0	60.0
S-Ⅰ-5	2	48	11.80	52959	164	0.350	0	63.0
S-Ⅰ-6	2	72	11.91	52391	163	0.340	0	60.0
S-Ⅱ-1	5	3	12.24	50959	181	0	0	162
S-Ⅱ-2	5	8	12.34	49187	163	0	0	141
S-Ⅱ-3	5	15	12.43	47756	108	0	0	123
S-Ⅱ-4	5	24	12.50	45654	101	0	0	105
S-Ⅱ-5	5	48	12.51	44768	98.9	0	0	99.0
S-Ⅱ-6	5	72	12.52	44756	98.9	0	0	99.0
S-Ⅲ-1	10	8	12.31	49187	88.5	0	0	285
S-Ⅲ-2	10	15	12.46	45642	81.1	0	0	192
S-Ⅲ-3	10	24	12.48	42318	77.7	0	0	159
S-Ⅲ-4	10	48	12.52	39881	70.9	0	0	138
S-Ⅲ-5	10	72	12.55	39295	69.9	0	0	135
S-Ⅲ-6	10	96	12.56	38995	69.6	0	0	135

返排液中所有阴离子的含量均随反应时间和水滑石用量的增加呈明显下降趋
势。其中硫酸盐含量可由 220 mg/L 降至 70 mg/L 以下,去除率最高达 68.38%。
氟则在水滑石用量为 5 g 时即可完全去除。氯由于原始含量高,在加入 10 g 水滑
石并反应 96 h 的条件下去除率仍仅 30% 左右,但此时溶液的氯含量降低幅度已达
16 470 mg/L。如需进一步降低氯含量,用水滑石对其进行多级处理是可行方法
之一。

溶液中重碳酸盐的初始含量为 137 mg/L,与水滑石反应后,不论反应条件如
何,重碳酸盐含量均降为 0。原因为在反应结束后的溶液 pH 条件下,水中所有无

机碳均以碳酸盐形式存在。当水滑石用量为 2 g 时,反应后溶液中总无机碳的摩尔浓度明显低于反应前;随阴离子黏土用量增加,在反应后溶液中总无机碳的摩尔浓度也相应增加,但在水滑石用量最大时也未超过反应前。事实上,考虑到反应过程中溶液中氯、硫酸盐等阴离子的去除必然伴随着水滑石层间原始插层的 CO_3^{2-} 的释放,在任一水滑石用量条件下,反应过程中都必定发生了碳酸盐自液相的移除。鉴于溶液中钙和镁(特别是钙)的原始含量较高,反应过程中 $CaCO_3$ 的沉淀应为溶液中最终碳酸盐含量较低的主要原因。

溶液中碳酸盐的沉淀打破了水滑石和溶液之间的阴离子交换平衡,从而可促进水滑石中 CO_3^{2-} 的进一步释放和溶液中阴离子向水滑石层间的迁移。因此,尽管在各类常见阴离子中,CO_3^{2-} 在阴离子黏土层间位置的亲和性最强,因而 CO_3^{2-} 插层阴离子黏土在通常情况下不适宜用于水中有害阴离子的去除;但当待处理水体中钙、镁等碱土金属离子含量较高时,鉴于碱土金属的碳酸盐化合物的较低的溶度积常数,这些阳离子可与碳酸盐自液相沉淀,从而最终也有利于水中其他阴离子的去除。

2) 美国 Fenton Hill 增强型地热系统返排液处理结果

在处理基于美国 Fenton Hill 增强型地热系统返排液化学组成配制的溶液时,溶液原始化学组成和处理结果都与法国 Soultz 不尽相同。Fenton Hill 返排液中有害阴离子的种类比法国 Soultz 更多,且氟、硫酸盐和重碳酸盐含量也高得多。此外,Fenton Hill 返排液中氟、砷、硼含量均超过地热水允许排放标准,而氯和金属元素的含量则较法国 Soultz 低。因此,选择同时使用焙烧后水铝钙石、水氯铁镁石和水滑石以去除其中的有害组分。表 7.3 显示用以上三种阴离子黏土去除返排液中氟、砷、硼、硫酸盐等组分的效果良好,且随黏土用量和反应时间增加,去除效率明显上升。

表 7.3　美国 Fenton Hill 项目返排液处理结果

(Ⅰ、Ⅱ、Ⅲ代表三组不同阴离子黏土配比;1、2、3、4、5、6 分别代表
3 h、8 h、15 h、24 h、48 h、72 h 反应时刻)

编号	阴离子黏土用量(g)			反应时间(h)	pH	F (mg/L)	As (mg/L)	B (mg/L)	SO_4^{2-} (mg/L)	HCO_3^- (mmol/L)	CO_3^{2-} (mmol/L)	$HCO_3^- + CO_3^{2-}$ (mmol/L)
	水铝钙石	水氯铁镁石	水滑石									
Fenton	0			0	7.26	18.3	7.02	33.5	401	9.15	0	9.15
F-Ⅰ-1	1	1	2	3	10.32	10.9	0.589	27.9	213	2.56	2.55	5.11
F-Ⅰ-2	1	1	2	8	10.58	9.67	0.556	26.6	213	1.57	2.40	3.97
F-Ⅰ-3	1	1	2	15	10.88	8.52	0.457	25.0	210	1.07	2.53	3.60
F-Ⅰ-4	1	1	2	24	11.26	7.37	0.343	24.9	210	0.341	3.07	3.41

续表

| 编号 | 阴离子黏土用量(g) | | | 反应时间(h) | pH | F (mg/L) | As (mg/L) | B (mg/L) | SO_4^{2-} (mg/L) | HCO_3^- (mmol/L) | CO_3^{2-} (mmol/L) | $HCO_3^- + CO_3^{2-}$ (mmol/L) |
	水铝钙石	水氯铁镁石	水滑石									
F-Ⅰ-5	1	1	2	48	11.43	7.36	0.314	23.9	187	0	3.15	3.15
F-Ⅰ-6	1	1	2	72	11.45	7.33	0.295	23.8	185	0	3.10	3.10
F-Ⅱ-1	2	2	5	3	11.36	6.38	0.354	20.9	201	0	4.45	4.45
F-Ⅱ-2	2	2	5	8	11.42	5.96	0.300	18.4	186	0	3.90	3.90
F-Ⅱ-3	2	2	5	15	11.67	5.55	0.252	16.2	174	0	3.57	3.57
F-Ⅱ-4	2	2	5	24	11.99	5.44	0.245	14.4	165	0	3.20	3.20
F-Ⅱ-5	2	2	5	48	12.10	4.58	0.178	12.1	159	0	2.92	2.92
F-Ⅱ-6	2	2	5	72	12.15	4.52	0.144	11.1	156	0	2.90	2.90
F-Ⅲ-1	2	2	8	3	12.07	2.32	0.042	15.1	198	0	4.08	4.08
F-Ⅲ-2	2	2	8	8	12.52	1.89	0.040	10.3	185	0	3.75	3.75
F-Ⅲ-3	2	2	8	15	12.52	1.03	0.028	8.45	176	0	3.32	3.32
F-Ⅲ-4	2	2	8	24	12.54	0.542	0.020	6.35	141	0	2.97	2.97
F-Ⅲ-5	2	2	8	48	12.54	0	0	4.54	132	0	2.77	2.77
F-Ⅲ-6	2	2	8	72	12.74	0	0	4.26	123	0	2.70	2.70

在第一组配比实验中,加入 1 g 水铝钙石、1 g 水氯铁镁石、2 g 水滑石后,样品中氟、砷、硼等组分的含量均有所降低,在 72 h 反应时间内氟、砷、硼的浓度变化范围分别为 7.33 ~ 10.9 mg/L、0.295 ~ 0.589 mg/L、23.8 ~ 27.9 mg/L,其中氟、砷含量分别在反应 8 h、15 h 后已达到"地热水有害成分最高允许排放浓度标准",但仍远超过《生活饮用水卫生标准》(GB 5749—2006);硼含量的降低幅度则很小。与氟、砷、硼相比,硫酸盐和重碳酸盐含量的降低幅度更大,硫酸盐含量由初始的401 mg/L 降低到 185 mg/L,重碳酸盐+碳酸盐则由初始的 9.15 mmol/L 降低为 3.10 mmol/L。

在第二组配比实验中,对水铝钙石和水氯铁镁石的用量均加倍,而水滑石用量增加到 5 g,反应 72 h 后,返排液中的氟、砷、硼分别降低到 4.52 mg/L、0.144 mg/L、11.1 mg/L,硫酸盐和重碳酸盐+碳酸盐进一步降低为 156 mg/L 和 2.90 mmol/L。由于反应结束后返排液中硼含量仍较高,需进一步改善反应材料中各类阴离子黏土的配比。

在第三组配比实验中,进一步增加了除硼效果较好的焙烧后水滑石的用量,反应 72 h 后,返排液中氟、砷的含量均降为 0,硼含量也降到 4.26 mg/L,硫酸盐和重碳酸盐+碳酸盐降为 123 mg/L 和 2.70 mmol/L。氟、砷、硫酸盐含量均达到《生活饮用水卫生标准》(GB 5749—2006)。

综上,CO_3^{2-} 插层水滑石和焙烧后水铝钙石+水氯铁镁石+水滑石分别适合于去除法国 Soultz-sous-Forêts 返排液和美国 Fenton Hill 返排液中的有害组分。

结　　论

通过本研究,我们得出如下结论:

(1)氟、砷、硼是环境中危害性非常大的物质。岩浆热源型地热系统排泄的地热流体常具有氟、砷、硼含量非常高的特点,且往往同时富集以上有害组分。在我国最主要的赋存高温水热资源的区域——如藏南和滇西,由于工农业和城市发展水平低而人类活动影响小,地热流体可能成为环境中氟、砷、硼的主要来源。在藏、滇等地的部分高温水热区,随地热水排泄的主要有害元素氟、砷、硼等已对附近环境和居民造成不良影响。

(2)阴离子黏土是一类具有较强阴离子交换能力的天然矿物,也可用化学试剂通过多种低成本方法快速合成。与其他类型黏土矿物相比,阴离子黏土具有更大的比表面积和阴离子交换容量,且容易制备,价格低廉,在水处理方面具备很大优势,已被作为废水或受污染水体中不同类型有害阴离子的良好去除剂。在本次研究中,我们基于机械化学法、共沉淀法等方法制备了羟镁铝石、水滑石、水铝钙石、水氯铁镁石等阴离子黏土,对其矿物、化学组成进行了表征,并选择水铝钙石和水氯铁镁石开展了系统的热分解实验研究及其结构记忆效应研究,结果表明在$400\sim500℃$条件下焙烧水铝钙石和水氯铁镁石所获得的产物在水溶液中可有效恢复原始层结构,可用于水中氟、砷、硼等的处理。

(3)用水滑石、水铝钙石、羟镁铝石开展了系统的除氟实验研究,结果表明三种阴离子黏土均具备较强的除氟能力。水铝钙石的溶解度远高于水滑石和羟镁铝石,在溶液初始氟浓度高的情况下,水铝钙石溶解后在液相中形成的大量Ca^{2+}可与溶液中的F^-结合,并以萤石的形式沉淀,因此除氟能力更为突出。与水滑石、水铝钙石相比,羟镁铝石在除氟方面的显著优势是其层间原始阴离子为OH^-,故不会在与高氟水反应后形成二次污染。

(4)用水铝钙石和水氯铁镁石开展了系统的除砷实验研究,结果表明水铝钙石可有效去除水中的砷酸盐,但对亚砷酸盐则不具备去除能力;与水铝钙石相比,水氯铁镁石不但可高效去除溶液中的砷酸盐,对亚砷酸盐也有良好去除效果。水铝钙石对水中砷(砷酸盐)的去除主要依赖于其溶解过程中及之后含砷矿物的沉淀,如水砷铝石、格水砷钙石、砷钙石、六方砷钙石、三斜砷钙石、水砷钙石、针水砷钙石、砷铝石、水砷铝石等。相比之下,水氯铁镁石的溶解度远低于水铝钙石,因而在溶液初始砷浓度较低时其溶解产生的Fe^{3+}或Mg^{2+}不足以与砷酸盐或亚砷酸盐形成含砷矿物,砷的去除机理主要为层间阴离子交换。当溶液初始砷浓度较高时,溶液中加入水氯铁镁石后相对于某些砷-铁和砷-镁矿物的离子活度积大于其溶度积常数,因而导致了这些矿物的沉淀,溶解-沉淀过程成为主导性的除砷机理。对未焙烧水氯铁镁石而言,其 Mg/Fe 比是影响除砷效果的重要因素,Mg/Fe 比高时除砷率低(在本次研究中 2.5 为水氯铁镁石除砷的最佳 Mg/Fe 比),说明水氯铁镁石层板结构上铁与砷的络合可能在溶液中砷的去除过程中发挥了关键性作用。有趣的是,焙烧过程虽在不同程度上提高了水氯铁镁石的除砷率,但同时也削弱了水氯铁镁石的 Mg/Fe 比对除砷效果的影响。换言之,在焙烧后,不同 Mg/Fe 比的水氯铁镁石在相同初始溶液砷浓度条件下的除砷量非常相近。这意味着反应系统中控制砷去除率的主导性因素已经发生了改变。

(5)用水氯铁镁石和水滑石开展了系统的除硼实验研究,结果表明水氯铁镁石的除硼能力并不突出,而焙烧水滑石的除硼效率远高于焙烧水氯铁镁石。此外,竞争吸附实验表明在溶液中同时存在氟、砷、硼的情况下,水氯铁镁石对水中上述有害组分的吸附优先顺序为砷酸盐 > 亚砷酸盐 > F > B,这表明在用水氯铁镁石处理同时富集氟、砷、硼的水体时,氟和砷的存在会进一步降低其除硼率。因此,水滑石是去除水中硼的更为适合的材料。

(6)以西藏当雄羊八井水热区和云南龙陵邦腊掌水热区排泄的地热水(均同时富集氟、砷、硼)为实际处理对象,有针对性地选择对氟、砷、硼去除效果分别最佳的水铝钙石、水氯铁镁石、水滑石的混合物为填充材料,在反应柱系统中开展了以上有害组分的系统处理试验研究。在反应柱内径为 30 mm、长度为 40 cm,地热水渗流速率为 2.7 mL/min 的条件下,可有效去除西藏羊八井地热水(ZK359)和云南龙陵邦腊掌地热水(DFQ)中的氟、砷、硼并使其达到《生活饮用水卫生标准》(GB 5749—2006)的最佳阴离子黏土(焙烧后)配比(质量比)分别为:水铝钙石:水氯铁镁石:水滑石 = 15 : 1 : 20 和 40 : 3 : 20。地热水在反应柱内的渗流速率和反应柱尺寸是影响其去除效果的重要因素。当地热水在反应柱内的渗流速率增加时,其在滤层内的停留时间变短,使阴离子黏土去除水中有害阴离子的能力未得以充分利用,进而导致净水效率降低;然而,降低渗流速率虽有利于提高有害阴离子的去除率,但同时会减少给定时间内的水处理量。因此,在实际应用中,应根据待处理水体中有害组分的含量和需水量,通过反复试验选择合适的渗流速率,既要保证水处理后有害组分的含量低于生活饮用水卫生标准限值,又要保证获得足够的水处理量。而当反应柱内径(渗流断面面积)发生变化时,实质上地热水的渗流路径长度同时被改变。渗流断面面积增大不影响阴离子黏土和地热水的反应时间,但渗流路径长度(即滤层长度)的减小意味着地热水在阴离子黏土滤层中的停留时间和反应时间的缩短,不利于其中有害组分的去除。因此,增大反应柱内径会降低其水处理效果。在实际应用中,应在反应柱制造工艺许可的前提下尽量减小反应柱内径,以在同等条件下最大化有害组分的去除效果。

(7) 常见阴离子在阴离子黏土层间的交换能力顺序为 $CO_3^{2-}>SO_4^{2-}>HPO_4^{2-}>F^->Cl^->B(OH)_4^->NO_3^-$,因此,与地热水在加入阴离子黏土后其中氟、砷、硼的主要存在形式(F^-、$HAsO_4^{2-}/AsO_4^{3-}$、$H_2AsO_3^-/HAsO_3^{2-}$、$B(OH)_4^-$)相比,CO_3^{2-} 和 SO_4^{2-} 具有在阴离子黏土上的竞争吸附优势。而地热水中的重碳酸盐、硫酸盐一般为常量组分,含量较高;用阴离子黏土处理地热水时,反应系统的 pH 将随阴离子黏土加入而显著上升,使水中重碳酸盐向碳酸盐转化——阴离子黏土对水中碳酸盐的吸附更加剧了这种转化。因此,地热水中的重碳酸盐、硫酸盐等主要阴离子组分更容易被阴离子黏土表面吸附或进入阴离子黏土层间,从而降低阴离子黏土对氟、砷、硼的去除率。在地热水处理实践中,必须在基于水中氟、砷、硼含量得出的阴离子黏土用量的基础上再进一步增加阴离子黏土的投加量,以折抵水中重碳酸盐、硫酸盐等主要阴离子的存在对氟、砷、硼去除效果的影响。

(8) 增强型地热系统(EGS)的水力压裂和化学刺激过程中产生的压裂返排液往往也含有大量以阴离子形式存在的有害组分,包括氯化物、硫酸盐、氟化物、砷酸盐、亚砷酸盐、硼酸盐等。根据美国 Fenton Hill 和法国 Soultz 的 EGS 工程所产生返排液的化学组成,在实验室配制了主要化学特征完全相同的溶液,开展了用阴离子黏土去除其中有害组分的实验研究,结果表明 CO_3^{2-} 插层的水滑石可用于有效处理以氯化物为主要有害组分的 Soultz 增强型地热系统排放的返排液,而对于以氟、砷、硼为主要有害组分的 Fenton Hill 增强型地热系统排放的返排液,水铝钙石、水氯铁镁石、水滑石仍为有效的阴离子黏土组合。

(9) 本次研究证明对于含以阴离子为主要存在形式的有害组分的水体,如天然地热流体和增强型地热系统返排液,阴离子黏土是理想的有害组分去除剂。在水处理实践中,应根据水中有害阴离子的类型和含量,选择相应的阴离子黏土组合,以达到最佳去除效果。本研究可为我国今后大规模开发利用地热流体和干热岩中蕴藏的热能时的环境保护工作提供借鉴。

参 考 文 献

毕研俊,李玉江,高宝玉,吴涛,王静.2007. 焙烧类水滑石吸附去除水中苯酚. 山东大学学报(理学版),42(5):59-63.

成娅,周家斌,王磊,张忠,刘艳丽.2012. 焙烧态锂铝水滑石对水中氟离子吸附性能研究. 环境污染与防治,34(2):34-38.

程珺煜,岳秀萍,曹岳,张悦.2014. Zn/Al 双金属氧化物对水中硫酸根离子的吸附性能. 环境工程学报,8(1):131-137.

程翔,黄新瑞,王兴祖,孙德智.2010. ZnAlLa 类水滑石对污泥脱水液中磷酸根的吸附. 化工学报,61(4):955-962.

崔康平,Fallgren P H 彭书传,Song J colbergp. 2008. 阴离子黏土(LDH)吸附腐殖酸的动力学研究. 安全与环境工程,15(2):86-89.

戴迎春,张国芳,刘峰,钱光人.2012. Friedel 层状化合物对正磷酸根的去除效应及其作用机制. 环境科学学报,32(10):2450-2454.

邓林,施周,彭晓旭,王莉.2016. 磁性 $CoFe_2O_4$/MgAl-LDH 去除水中的磷酸盐. 环境工程学报,10(2):586-592.

范杰,许昭怡,郑寿荣,尹大强.2006. Mg-Al 型水滑石对水溶液中 F^- 的吸附. 环境化学,25(4):425-428.

顾怡冰,马邕文,万金泉,王艳,关泽宇.2016. 类水滑石复合材料吸附去除水中硫酸根离子. 环境科学,37(3):1000-1007.

郭军,矫庆泽,吕慧娟,蒋大振,杨光辉,闵恩泽.1996. 几种杂多阴离子柱撑水滑石的合成与吸附行为. 物理化学学报,12(6):573-576.

郭清海,刘明亮,李洁祥.2017. 腾冲热海地热田高温热泉中的硫代砷化物及其地球化学成因. 地球科学,42(2):286-297.

郭学军,陈甫华.2005. 载铁(β-FeOOH)球形棉纤维素吸附剂去除地下水 As(V)的研究. 环境科学,26(3):66-72.

郭亚祺,杨洋,伍新花,彭亮,曾清如,刘婉清.2014. 煅烧的水滑石同时去除水体中砷和氟. 环境工程学报,8(6):2485-2491.

郭宇,岳秀萍,刘吉明.2015. Mg/Al/Fe 水滑石的焙烧产物对 F^- 的吸附. 环境工程学报,9(12):5921-5926.

韩江政,赵振冬,樊毅,王岚.2013. 镍铁类水滑石对偶氮阴离子染料的吸附脱色作用. 化学研究,24(2):149-154.

贺欢,王娇娜,李秀艳,李从举.2017. 尿素水热法制备 PET@ LDH 纳米纤维膜及其除铬性能研究. 化工新型材料,45(2):73-78.

胡长文,刘彦勇,王作屏,张继余,王恩波.1995. 新型微孔材料——杂多阴离子柱撑 Zn- Al 型阴离子黏土的合成、表征及其催化反应活性研究. 中国科学:化学,25(9):916-922.

胡静,吕亮,2008. 焙烧镁铝碳酸根水滑石对氯离子吸附机理研究. 化学工程与装备,(3):28-31.

黄婧祎,王仁念,徐芳,王军涛.2009. CuZnAl 三元水滑石及其焙烧产物对甲基橙的吸附.科协论坛,(8):75-76.

黄中子,张文启,刘勇弟,唐博合金,朱勇杰.2010.水滑石对水中磷的吸附特征及影响因素研究.水处理技术,36(8):49-52.

蒋钦凤,喻杏元,艾玉明,邱喜,何欣,陈金毅.2016.煅烧水滑石对硝态氮的吸附性能研究.湖北大学学报(自科版),38(3):201-207.

晋心文.2010.镁电解原料氯化镁微量杂质脱除技术.上海:华东理工大学硕士学位论文.

康燕.2005.长岩心流动实验评价酸液酸化效果.大庆石油地质与开发,24(3):77-78.

孔垂鹏,聂玉伦,胡春.2010. Mg/Al/Fe 复合氧化物吸附去除水体中氟化物的研究.环境工程学报,4(1):110-114.

孔茜,杜倩.2011.镁铝 LDH 制备表征及吸附磷酸根离子的性能研究.环境科学与技术,34(3):102-104.

寇雅芳,朱仲元,修海峰,白利芳.2011.除硼工艺研究进展.人民黄河,33(1):65-67.

雷博林,张悦,张连红.2015.纳米水滑石结构表征及其对氯离子吸附性能.材料导报,29(24):64-67.

雷立旭,张卫锋,胡猛,Hare O D.2005.层状复合金属氢氧化物:结构、性质及其应用.无机化学学报,21(4):451-463.

李春艳,蒋云福,赵俊,方超,沈跃跃,赵仕林.2016.焙烧镁铝水滑石的制备及其对水中 Cl^- 和 SO_4^{2-} 的吸附特性.环境工程学报,10(4):1719-1726.

李冬梅,王海增,王立秋,赵正鹏.2007.焙烧水滑石吸附脱除水中硫酸根离子的研究.矿物学报,27(2):109-114.

李国栋,刘温霞.2010.焙烧水滑石的合成、表征及其吸附性能的研究.造纸化学品,22(4):23-28.

李洁祥,莫龙庭,谢李娜,王敏黛,杨雪柯,郭清海.2013.利用水滑石及其煅烧产物去除水中氟.环境科学与技术,(10):191-196.

李晶,何欣,张瑶,王玉荣,陈金毅.2014.水滑石除磷的吸附动力学研究.材料导报,28(22):85-88.

李顺凯,申延明,刘东斌,樊丽辉,李士凤.2016. γ-Al_2O_3 固载水滑石的原位制备及其对 Cr(Ⅵ) 的吸附性能研究.沈阳化工大学学报,30(3):207-211.

李鑫龙,张燕,刘宏远.2015.焙烧水滑石去除水中溴酸盐的试验研究.中国给水排水,(15):60-63.

李兴林,郭军.1997.杂多阴离子柱撑水滑石层柱相互作用(Ⅰ).应用化学,14(2):105-107.

李志敏,凤顾,张连红,梁红玉,张悦,杨敏.2016.纳米水滑石的结构表征及其对氯离子的吸附性能.材料科学与工程学报,34(6):998-1003.

梁杜娟,邱忆南,吴敏,杨晓晶.2016. MgAl-NO_3-LDH 对水中无机砷、氟的吸附/脱附性能研究.环境工程技术学报,6(1):22-25.

廖梅芳,朱文杰,韩彩芸,单鑫,李曦同,陈荟蓉,周元,罗永明.2016. MgAl 型层状化合物对六价铬的吸附性能.环境工程学报,10(8):4159-4166.

林黎,王连成,赵苏民,王颖萍,胡燕.2008. 天津地区孔隙型热储层地热流体回灌影响因素探讨. 水文地质工程地质,35(6):125-128.

林年丰.1991. 医学环境地球化学. 吉林:吉林科学技术出版社.

林巧莺,陈岳民.2015. 碳酸根型镁铝水滑石对铬酸根和磷酸根离子的吸附性能. 环境工程学报,9(10):4687-4696.

刘峰彪,邵立南,陈谦.2010. 电絮凝法处理高氟地热水. 有色金属工程,62(1):96-99.

刘凤仙,夏盛杰,薛继龙,倪哲明.2015. 酸性黄 17 在焙烧态 Zn/Al 水滑石上的吸附研究. 高校化学工程学报,(2):487-494.

刘国,李军,杨衍,韩国睿.2015. 铁镁铝三元类水滑石对磷的吸附特性研究. 工业水处理,35(1):62-64.

刘鸿德,曹学义.1981. 非硬组织的氟害. 地方病译丛,(2):8-16.

刘茹.2007. 反渗透法去除海水中硼的应用. 甘肃科技,23(12):95-96.

刘宇程,张寅龙,陈明燕,曾涌捷.2013. Zn-Al 水滑石及焙烧产物对甲基橙废水的吸附研究. 石油与天然气化工,42(4):435-438.

刘玉敏,朱凯征.1998. 钴铜铝水滑石类化合物的合成及其催化氧化对甲酚:I.水滑石的合成及其表征. 应用化学,15(2):11-14.

陆英,程翔,邢波,孙中恩,孙德智.2012. 尿素分解共沉淀法中反应时间对 ZnAl 类水滑石结构和磷吸附性能的影响. 环境科学,33(8):2868-2874.

吕洪滨,李瑶,张万友,高洪.2015. 水热法制备 Mg-Fe 类水滑石及对水中硫酸根离子吸附的研究. 硅酸盐通报,34(1):138-142.

吕仁庆,马荔,项寿鹤.2001. 柱撑阴离子黏土材料研究进展. 中国石油大学学报(自然科学版),25(5):120-125.

马明海,钱丽萍,曹凤磊,曹殿荣.2010. 焙烧水滑石去除水中硝酸盐的实验研究. 资源开发与市场,26(11):963-965.

马致远,侯晨,席临平,负培琪,闫华,孙彩霞.2013. 超深层孔隙型热储地热尾水回灌堵塞机理. 水文地质工程地质,40(5):133-139.

倪哲明,王巧巧,姚萍,刘晓明,李远.2011. Mg/Al 水滑石的焙烧产物吸附酸性红 88 的动力学和热力学机理研究. 化学学报,69(5):529-535.

钮付涛,陈飞,张静,张博,王佩福.2013. 有机层状双氢氧化物对水体中腐殖酸的吸附及其影响因素. 上海电力学院学报,29(4):374-378.

潘国祥,曹枫,唐培松,陈海锋,徐敏虹,童艳花.2012. 缓冲溶液法合成镁铝水滑石及其 Cr(Ⅵ)吸附性能. 矿物学报,32(2):75-79.

彭书传,陈天虎,崔康平,杨远盛,王诗生.2006. 阴离子黏土吸附 As(Ⅴ)的动力学研究. 地球化学,35(3):280-284.

秦芳,喻杏元,蒋钦凤,付硕,陈金毅.2015. Mg/Al 水滑石对腐殖酸的去除性能研究. 材料导报,29(16):79-81.

仇满德,牛苗,王亦丹,代爱梅,杨盼.2016. 纳米镁铝水滑石的合成、微结构及吸附性能研究. 人工晶体学报,45(4):1047-1054.

任志峰,何静,张春起,段雪. 2002. 焙烧水滑石去除氯离子性能研究. 精细化工,19(6): 339-342.

沙宇,刘乃瑞,田小丽,林建军. 2009. 焙烧态镁铝水滑石对刚果红的脱色性能研究. 工业用水与 废水,40(6):78-81.

商丹红,王琦,张志生. 2015. Mg/Fe 水滑石吸附水中磷的动力学及热力学研究. 环境污染与防 治,37(4):47-52.

施周,彭晓旭,邓林,王莉. 2016. CoFe$_2$O$_4$/MgAl-LDO 吸附水中的 Cr(Ⅵ). 环境工程学报, 10(2):604-610.

宋德政. 1982. 盐水除硼法简介. 海洋通报,(2):84-89.

宋勇,颜福雄,欧阳雄武,王荣中,余取民. 2013. 铝镁铁三元类水滑石对 Cr(Ⅵ)的吸附分析. 湘 潭大学自然科学学报,35(1):84-87.

苏继新,殷晶,屈文,马丽媛,张慎平. 2009. 插层水滑石的组装及对对硝基甲苯的吸附. 中国环 境科学,29(5):518-523.

苏正,吴能友,曾玉超,王晓星. 2012. 增强型地热系统研究开发:以美国新墨西哥州芬登山为例. 地球物理学进展,27(2):771-779.

孙德智,黄新瑞,程翔,陈爱燕. 2009. Zn-Al 类水滑石吸附污泥脱水液中磷的研究. 北京林业大 学学报,31(2):128-132.

孙洪霞,李剑超,卢堂俊,付格娟,李晓靖. 2010. Mg-Fe/LDH 的合成及其对废水酸性黑 10B 脱色 研究. 水处理技术,36(11):56-60.

孙媛媛,曾希柏,白玲玉. 2011. Mg/Al 双金属氧化物对砷酸盐吸附性能的研究. 环境科学学报, 31(7):1377-1385.

田宏燕,牛奎,王月辉,梁力曼,王少飞,方明. 2014. Zn/Al-LDH 和 Zn/Mo-LDH 及其改性产物的 制备和吸附性能. 河北科技师范学院学报,28(2):46-50.

佟伟,廖志杰,刘时彬. 2000. 西藏温泉志. 北京:科学出版社.

佟伟,章铭陶. 1989. 腾冲地热. 北京:科学出版社.

佟伟,章铭陶. 1994. 横断山区温泉志. 北京:科学出版社.

王贵玲,刘志明,刘庆宣,烟献军. 2002. 西安地热田地热弃水回灌数值模拟研究. 地球学报,23 (2):183-188.

王贵玲,马峰,蔺文静,张薇. 2015. 干热岩资源开发工程储层激发研究进展. 科技导报,33(11): 103-107.

王红宇,刘艳. 2014. 类水滑石 Mg/Zn/Al 焙烧产物对高氯酸盐的吸附. 环境科学,35(7): 2585-2589.

王娇娜,贺欢,李秀艳,李从举. 2015. PA6@LDH 纳米纤维膜的制备及其除 Cr(Ⅵ)性能的研究. 高分子学报,(7):778-785.

王军锋,李子荣,郭雨. 2008. Mg/Al 型水滑石及其焙烧产物对水溶液中 Cl$^-$的吸附. 西安工程大 学学报,22(2):171-174.

王立秋,王海增,李冬梅,宋卫得. 2007. 水滑石对水溶性染料活性深蓝 ST-2GLN 脱色性能研究. 矿物学报,27(2):115-120.

王莉娟,焦飞鹏,蒋新宇. 2012. 焙烧态水滑石吸附水中钒酸根的研究. 材料导报,(S1):
　　310-313.

王连方. 1997. 地方性砷中毒与乌脚病. 乌鲁木齐:新疆科技卫生出版社.

王龙,高旭,郭劲松,杜蓉. 2010. Mg/Al 水滑石对水中痕量邻苯二甲酸酯的吸附性能. 重庆大学
　　学报,33(7):91-96.

王龙,高旭,郭劲松,杜蓉. 2011. Mg/Al 水滑石对水中痕量邻苯二甲酸酯的吸附动力学和热力
　　学. 环境工程学报,05(11):2537-2541.

王敏黛,郭清海,郭伟,彭月娥,赵倩. 2016. 硫代砷化物的合成、鉴定和定量分析方法研究. 分析
　　化学,44(11):1715-1720.

王巧巧,倪哲明,张峰,毛江洪,姚萍,刘晓明. 2009. 镁铝二元水滑石的焙烧产物对染料废水酸性
　　红 88 的吸附. 无机化学学报,25(12):2156-2162.

王絮,于洪波,刘赛月,高宏. 2013. 镁铝水滑石焙烧产物对甲基橙溶液的吸附性能. 硅酸盐通
　　报,32(10):54-58.

王颖,曲久辉,刘会娟,武荣成. 2006. Pd-Cu/水滑石吸附催化氢还原水中的硝酸根. 科学通报,
　　51(7):786-791.

王玉莲,廖卫平,刘振波,徐秀峰. 2009. Mg-Al 水滑石及焙烧态样品吸附水中氟离子的研究. 烟
　　台大学学报自然科学与工程版,22(1):24-29.

王玉梅. 1995. 从废水中提取硼. 电力科学与技术学报,(2):94-98.

吴素花,李耀中. 2014. 水滑石焙烧产物对阴离子染料靛蓝胭脂红的吸附特性. 净水技术,(3):
　　35-40.

吴素花,李耀中,李霞. 2015. 水滑石焙烧产物对阴离子染料萘酚绿 B 的吸附动力学试验. 净水
　　技术,(2):47-51.

武宇红,宋秀兰. 2014. 焙烧态镁铝水滑石去除水中磷酸根的研究. 科学技术与工程,14(20):
　　314-318.

夏燕,朱润良,陶奇,刘汉阳. 2013. 阴离子表面活性剂改性水滑石吸附硝基苯的特性研究. 环境
　　科学,34(1):226-230.

肖卫红,张青梅,尤翔宇,刘湛. 2015. 镁铝水滑石的合成及其对 VO_3^- 的吸附特性. 有色金属科学
　　与工程,(4):37-40.

肖轶,马骏. 1999. 钴铝水滑石焙烧产物催化剂上 NO 的直接分解. 催化学报,20(5):495-498.

谢发之,汪雪春,杨佩佩,李海斌,圣丹丹,胡婷婷,谢志勇. 2016. 纯相钙铝层状双氢氧化物对磷
　　的吸附特性. 应用化学,33(4):473-480.

谢发之,张峰君,宣寒,陈少华,孙梅,陈海涛. 2014. 带结构正电荷的镁铝氢氧化物去除水体中磷
　　的研究. 工业水处理,34(9):25-29.

邢坤,王海增. 2008. 硝酸盐在层状氢氧化镁铝及其焙烧产物上的吸附特性比较. 环境科学学
　　报,28(7):1340-1346.

邢坤,王海增. 2012. 层状氢氧化镁铝的改性与成型及其对 PO_4^{3-} 的吸附脱除性能. 功能材料,
　　43(24):3359-3363.

邢坤,王海增,郭鲁钢,宋卫得,赵正鹏. 2007. 三聚磷酸钠在层状氢氧化镁铝及其焙烧产物上的

吸附特性. 环境化学,26(6):792-796.

徐淑芬,倪哲明,夏盛杰,陈爱民,赵少芬.2009. Mg/Al 双金属氧化物吸附 Cr(Ⅵ)的动力学和热力学机理. 硅酸盐学报,37(5):773-777.

徐文皓,朱健,王平,陈仰,黄晓薇.2015. Mg-Al 水滑石的制备及对 Cr(Ⅵ)阴离子吸附效果研究. 中国农学通报,31(16):212-217.

徐焱,李张成,王百年,于斌,张霄翔.2014. 锌铝水滑石的控制合成及吸附性能研究. 化学工业与工程技术,35(6):64-69.

许海菊,李玉红.2016. 铜锌铝水滑石对水中苯丙氨酸的吸附研究. 化学工程师,30(8):14-17.

许云峰,戴迎春,张佳,曹亚丽,刘强,吴岳英,钱光人.2010. Friedel 化合物对 VO_4^{3-} 的吸附及其作用机制. 环境科学学报,30(4):801-805.

薛继龙,倪哲明,郑立,王巧巧,胥倩,阮璐璐,祝海涛.2011. 镁铝二元水滑石焙烧产物对酸性紫90 染料的吸附性能(英文). 硅酸盐学报,39(2):371-376.

雅非群.2004. 天然改性除氟吸附剂的制备与机理.大连:大连理工大学硕士学位论文.

雅非群,马伟,王刃,赵源.2003. 天然材料改性吸附剂的制备和除氟研究. 给水排水,29(12):72-74.

闫春燕,伊文涛,马培华,李法强.2009. Mg/Al 型水滑石吸附硼的实验研究. 离子交换与吸附,25(3):233-240.

严刚,张盛汉,成双,钟宇.2011a. 铝镁水滑石吸附氯离子性能研究. 青海大学学报,29(1):20-23.

严刚,钟宇,成双,张盛汉.2011b. 镁铝型水滑石的合成及其对溴离子的吸附. 青海大学学报,29(5):9-12.

杨思亮,周家斌,成娅,黄永炳.2011. Zn-Al 水滑石及其焙烧产物对水中磷的吸附研究. 工业水处理,31(10):53-56.

杨鑫.2008. 盐湖卤水酸法提硼工艺研究.长沙:中南大学硕士学位论文.

叶瑛,季珊珊,邬黛黛,郑丽波,张维睿.2005. 两类矿物前体对 As(Ⅲ)阴离子吸附机制的实验研究. 矿物岩石,25(3):109-113.

叶瑛,季珊珊,邬黛黛,郑丽波,张维睿.2006. Mg-Al 和 Mg-Fe 型双金属氧化物对亚砷酸根吸附性能的对比. 无机材料学报,21(3):689-695.

叶瑛,杨帅杰,郑丽波,沈忠悦,季珊珊,黄霞.2004. 几种层状化合物对六价铬吸附性能的对比与讨论. 无机材料学报,19(6):1379-1385.

印露,雷国元,王德民,周曼.2013. ZnAlFe 类水滑石的制备及其吸磷性能的研究. 工业安全与环保,39(3):1-4.

于桂生,暴大鹏,康敏.2001. 新型氟离子吸附剂活性二氧化钛除氟的研究. 天津师范大学学报(自然版),21(4):41-43.

于洋,岳秀萍,刘吉明,曹岳.2013. Mg/Al/Fe 型类水滑石焙烧产物吸附去除水中硫酸根离子. 环境工程学报,7(8):3079-3084.

袁琦.2004. L 型氨基酸插层水滑石的制备及其性能研究.北京:北京化工大学硕士学位论文.

臧运波,侯万国,王文兴.2007. Cr(Ⅵ)在 Mg-Al 型类水滑石上的吸附-脱附性研究Ⅰ.吸附性.

化学学报,65(9):773-778.

翟海珍,苏正,吴能友.2014.苏尔士增强型地热系统的开发经验及对我国地热开发的启示.新能源进展,(4):286-294.

詹正坤,胡芳.2000.Zn-Al 水滑石的合成及其衍生复合氧化物催化活性研究.华中师范大学学报(自科版),34(2):193-195.

张辉,杨超,刘德磊.2015.不同类型水滑石对废水中 Cr(Ⅵ)吸附性能研究.应用化工,44(12):2255-2259.

张蕾,严刚.2016.焙烧态镁铝水滑石吸附水中溴离子的研究.科技通报,32(3):214-217.

张璐虹,唐有根,张丽,阎建辉.2012.MgAl-LDH 吸附甲基橙性能研究.功能材料,43(18):2469-2472.

张钱,吴平霄.2011.煅烧阴离子黏土(LDO)对低浓度活性艳橙 X-GN 的吸附研究.环境科学学报,31(4):770-776.

张树芹,侯万国,王文兴.2007.对硝基苯酚在镁铝型双金属氢氧化物及其煅烧产物上的吸附.山东大学学报(理学版),42(9):19-24.

张天华,黄琼中.1997.西藏羊八井地热试验电厂地热废水污染研究.环境科学学报,17(2):252-255.

张文豪,饶伟,张亚楠,王代长,胡媛媛,张永全,黄国勇.2011.镁铝双氢氧化物和镁铁铝改性蒙脱土去除水体中磷的吸附效果研究.农业环境科学学报,30(10):2061-2067.

章萍,钱光人,王天琪,孙凯旋,周文斌.2013.改性钙铝 LDH 对水中硝基苯和萘的吸附.环境工程学报,7(10):3708-3712.

赵冰清,程翔,孙德智.2008.磁性类水滑石吸附水中磷的研究.哈尔滨工业大学学报,40(12):1962-1964.

赵策,曾虹燕,王亚举,刘平乐,李玉芹,杨永杰.2011.Mg-Al 水滑石"记忆效应"及其对 Cr(Ⅵ)阴离子吸附性能研究.无机材料学报,26(8):874-880.

赵宁,廖立兵.2011.水滑石类化合物及其制备、应用的研究进展.材料导报,(S1):543-548.

赵勤,叶红齐,钱学仁,蒯勤,李进中.2010.水滑石及其焙烧产物对水中苯甲酸根的吸附研究.应用化工,39(7):1028-1032.

赵维,陈佑宁.2013.磁性类水滑石的制备和吸附水中磷的研究.应用化工,42(3):450-452.

赵正鹏,王海增,郭鲁钢,邓培昌,邢坤,朱培怡,宋卫得.2007.焙烧层状氢氧化镁铝对溴离子吸附性能研究.盐业与化工,36(2):4-7.

钟琼,李欢.2014.Mg/Al 水滑石微波共沉淀法合成及其对 BrO$_3^-$ 吸附性能的研究.环境科学,35(4):1566-1575.

周宇淋,张佩聪,倪师军,黄艺,邱克辉,张文涛,李峻峰,张敏,邓小波,周敬修.2016.镁铁铝类水滑石的合成及去除 V(Ⅴ)的研究.化学研究与应用,28(11):1622-1627.

朱国华,吴东辉.2011.水滑石焙烧产物对弱酸艳红 B 吸附特性研究.化学研究与应用,23(9):1200-1204.

朱玲,梁存珍,於俊杰,谭朝洪,曾庆蔚.2010.CuAl 水滑石衍生物吸附 Cr(Ⅵ)的性能研究.环境科学与技术,33(5):39-42.

朱茂旭,李艳苹,张良,姬泓巍.2005.水滑石及其焙烧产物对磷酸根的吸附.矿物学报,25(1): 27-32.

朱茂旭,王征,李艳苹,于红.2007.水滑石及其焙烧产物对阴离子染料酸性蓝-80 的吸附.环境化学,26(3):371-375.

庄亚芹,郭清海,刘明亮,李洁祥,周超.2016.高温富硫化物热泉中硫代砷化物存在形态的地球化学模拟:以云南腾冲热海水热区为例.地球科学:中国地质大学学报,41(9):1499-1510.

Abou-El-Sherbini K S,Kenawy I M M,Hafez M A H,Lotfy H R,AbdElbary Z M E A. 2015. Synthesis of novel CO_3^{2-}/Cl^--bearing 3 (Mg + Zn) / (Al + Fe) layered double hydroxides for the removal of anionic hazards. Journal of Environmental Chemical Engineering,3(4):2707-2721.

Ahmed I M,Gasser M S. 2012. Adsorption study of anionic reactive dye from aqueous solution to Mg-Fe-CO_3 layered double hydroxide (LDH). Applied Surface Science,259(42):650-656.

Allmann R. 1970. Double layer structures with layer ions(Me(Ⅱ)(1-x)Me(Ⅲ)(x)(OH)$_2$)(x+)of brucite type. Chimia,24(3):99-108.

Althaus E. 1982. Buchbesprechung. Mineralogy and Petrology,29(4):283-284.

Alvarez-Ayuso E,Nugteren H W. 2005. Purification of chromium (Ⅵ) finishing wastewaters using calcined and uncalcined Mg-Al-CO_3-hydrotalcite. Water Research,39(12):2535-2542.

Ardhayanti L I,Santosa S J. 2016. Synthesis of magnetite-Mg/Al hydrotalcite and its application as adsorbent for navy blue and yellow F3G dyes. Procedia Engineering,148:1380-1387.

Ay A N,Zümreoglu-Karan B,Temel A. 2007. Boron removal by hydrotalcite-like,carbonate-free Mg-Al-NO_3-LDH and a rationale on the mechanism. Microporous and Mesoporous Materials,98(1-3):1-5.

Bernardo M P,Moreira F K V,Ribeiro C. 2017. Synthesis and characterization of eco-friendly Ca-Al-LDH loaded with phosphate for agricultural applications. Applied Clay Science,137:143-150.

Besserguenev A V,Fogg A M,Francis R J,And S J P,O'Hare D,And V P I,Tolochko B P. 1997. Synthesis and structure of the gibbsite intercalation compounds $[LiAl_2(OH)_6]X\{X=Cl,Br,NO_3\}$ and $[LiAl_2(OH)_6]Cl \cdot H_2O$ using synchrotron X-ray and neutron powder diffraction. Chemistry of Materials,9(1):241-247.

Bhattacharyya A,Hall D B,Barnes T J. 1995. Novel oligovanadate-pillared hydrotalcites. Applied Clay Science,10(1):57-67.

Birnin-Yauri U A,Glasser F P. 1998. Friedel's salt,$Ca_2Al(OH)_6(Cl,OH) \cdot 2H_2O$:its solid solutions and their role in chloride binding. Cement & Concrete Research,28(12):1713-1723.

Bish D L. 1980. Anion exchange in takovite:applications to other hydroxide minerals. Bulletin De Mineralogie,103(2):170-175.

Biswas K,And S K S,Ghosh U C. 2007. Adsorption of fluoride from aqueous solution by a synthetic iron(Ⅲ)-aluminum(Ⅲ) mixed oxide. Industrial & Engineering Chemistry Research,46(16):5346-5356.

Blackwell J,Carr P. 1991. Study of the fluoride adsorption characteristics of porous microparticulate zirconium oxide. Journal of Chromatography A,549(1-2):43-57.

Bothe J V,Brown P W. 1999. Arsenic immobilization by calcium arsenate formation. Environmental

Science & Technology,33(21):3806-3811.

Braithwaite R S W, Dunn P J, Paar W H. 1994. Iowaite, a reinvestigation. Mineralogical Magazine, 58(390):79-85.

Britto S, Kamath P V. 2014. Synthesis, structure refinement and chromate sorption characteristics of an Al-rich bayerite-based layered double hydroxide. Journal of Solid State Chemistry,215:206-210.

Bruna F, Pavlovic I, Barriga C, Cornejo J, Ulibarri M A. 2006. Adsorption of pesticides carbetamide and metamitron on organohydrotalcite. Applied Clay Science,33(2):116-124.

Candela P A, Holland H D. 1984. The partitioning of copper and molybdenum between silicate melts and aqueous fluids. Geochimica Et Cosmochimica Acta,48(2):373-380.

Cantú M, López-Salinas E, Valente J S, Montiel, R. 2005. SO_x removal by calcined MgAlFe hydrotalcite-like materials: effect of the chemical composition and the cerium incorporation method. Environmental Science & Technology,39(24):9715-9720.

Cao Y W, Guo, Q H. 2013. Boron removal from water using takovite: adsorption vs. anion exchange. Advanced Materials Research,781-784:2150-2156.

Cao Y, Guo Q, Shu Z, Zhuang Y, Yu Z, Guo W, Zhang C, Zhu M, Zhao Q, Ren T. 2016. Application of calcined iowaite in arsenic removal from aqueous solution. Applied Clay Science,126:313-321.

Cardoso L P, Valim J B. 2006. Study of acids herbicides removal by calcined $Mg-Al-CO_3-LDH$. Journal of Physics and Chemistry of Solids,67(5-6):987-993.

Carja G, Nakamura R, Niiyama H. 2005. Tailoring the porous properties of iron containing mixed oxides for As(V) removal from aqueous solutions. Microporous and Mesoporous Materials,83(1-3):94-100.

Carja G, Ratoi S, Ciobanu G, Balasanian I. 2008. Uptake of As(V) from aqueous solution by anionic clays type FeLDHs. Desalination,223(1-3):243-248.

Carrado K A, Kostapapas A, Suib S L. 1988. Layered double hydroxides (LDHs). Solid State Ionics,26(2):77-86.

Carriazo D, del Arco M, Martín C, Rives V. 2007. A comparative study between chloride and calcined carbonate hydrotalcites as adsorbents for Cr(VI). Applied Clay Science,37(3-4):231-239.

Cavani F, Trifirò F, Vaccari A. 1991. Hydrotalcite-type anionic clays: preparation, properties and applications. Catalysis today,11(2):173-301.

Chem A. 1973. Joint Committee on Powder Diffraction Standards. Analytical Chemistry,9-185.

Chen C R, Zeng H Y, Xu S, Liu X J, Duan H Z, Han J. 2017. Preparation of mesoporous material from hydrotalcite/carbon composite precursor for chromium(VI) removal. Journal of the Taiwan Institute of Chemical Engineers,70:302-310.

Chen L, Li C, Wei Y, Zhou G, Pan A, Wei W, Huang B. 2016. Hollow LDH nanowires as excellent adsorbents for organic dye. Journal of Alloys and Compounds,687:499-505.

Cheng X, Ye J, Sun D, Chen A. 2011. Influence of synthesis temperature on phosphate adsorption by Zn-Al layered double hydroxides in excess sludge liquor. Chinese Journal of Chemical Engineering,19(3):391-396.

Chetia M, Goswamee R L, Banerjee S, Chatterjee S, Singh L, Srivastava R B, Sarma H P. 2012. Arsenic removal from water using calcined Mg-Al layered double hydroxide. Clean Technologies and Environmental Policy, 14(1):21-27.

Chitrakar R, Makita Y, Sonoda A, Hirotsu T. 2011a. Fe-Al layered double hydroxides in bromate reduction: synthesis and reactivity. Journal of Colloid and Interface Science, 354(2):798-803.

Chitrakar R, Sonoda A, Makita Y, Hirotsu T. 2011b. Calcined Mg-Al layered double hydroxides for uptake of trace levels of bromate from aqueous solution. Industrial & Engineering Chemistry Research, 50(15):9280-9285.

Chitrakar R, Tezuka S, Sonoda A, Sakane K, Hirotsu T. 2008. A new method for synthesis of Mg-Al, Mg-Fe, and Zn-Al layered double hydroxides and their uptake properties of bromide ion. Industrial & Engineering Chemistry Research, 47(47):4905-4908.

Costantino U, Marmottini F, Nocchetti M, Vivani R. 1998. New synthetic routes to hydrotalcite-like compounds-characterisation and properties of the obtained materials. Berichte Der Deutschen Chemischen Gesellschaft, 1998(10):1439-1446.

Cota I, Ramírez E, Medina F, Sueiras J E, Layrac G, Tichit D. 2010. New synthesis route of hydrocalumite-type materials and their application as basic catalysts for aldol condensation. Applied Clay Science, 50(4):498-502.

Crepaldi E L, Tronto J, Cardoso L P, Valim J B. 2002. Sorption of terephthalate anions by calcined and uncalcined hydrotalcite-like compounds. Colloids & Surfaces A: Physicochemical & Engineering Aspects, 211(2-3):103-114.

Das D P, Das J, Parida K. 2003. Physicochemical characterization and adsorption behavior of calcined Zn/Al hydrotalcite-like compound (HTlc) towards removal of fluoride from aqueous solution. Journal of Colloid and Interface Science, 261(2):213-220.

Das J, Das D, Dash G P, Parida K M. 2002. Studies on Mg/Fe hydrotalcite-like-compound (HTlc) I. Removal of inorganic selenite (SeO_3^{2-}) from aqueous medium. Journal of Colloid and Interface Science, 251(1):26-32.

Das J, Patra B S, Baliarsingh N, Parida K M. 2006. Adsorption of phosphate by layered double hydroxides in aqueous solutions. Applied Clay Science, 32(3-4):252-260.

Das J, Sairam Patra B, Baliarsingh N, Parida K M. 2007. Calcined Mg-Fe-CO(3)LDH as an adsorbent for the removal of selenite. Journal of Colloid and Interface Science, 316(2):216-223.

Das N N, Konar J, Mohanta M K, Srivastava S C. 2004. Adsorption of Cr(VI) and Se(IV) from their aqueous solutions onto Zr^{4+}- substituted ZnAl/MgAl- layered double hydroxides: effect of Zr^{4+} substitution in the layer. Journal of Colloid and Interface Science, 270(1):1-8.

Das N, Pattanaik P, Das R. 2005. Defluoridation of drinking water using activated titanium rich bauxite. Journal of Colloid and Interface Science, 292(1):1-10.

Dayananda D, Sarva V R, Prasad S V, Arunachalam J, Ghosh N N. 2014. Preparation of CaO loaded mesoporous Al_2O_3: efficient adsorbent for fluoride removal from water. Chemical Engineering Journal, 248:430-439.

Deng H, Yu X. 2012. Adsorption of fluoride, arsenate and phosphate in aqueous solution by cerium impregnated fibrous protein. Chemical Engineering Journal, 184(3):205-212.

Dietrich H G. 1982. Geological results of the Urach 3 borehole and the correlation with other boreholes// Haenel R. The Urach Geothermal Project. Stuttgart: Schweizerbart'sche Verlagsbuchhandlung: 49-58.

Dimotakis E D, Pinnavaia T J. 1990. New route to layered double hydroxides intercalated by organic anions: precursors to polyoxometalate-pillared derivatives. Inorganic Chemistry, 29(13):2393-2394.

Dixit S, Hering J G. 2003. Comparison of arsenic (V) and arsenic (III) sorption onto iron oxide minerals: implications for arsenic mobility. Environmental Science & Technology, 37 (18): 4182-4189.

Dotsika E, Poutoukis D, Michelot J L, Kloppmann W. 2006. Stable isotope and chloride, boron study for tracing sources of boron contamination in groundwater: boron contents in fresh and thermal water in different areas in greece. Water, Air, & Soil Pollution, 174(1):19-32.

Dou X, Mohan D, Jr C U P, Yang S. 2012. Remediating fluoride from water using hydrous zirconium oxide. Chemical Engineering Journal, 198(198-199):236-245.

Doušová B, Machovic V, Koloušek D, Kovanda F, Dornieák V. 2003. Sorption of As (V) species from aqueous systems. Water, Air, & Soil Pollution, 149(1):251-267.

Díaz-Nava C, Solache-Ríos M, Olguín M T. 2003. Sorption of fluoride ions from aqueous solutions and well drinking water by thermally treated hydrotalcite. Separation Science and Technology, 38(1): 131-147.

D'Arcy M, Weiss D, Bluck M, Vilar R. 2011. Adsorption kinetics, capacity and mechanism of arsenate and phosphate on a bifunctional TiO_2-Fe_2O_3 bi-composite. Journal of Colloid & Interface Science, 364(1):205-212.

Elderfield H. 1973. The development of crystalline structure in aluminium hydroxide polymorphs on ageing. Mineralogical Magazine, 39(301):89-96.

Erickson K L, Bostrom T E, Frost R L. 2005. A study of structural memory effects in synthetic hydrotalcites using environmental SEM. Materials Letters, 59(2-3):226-229.

Ferreira O P, de Moraes S G, Duran N, Cornejo L, Alves O L. 2006. Evaluation of boron removal from water by hydrotalcite-like compounds. Chemosphere, 62(1):80-88.

Foo K Y, Hameed B H. 2010. Detoxification of pesticide waste via activated carbon adsorption process. Journal of Hazardous Materials, 175(1-3):1-11.

Frost R L, Adebajo M O, Erickson K L. 2005. Raman spectroscopy of synthetic and natural iowaite. Spectrochimica Acta. Part A, Molecular and Biomoleculay Spectroscopy, 61(4):613-620.

Frost R L, Erickson K L. 2005. Near-infrared spectroscopy of stitchtite, iowaite, desautelsite and arsenate exchanged takovite and hydrotalcite. Spectrochimica Acta. Part A. Molecular and Biomolecular Spectroscopy, 61(1-2):51-56.

Fulignati P, Kamenetsky V S, Marianelli P, Sbrana A, Meffre S. 2011. First insights on the metallogenic signature of magmatic fluids exsolved from the active magma chamber of Vesuvius (AD 79 "Pompei" eruption). Journal of Volcanology & Geothermal Research, 200(3-4):223-233.

Gao Z, Xie S, Zhang B, Qiu X, Chen F. 2017. Ultrathin Mg-Al layered double hydroxide prepared by ionothermal synthesis in a deep eutectic solvent for highly effective boron removal. Chemical Engineering Journal, 319:108-118.

Giannelis E P, Nocera D G, Pinnavaia T J. 1987. Anionic photocatalysts supported in layered double hydroxides: intercalation and photophysical properties of a ruthenium complex anion in synthetic hydrotalcite. Inorganic Chemistry, 26(1):203-205.

Gillman G P. 2006. A simple technology for arsenic removal from drinking water using hydrotalcite. The Science of the Total Environment, 366(2-3):926-931.

Goh K H, Lim T T, Dong Z L. 2010. Removal of arsenate from aqueous solution by nanocrystalline Mg/Al layered double hydroxide: sorption characteristics, prospects, and challenges. Water Science and Technology, 61(6):1411-1417.

Goh K H, Lim T T, Dong Z. 2008. Application of layered double hydroxides for removal of oxyanions: a review. Water Research, 42(6-7):1343-1368.

Gore C T, Omwoma S, Chen W, Song Y F. 2016. Interweaved LDH/PAN nanocomposite films: application in the design of effective hexavalent chromium adsorption technology. Chemical Engineering Journal, 284:794-801.

Goswamee R L, Sengupta P, Bhattacharyya K G, Dutta D K. 1998. Adsorption of Cr(Ⅵ) in layered double hydroxides. Applied Clay Science, 13(1):21-34.

Grover K, Komarneni S, Katsuki H. 2009. Uptake of arsenite by synthetic layered double hydroxides. Water Research, 43(15):3884-3890.

Grover K, Komarneni S, Katsuki H. 2010. Synthetic hydrotalcite-type and hydrocalumite-type layered double hydroxides for arsenate uptake. Applied Clay Science, 48(4):631-637.

Guo Q, Cao Y, Zhuang Y, Yang Y, Wang M, Wang Y. 2017. Effective treatment of arsenic-bearing water by a layered double metal hydroxide: iowaite. Applied Geochemistry, 77:206-212.

Guo Q, Reardon E J. 2012. Fluoride removal from water by meixnerite and its calcination product. Applied Clay Science, 56:7-15.

Guo Q, Tian J. 2013. Removal of fluoride and arsenate from aqueous solution by hydrocalumite via precipitation and anion exchange. Chemical Engineering Journal, 231:121-131.

Guo Q, Wang Y, Liu W. 2008a. B, As, and F contamination of river water due to wastewater discharge of the Yangbajing geothermal power plant, Tibet, China. Environmental Geology, 56(1):197-205.

Guo Q, Wang Y. 2009. Trace element hydrochemistry indicating water contamination in and around the Yangbajing geothermal field, Tibet, China. Bulletin of Environmental Contamination and Toxicology, 83(4):608-613.

Guo Q, Zhang Y, Cao Y, Wang Y, Yan W. 2013a. Boron sorption from aqueous solution by hydrotalcite and its preliminary application in geothermal water deboronation. Environmental Science and Pollution Research International, 20(11):8210-8219.

Guo Q. 2012. Hydrogeochemistry of high-temperature geothermal systems in China: a review. Applied Geochemistry, 27(10):1887-1898.

Guo X M,Chen Y G,Wang W H,Chen C Z. 2008b. Experimental study on frost growth and dynamic performance of air source heat pump system. Applied Thermal Engineering,28(17):2267-2278.

Guo Y,Zhu Z,Qiu Y,Zhao J. 2013b. Synthesis of mesoporous Cu/Mg/Fe layered double hydroxide and its adsorption performance for arsenate in aqueous solutions. Journal of Environmental Sciences,25(5):944-953.

Gusi S,Pizzoli F,Trifiro F,Vaccari A,Piero G D. 1987. Preparation of multicomponent catalysts for the hydrogenation of carbon monoxide via hydrotalcite-like precursors. Studies in Surface Science & Catalysis,31:753-765.

Halajnia A,Oustan S,Najafi N,Khataee A R,Lakzian A. 2012. The adsorption characteristics of nitrate on Mg-Fe and Mg-Al layered double hydroxides in a simulated soil solution. Applied Clay Science,70:28-36.

Harris R N,Chapman D S,Bartlett M G. 2003. Geothermal consequences of surface warming:borehole temperatures,surface air temperatures,and multi- century proxy reconstructions of climate change. EGS-AGU-EUG Joint Assembly.

Hermosin M C,Pavlovic I,Ulibarri M A,Cornejo J. 1996. Hydrotalcite as sorbent for trinitrophenol: sorption capacity and mechanism. Water Research,30(1):171-177.

Ho Y S,McKay G. 1999. Comparative sorption kinetic studies of dye and aromatic compounds onto fly ash. Journal of Environmental Science & Health Part A,34(34):1179-1204.

Hsu L C,Wang S L,Tzou Y M,Lin C F,Chen J H. 2007. The removal and recovery of Cr(Ⅵ) by Li/Al layered double hydroxide (LDH). Journal of Hazardous Materials,142(1-2):242-249.

Hsu P H,Bates T F. 1964. Fixation of hydroxy-aluminum polymers by vermiculite1. Soil Science Society of America Journal,28(6):763-769.

Hsu P H. 1966. Formation of gibbsite from aging hydroxy- aluminum solutions. Soilence Society of America Proceedings,30(2):173-176.

Hui J,Liu Q,Ma Y,Liu H,Li L,Xu R. 2001. Synthesis of hydrotalcite—like compound pillared by hetero-polyacid anions in a hydrothermal system. The Chinese Journal of Process Engineering,1(2):152-156.

Ipek I Y,Kabay N,Yuksel M,Kirmizisakal Ö,Bryjak M. 2008. Removal of boron from balcova- izmir geothermal water by ion exchange process:batch and column studies. Chemical Engineering Communications,196(1-2):277-289.

Islam M,Patel R K. 2007. Evaluation of removal efficiency of fluoride from aqueous solution using quick lime. Journal of Hazardous Materials,143(143):303-310.

Islam M,Patel R. 2009. Nitrate sorption by thermally activated Mg/Al chloride hydrotalcite-like compound. Journal of Hazardous Materials,169(1-3):524-531.

Islam M,Patel R. 2010. Synthesis and physicochemical characterization of Zn/Al chloride layered double hydroxide and evaluation of its nitrate removal efficiency. Desalination,256(1-3):120-128.

Islam M,Patel R. 2011. Physicochemical characterization and adsorption behavior of Ca/Al chloride hydrotalcite-like compound towards removal of nitrate. Journal of Hazardous Materials,190(1-3):

659-668.

Itaya K, Chang H C, Uchida I. 1987. Anion-exchanged hydrotalcite-like-clay-modified electrodes. Inorganic Chemistry, 26(4):624-626.

Jacquot E. 2000. Modélisations thermodynamiques et cinétiques des réactions géochimiques dans les reservoirs profonds: application au site européen de recherche en géothermie profonde de Soultz-sous-Forêts (Bas-Rhin, France). University Louis Pasteur, Strasbourg, France.

Jaiswal A, Mani R, Banerjee S, Gautam R K, Chattopadhyaya M C. 2015. Synthesis of novel nano-layered double hydroxide by urea hydrolysis method and their application in removal of chromium (Ⅵ) from aqueous solution: kinetic, thermodynamic and equilibrium studies. Journal of Molecular Liquids, 202:52-61.

Jambor J L, Sabina A P, Ramik R A, Sturman B D. 1990. A fluorine-bearing gibbsite-like mineral from the Francon Ouarry, Montreal. Quebec. Canadian Mineralogist, 28:147-153.

Jia Y, Wang H, Zhao X, Liu X, Wang Y, Fan Q, Zhou J. 2015. Exploring and evaluation of CaAl hydrotalcite-like adsorbents on phosphate recycling. Acta Chimica Sinica, 73(11):1207-1213.

Jiang J Q, Ashekuzzaman S M, Hargreaves J S J, McFarlane A R, Badruzzaman A B M, Tarek M H. 2015. Removal of Arsenic (Ⅲ) from groundwater applying a reusable Mg-Fe-Cl layered double hydroxide. Journal of Chemical Technology & Biotechnology, 90(6):1160-1166.

Jiang J, Xu Y, Quill K, John S, Shettle K. 2007. Laboratory study of boron removal by Mg/Al double-layered hydroxides. Industrial & Engineering Chemistry Research, 46(13):4577-4583.

Jiao F P, Fu Z D, Shuai L, Chen X Q. 2012. Removal of phenylalanine from water with calcined CuZnAl-CO$_3$ layered double hydroxides. Transactions of Nonferrous Metals Society of China, 22(2): 476-482.

Jiménez-Núñez M L, Olguín M T, Solache-Ríos M. 2007. Fluoride removal from aqueous solutions by magnesium, nickel, and cobalt calcined hydrotalcite-like compounds. Separation Science and Technology, 42(16):3623-3639.

Kabay N, Yilmaz-Ipek I, Soroko I, Makowski M, Kirmizisakal O, Yag S, Bryjak M, Yuksel M. 2009. Removal of boron from Balcova geothermal water by ion exchange-microfiltration hybrid process. Desalination, 241(1):167-173.

Kameda T, Kondo E, Yoshioka T. 2014. Preparation of Mg-Al layered double hydroxide doped with Fe^{2+} and its application to Cr(Ⅵ) removal. Separation and Purification Technology, 122:12-16.

Kameda T, Oba J, Yoshioka T. 2015a. New treatment method for boron in aqueous solutions using Mg-Al layered double hydroxide: kinetics and equilibrium studies. Journal of Hazardous Materials, 293: 54-63.

Kameda T, Oba J, Yoshioka T. 2015b. Recyclable Mg-Al layered double hydroxides for fluoride removal: kinetic and equilibrium studies. Journal of Hazardous materials, 300:475-482.

Kang M J, Chun K S, Rhee K S, Do Y. 1999. Comparison of sorption behavior of I$^-$ and TcO$_4^-$ on Mg/Al layered double hydroxide. Radiochimica Acta, 85(1-2):57-64.

Kentjono L, Liu J C, Chang W C, Irawan C. 2010. Removal of boron and iodine from optoelectronic wastewater using Mg-Al(NO$_3$)layered double hydroxide. Desalination,262(1-3):280-283.

Kiho K,Mambo V S. 1994. Reservoir characterization by geochemical method at the Ogachi HDR site, Japan In Proc. of World Geothermal Congress,Florence,Italy. 2707-2711.

Kim J Y,Komarneni S,Parette R,Cannon F,Katsuki H. 2011. Perchlorate uptake by synthetic layered double hydroxides and organo-clay minerals. Applied Clay Science,51(1-2):158-164.

Kohls D W,Rodda J L. 1967. Iowaite a new hydrous magnesium hydroxide ferric oxychloride from precambrian of Iowa. Am Mineral,52(9-10):1261-1271.

Koilraj P,Kannan S. 2010. Phosphate uptake behavior of ZnAlZr ternary layered double hydroxides through surface precipitation. Journal of Colloid and Interface Science,341(2):289-297.

Koilraj P,Kannan S. 2013. Aqueous fluoride removal using ZnCr layered double hydroxides and their polymeric composites:batch and column studies. Chemical Engineering Journal,234:406-415.

Koilraj P,Sasaki K. 2016. Fe$_3$O$_4$/MgAl-NO$_3$ layered double hydroxide as a magnetically separable sorbent for the remediation of aqueous phosphate. Journal of Environmental Chemical Engineering, 4(1):984-991.

Koilraj P,Srinivasan K. 2011. High sorptive removal of borate from aqueous solution using calcined ZnAl layered double hydroxides. Industrial & Engineering Chemistry Research,50(11):6943-6951.

Koseoglu H, Harman B I, Yigit N O, Guler E, Kabay N, Kitis M. 2010. The effects of operating conditions on boron removal from geothermal waters by membrane processes. Desalination,258(1-3):72-78.

Kottegoda N S, Jones W. 2005. Preparation and characterisation of Li-Al-glycine layered double hydroxides (LDHs)-polymer nanocomposites. Macromolecular Symposia,222(222):65-72.

Kuzawa K,Jung Y J,Kiso Y,Yamada T,Nagai M,Lee T G. 2006. Phosphate removal and recovery with a synthetic hydrotalcite as an adsorbent. Chemosphere,62(1):45-52.

Lafferty B J,Loeppert R H. 2005. Methyl arsenic adsorption and desorption behavior on iron oxides. Environmental Science & Technology,39(7):2120-2127.

Lakshmipathiraj P,Narasimhan B R,Prabhakar S,Bhaskar R G. 2006. Adsorption studies of arsenic on Mn-substituted iron oxyhydroxide. Journal of Colloid & Interface Science,304(2):317-322.

Lazaridis N K,Asouhidou D D. 2003. Kinetics of sorptive removal of chromium(Ⅵ)from aqueous solutions by calcined Mg-Al-CO$_3$ hydrotalcite. Water Research,37(12):2875-2882.

Lazaridis N K,Hourzemanoglou A,Matis K A. 2002. Flotation of metal-loaded clay anion exchangers. Part Ⅱ:the case of arsenates. Chemosphere,47(3):319-324.

Lazaridis N K,Pandi T A,Matis K A. 2004. Chromium(Ⅵ)removal from aqueous solutions by mg-AlCO$_3$ hydrotalcite:sorption-desorption kinetic and equilibrium studies. Industrial & Engineering Chemistry Research,43(9):2209-2215.

Lazaridis N K. 2003. Sorption removal of anions and cations in single batch systems by uncalcined and calcined Mg-Al-CO$_3$ hydrotalcite. Water,Air,& Soil Pollution,146(1):127-139.

Lee S H,Kim K W,Choi H,Takahashi Y. 2015. Simultaneous photooxidation and sorptive removal of As(Ⅲ) by TiO$_2$ supported layered double hydroxide. Journal of Environmental Management,161:

228-236.

Lehmann M,Zouboulis A I,Matis K A. 1999. Removal of metal ions from dilute aqueous solutions:a comparative study of inorganic sorbent materials. Chemosphere,39(6):881-892.

Lei C, Pi M, Kuang P, Guo Y, Zhang F. 2017. Organic dye removal from aqueous solutions by hierarchical calcined Ni- Fe layered double hydroxide:isotherm, kinetic and mechanism studies. Journal of Colloid and Interface Science,496:158-166.

Li B, Zhang Y, Zhou X, Liu Z, Liu Q, Li X. 2016. Different dye removal mechanisms between monodispersed and uniform hexagonal thin plate-like MgAl- CO_3^{2-} - LDH and its calcined product in efficient removal of Congo red from water. Journal of Alloys and Compounds,673:265-271.

Li L,Ma S,Liu X,Yue Y,Hui J,Xu R,Yumin Bao A,Rocha J. 1996. Synthesis and characterization of tetraborate pillared hydrotalcite. Chemistry of Materials,8(1):204-208.

Li Q,Zeng G,Ou J M,Guo G P. 2003. Epidemiological study of the transmission chain of a severe acute respiratory syndrome outbreak. Zhonghua Yi Xue Za Zhi,83(11):906-909.

Li Y H,Wang S,Cao A,Zhao D,Zhang X,Xu C,Luan Z,Ruan D,Liang J,Wu D. 2001. Adsorption of fluoride from water by amorphous alumina supported on carbon nanotubes. Chemical Physics Letters, 350(5-6):412-416.

Li Y J, Yang M, Zhang X J, Wu T, Cao N, Wei N, Bi Y J, Wang J. 2006. Adsorption removal of thiocyanate from aqueous solution by calcined hydrotalcite. Journal of Environmental Sciences,325 (1):38-43.

Li Y,Wang J,Li Z,Liu Q,Liu J,Liu L,Zhang X,Yu J. 2013. Ultrasound assisted synthesis of Ca- Al hydrotalcite for U (Ⅵ)and Cr (Ⅵ)adsorption. Chemical Engineering Journal,218:295-302.

Li Z J,Deng S B,Yu G,Huang J,Lim C. 2010. As(Ⅴ) and As(Ⅲ) removal from water by a Ce-Ti oxide adsorbent:behavior and mechanism. Chemical Engineering Journal,161(1-2):106-113.

Liang L,Li L. 2007. Adsorption behavior of calcined layered double hydroxides towards removal of iodide contaminants. Journal of Radioanalytical and Nuclear Chemistry,273(1):221-226.

Liao X P, Shi B. 2005. Adsorption of fluoride on zirconium (Ⅳ)- impregnated collagen fiber. Environmental Science & Technology,39(12):4628-4632.

Lin Y,Fang Q,Chen B. 2014. Metal composition of layered double hydroxides (LDHs)regulating ClO_4^- adsorption to calcined LDHs via the memory effect and hydrogen bonding. Journal of Environmental Sciences,26(3):493-501.

Liu J, Guo X, Yuan J. 2013. Synthesis of Mg/Al double-layered hydroxides for boron removal. Desalination and Water Treatment,52(10-12):1919-1927.

Lopez-Salinas E, Ono Y. 1993. Intercalation chemistry of a Mg-Al layered double hydroxide ion-exchanged with complex MCl_4^{2-}(M = Ni,Co)ions from organic media. Microporous Materials,1(1): 33-42.

Lv L,He J,Wei M,Duan X. 2006. Kinetic studies on fluoride removal by calcined layered double hydroxides. Industrial & Engineering Chemistry Research,45(25):8623-8628.

Lv L,He J,Wei M,Evans D G,Zhou Z. 2007. Treatment of high fluoride concentration water by MgAl-

CO_3 layered double hydroxides: kinetic and equilibrium studies. Water research, 41 (7) :1534-1542.

Lv L, Sun P, Gu Z, Du H, Pang X, Tao X, Xu R, Xu L. 2009. Removal of chloride ion from aqueous solution by ZnAl-NO_3 layered double hydroxides as anion-exchanger. Journal of hazardous materials, 161 (2-3) :1444-1449.

Lv L, Wang Y, Wei M, Cheng J. 2008. Bromide ion removal from contaminated water by calcined and uncalcined MgAl- CO_3 layered double hydroxides. Journal of hazardous materials, 152 (3) : 1130-1137.

Ma W, Zhao N, Yang G, Tian L, Wang R. 2011a. Removal of fluoride ions from aqueous solution by the calcination product of Mg-Al-Fe hydrotalcite-like compound. Desalination, 268 (1-3) :20-26.

Ma Y, Zheng Y M, Chen J P. 2011b. A zirconium based nanoparticle for significantly enhanced adsorption of arsenate: synthesis, characterization and performance. Journal of Colloid & Interface Science, 354 (2) :785-792.

Mahjoubi F Z, Khalidi A, Abdennouri M, Barka N. 2017. Zn-Al layered double hydroxides intercalated with carbonate, nitrate, chloride and sulphate ions: synthesis, characterisation and dye removal properties. Journal of Taibah University for Science, 11 (1) :90-100.

Mahmood T, Din S U, Naeem A, Mustafa S, Waseem M, Hamayun M. 2012. Adsorption of arsenate from aqueous solution on binary mixed oxide of iron and silicon. Chemical Engineering Journal, 192 (192) :90-98.

Mandal S, Mayadevi S. 2008. Adsorption of fluoride ions by Zn-Al layered double hydroxides. Applied Clay Science, 40 (1-4) :54-62.

Mandal S, Tripathy S, Padhi T, Sahu M K, Patel R K. 2013. Removal efficiency of fluoride by novel Mg-Cr-Cl layered double hydroxide by batch process from water. Journal of Environmental Sciences, 25 (5) :993-1000.

Mandel K, Drenkova-Tuhtan A, Hutter F, Gellermann C, Steinmetz H, Sextl G. 2013. Layered double hydroxide ion exchangers on superparamagnetic microparticles for recovery of phosphate from waste water. Journal of Materials Chemistry A, 1 (5) :1840-1848.

Manju G N, Gigi M C, Anirudhan T S. 1999. Hydrotalcite as adsorbent for the removal of chromium (Ⅵ) from aqueous media: equilibrium studies. Indian Journal of Chemical Technology, 6 (3) : 134-141.

Marcelin G, Stockhausen N J, Post J F M, Schutz A. 1989. Dynamics and ordering of intercalated water in layered metal hydroxides. Journal of Physical Chemistry, 93 (11) :4646-4650.

Martin K J, Pinnavaia T J. 1986. Layered double hydroxides as supported anionic reagents. Halide-ion reactivity in zinc chromium hexahydroxide halide hydrates $[Zn_2 Cr (OH)_6 X \cdot nH_2 O]$ (X = Cl, I). Journal of the American Chemical Society, 108 (3) :541-542.

Mascolo G, Marino O. 1980. Discrimination between synthetic Mg-Al double hydroxides and related carbonate phases. Thermochimica Acta, 35 (1) :93-98.

Mastin J, Aranda A, Meyer J. 2011. New synthesis method for CaO-based synthetic sorbents with enhanced properties for high-temperature CO_2-capture. Energy Procedia, 4 (1) :1184-1191.

Matsunaga I, Tenma N, Miyazaki A, Kuriyagawa M. 1995. Characterization of forced flow in a deep fractured reservoir at the Hijiori hot dry rock test site, Yamagata, Japan. The 8th ISRM Congress, Tokyo, Japan.

McCarthy G J, Hassett D J, Bender J A. 1990. Synthesis, crystal chemistry and stability of ettringite, a material with potential applications in hazardous waste immobilization//Glasser F P, McCarthy G J, Young J F, et al. Advanced Cementitious Systems: Mechanisms and Properties, Cambridge University Press: 129-140.

Miao L. 2006. Performance and mechanism of Mg, Al layered double hydroxides and layered duble oxides for sulfide anion (S^{2-}) removal. Chinese Journal of Inorganic Chemistry, 22(10): 1771-1777.

Mohan D, Jr P C, Bricka M, Smith F, Yancey B, Mohammad J, Steele P H, Alexandre-Franco M F, Gómez-Serrano V, Gong H. 2007. Sorption of arsenic, cadmium, and lead by chars produced from fast pyrolysis of wood and bark during bio-oil production. Journal of Colloid & Interface Science, 310 (1): 57-73.

Mohapatra M, Rout K, Gupta S K, Singh P, Anand S, Mishra B K. 2010. Facile synthesis of additive-assisted nano goethite powder and its application for fluoride remediation. Journal of Nanoparticle Research, 12(2): 681-686.

Mora M, López M I, Jiménez-Sanchidrián C, Ruiz J R. 2011. Near- and mid-infrared spectroscopy study of synthetic hydrocalumites. Solid State Sciences, 13(1): 101-105.

Moyo L, Nhlapo N, Focke W W. 2008. A critical assessment of the methods for intercalating anionic surfactants in layered double hydroxides. Journal of Materials Science, 43(18): 6144-6158.

Myneni S C B, Traina S J, Logan T J, Waychunas G A. 1997. Oxyanion behavior in alkaline environments: sorption and desorption of arsenate in ettringite. Environmental Science and Technology, 31(6): 1761-1768.

Nasreldin B, Hisham A. 2000. Surfactants used in acid stimulation. Surfactant, Fundamentals and Applications in the Peroleum Industry, LL Schramm (Editor), 329-364.

Nayak M, Kutty T R N, Jayaraman V, Periaswamy G. 1997. Preparation of the layered double hydroxide (LDH) LiAl$_2$(OH)$_7$ · 2H$_2$O, by gel to crystallite conversion and a hydrothermal method, and its conversion to lithium aluminates. Digest Journal of Nanomaterials & Biostructures, 8 (10): 2131-2137.

Newman S P, Jones W. 1998. Synthesis, characterization and application of layered double hydroxides containing organic guest. New Journal of Chemistry, 22(2): 105-115.

Ni Z, Fu X, Wang Q, Yao P, Liu X. 2012. Adsorption of acid yellow 49 by calcined layered double hy-droxides. Rare Metal Materials & Engineering, 41(6): 650-654.

Nordstrom D K, Mccleskey R B, Ball J W, Eppinger R G, Fuge R. 2009. Sulfur geochemistry of hydrothermal waters in Yellowstone National Park: IV. Acid-sulfate waters. Applied Geochemistry, 24(2): 191-207.

Olfs H W, Torres-Dorante L O, Eckelt R, Kosslick H. 2009. Comparison of different synthesis routes for Mg-Al layered double hydroxides (LDH): characterization of the structural phases and anion exchange properties. Applied Clay Science,43(3):459-464.

Orthman J,Zhu H Y,Lu G Q. 2003. Use of anion clay hydrotalcite to remove coloured organics from aqueous solutions. Separation & Purification Technology,31(1):53-59.

Paikaray S,Hendry M J,Essilfie-Dughan J. 2013. Controls on arsenate,molybdate,and selenate uptake by hydrotalcite-like layered double hydroxides. Chemical Geology,345:130-138.

Paredes S P, Fetter G, Bosch P, Bulbulian S. 2006. Iodine sorption by microwave irradiated hydrotalcites. Journal of Nuclear Materials,359(3):155-161.

Parthasarathy N,Buffle J,Haerdi W. 1986. Combined use of calcium salts and polymeric aluminium hydroxide for defluoridation of waste waters. Water Research,20(4):443-448.

Pascua C S,Minato M,Yokoyama S,Sato T. 2007. Uptake of dissolved arsenic during the retrieval of silica from spent geothermal brine. Geothermics,36(3):230-242.

Peng S, Lü L, Wang J, Han L, Chen T, Jiang S. 2009. Study on the adsorption kinetics of orthophosphate anions on layer double hydroxide. Chinese Journal of Geochemistry, 28 (2): 184-187.

Prasanna S V, Rao R A, Kamath P V. 2006. Layered double hydroxides as potential chromate scavengers. Journal of Colloid and Interface Science,304(2):292-299.

Prinetto F,Tichit D,Teissier R,Coq B. 2000. Mg- and Ni-containing layered double hydroxides as soda substitutes in the aldol condensation of acetone. Catalysis Today,55(1-2):103-116.

Pérez E,Ayele L,Getachew G,Fetter G,Bosch P,Mayoral A,Díaz I. 2015. Removal of chromium(Ⅵ) using nano- hydrotalcite/SiO$_2$ composite. Journal of Environmental Chemical Engineering,3(3): 1555-1561.

Qiu X,Sasaki K,Hirajima T,Ideta K,Miyawaki J. 2013. Temperature effect on the sorption of borate by a layered double hydroxide prepared using dolomite as a magnesium source. Chemical Engineering Journal,225:664-672.

Qiu X,Sasaki K,Osseo- Asare K,Hirajima T,Ideta K,Miyawaki J. 2015. Sorption of H$_3$BO$_3$/B(OH)$_4^-$ on calcined LDHs including different divalent metals. Journal of colloid and interface science,445: 183-194.

Rao K K,Gravelle M,Valente J S,Figueras F. 1998. Activation of Mg-Al hydrotalcite catalysts for aldol condensation reactions. Journal of Catalysis,173(1):115-121.

Raven K P, Jain A, Loeppert R H. 1998. Arsenite and arsenate adsoption on ferrihydite:kinetics, equilibrium,and adsorption envelopes. Environmental Science & Technology,32(3):344-349.

Reichle W T. 1980. Pulse microreactor examination of the vapor-phase aldol condensation of acetone. Journal of Catalysis,63(2):295-306.

Richards H G,Savage D,Andrews J N. 1992. Granite-water reactions in an experimental Hot Dry Rock geothermal reservoir,Rosemanowes test site,Cornwall,U. K. Applied Geochemistry,7(3):193-222.

Ritter J A,Reynolds S P,Ebner A D. 2005. Dynamic adsorption and desorption of carbon dioxide in potassium- promoted hydrotalcite. The 2005 Annual Meeting.

Rives V,Ulibarri M A A. 1999. Layered double hydroxides (LDH)intercalated with metal coordination compounds and oxometalates. Coordination Chemistry Reviews,30(15):61-120.

Roobottom H K. 2015. Thermochemical radii of complex ions. Journal of Chemical Education,76(11): 1570-1573.

Rousselot I,Taviot- Guého C,Leroux F,Léone P,Palvadeau P,Besse J P. 2002. Insights on the structural chemistry of hydrocalumite and hydrotalcite-like materials: investigation of the series $Ca_2M^{3+}(OH)_6Cl \cdot 2H_2O$ ($M^{3+}:Al^{3+},Ga^{3+},Fe^{3+}$,and Sc^{3+})by X-Ray powder diffraction. Journal of Solid State Chemistry,167(167):137-144.

Samatya S,Tuncel A,Kabay N. 2012. Boron removal from geothermal water by a novel monodisperse porous poly (GMA- co- EDM) resin containing N- methyl- D- glucamine functional group. Solvent Extraction and Ion Exchange,30(4):341-349.

Sanjuan B,Michard G. 1987. Aluminum hydroxide solubility in aqueous solutions containing fluoride ions at 50℃. Geochimica Et Cosmochimica Acta,51(7):1823-1831.

Scherrer P. 1918. Bestimmung der Größe und der inneren Struktur von Kolloidteilchen mittels Röntgenstrahlen. Nachrichten von der Gesellschaft der Wissenschaften zu Göttingen,Mathematisch- Physikalische Klasse,26:98-100.

Schoen R,Roberson C E. 1970. Structures of aluminum hydroxide and geochemical implications. Am Mineral,55:43-77.

Segni R,Vieille L,Leroux F,Taviot- Guého C. 2006. Hydrocalumite-type materials:1. Interest in hazardous waste immobilization. Journal of Physics & Chemistry of Solids,67(5-6):1037-1042.

Seida Y,Nakano Y,Nakamura Y. 2001. Rapid removal of dilute lead from water by Pyroaurite-like compound. Water Research,35(10):2341-2346.

Seida Y,Nakano Y. 2002. Removal of phosphate by layered double hydroxides containing iron. Water Research,36(5):1306-1312.

Shan R R,Yan,L G,Yang K,Yu S J,Hao Y F,Yu H Q,Du B. 2014. Magnetic $Fe_3O_4/MgAl$- LDH composite for effective removal of three red dyes from aqueous solution. Chemical Engineering Journal,252:38-46.

Shin H S,Kim M J,Nam S Y,Moon H C. 1996. Phosphorus removal by hydrotalcite-like compounds (HTLcs). Water Science & Technology,34(1-2):161-168.

Shinohara H. 1994. Exsolution of immiscible vapor and liquid phases from a crystallizing silicate melt: implications for chlorine and metal transport. Geochimica Et Cosmochimica Acta, 58 (23): 5215-5221.

Song H L,Jiao F P,Jiang X Y,Jin- Gang Y U,Chen X Q,Shao- Long D U. 2013. Removal of vanadate anion by calcinedMg/Al- CO_3 layered double hydroxide in aqueous solution. Transactions of Nonferrous Metals Society of China,23(11):3337-3345.

Stanimirova T. 2001. Hydrotalcite polytypes from Snarum,Norway. Annual of the University of Sofia, Faculty of Geology,94:73-80.

Stenger R. 1982. Petrology and geochemistry of the basement rocks of the Research Drilling Project Urach 3//Haenel R. The Urach Geothermal Project. Stuttgart: Schweizerbart 'sche

Verlagsbuchhardlung:41-48.

Sánchez-Cantú M, Galicia-Aguilar J A, Santamaría-Juárez D, Hernández-Moreno L E. 2015. Evaluation of the mixed oxides produced from hydrotalcite-like compound's thermal treatment in arsenic uptake. Applied Clay Science, 121-122:146-153.

Teotia M, Teotia S P. 1988. Endemic vesical stone: nutritional factors. Indian Pediatrics, 24 (12): 1117-1121.

Terry P A, Dolan D, Maccoux M J, Meyer M. 2014. Removal of phosphates and chromates in a multiion system. Global Journal of Researches in Engineering, 14 (2):11-20.

Terry P A. 2004. Characterization of Cr ion exchange with hydrotalcite. Chemosphere, 57 (7): 541-546.

Tezuka S, Chitrakar R, Sonoda A, Ooi K, Tomida T. 2004. Studies on selective adsorbents for oxoanions. Nitrate ion-exchange properties of layered double hydroxides with different metal atoms. Green Chemistry, 6 (2):104-109.

Thakre D, Rayalu S, Kawade R, Meshram S, Subrt J, Labhsetwar N. 2010. Magnesium incorporated bentonite clay for defluoridation of drinking water. Journal of Hazardous Materials, 180 (1-3): 122-130.

Theiss F L, Ayoko G A, Frost R L. 2016. Iodide removal using LDH technology. Chemical Engineering Journal, 296:300-309.

Tian N, Zhou Z, Tian X, Yang C, Li Y. 2017. Superior capability of $MgAl_2O_4$ for selenite removal from contaminated groundwater during its reconstruction of layered double hydroxides. Separation and Purification Technology, 176:66-72.

Tian W, Kong X, Jiang M, Lei X, Duan X. 2016. Hierarchical layered double hydroxide epitaxially grown on vermiculite for Cr(Ⅵ) removal. Materials Letters, 175:110-113.

Tongamp W, Zhang Q, Saito F. 2007. Preparation of meixnerite (Mg-Al-OH) type layered double hydroxide by a mechanochemical route. Journal of Materials Science, 42 (22):9210-9215.

Toraishi T, Nagasaki S, Tanaka S. 2002. Adsorption behavior of IO_3^- by CO_3^{2-}- and NO_3^--hydrotalcite. Applied Clay Science, 22 (1):17-23.

Torres-Dorante L O, Lammel J, Kuhlmann H, Witzke T, Olfs H W. 2008. Capacity, selectivity, and reversibility for nitrate exchange of a layered double-hydroxide (LDH) mineral in simulated soil solutions and in soil. Journal of Plant Nutrition and Soil Science, 171 (5):777-784.

Tripathy S S, Bersillon J L, Gopal K. 2006. Removal of fluoride from drinking water by adsorption onto alum-impregnated activated alumina. Separation & Purification Technology, 50 (3):310-317.

Tripathy S S, Raichur A M. 2008. Abatement of fluoride from water using manganese dioxide-coated activated alumina. Journal of Hazardous Materials, 153 (3):1043-1051.

Tu Y J, You C F, Chang C K, Wang S L, Chan T S. 2012. Arsenate adsorption from water using a novel fabricated copper ferrite. Chemical Engineering Journal, 198-199 (3):440-448.

Turk T, Alp I, Deveci H. 2009. Adsorption of As (Ⅴ) from water using Mg-Fe-based hydrotalcite (FeHT). Journal of Hazardous Materials, 171 (1-3):665-670.

Türk T, Alp Ī. 2014. Arsenic removal from aqueous solutions with Fe-hydrotalcite supported magnetite nanoparticle. Journal of Industrial and Engineering Chemistry,20(2):732-738.

Ulibarri M A, Pavlovic I, Barriga C, HermosíN M C, Cornejo J. 2001. Adsorption of anionic species on hydrotalcite-like compounds: effect of interlayer anion and crystallinity. Applied Clay Science, 18(1):17-27.

Vaccari A. 1998. Preparation and catalytic properties of cationic and anionic clays. Catalysis Today, 41(1-3):53-71.

Valentino G M, Stanzione D. 2003. Source processes of the thermal waters from the Phlegraean Fields (Naples, Italy) by means of the study of selected minor and trace elements distribution. Chemical Geology, 194(4):245-274.

Vieille L, Rousselot I, Leroux F, Besse J P, Taviot-Gueho C. 2004. Hydrocalumite and its polymer derivatives. Part 1. Reversible thermal behavior of friedel's salt: a direct observation by means of high-temperature in situ powder X-ray diffraction. Cheminform,35(5):484-488.

Vreysen S, Maes A. 2008. Adsorption mechanism of humic and fulvic acid onto Mg/Al layered double hydroxides. Applied Clay Science,38(3-4):237-249.

Wagh A S. 2004. Chemically Bonded Phosphate Ceramics:Twenty-First Century Materials with Diverse Applications. New York:Elsevier Science.

Wan D, Liu H, Liu R, Qu J, Li S, Zhang J. 2012. Adsorption of nitrate and nitrite from aqueous solution onto calcined (Mg-Al) hydrotalcite of different Mg/Al ratio. Chemical Engineering Journal, 195-196:241-247.

Wan S, Wang S, Li Y, Gao B. 2017. Functionalizing biochar with Mg-Al and Mg-Fe layered double hydroxides for removal of phosphate from aqueous solutions. Journal of Industrial and Engineering Chemistry,47:246-253.

Wang H, Chen J, Cai Y, Ji J, Liu L, Teng H H. 2007. Defluoridation of drinking water by Mg/Al hydrotalcite-like compounds and their calcined products. Applied Clay Science,35(1-2):59-66.

Wang S L, Hseu R J, Chang R R, Chiang P N, Chen J H, Tzou Y M. 2006. Adsorption and thermal desorption of Cr(VI) on Li/Al layered double hydroxide. Colloids & Surfaces A:Physicochemical & Engineering Aspects,277(1-3):8-14.

Wang S L, Liou S H, Wang H J, Li W F, Chang F H. 2010. Arsenic and metabolic syndrome//Jean J S, Bundschuh J, Bhattacharya P. Arsenic in Geosphere and Human Diseases:Arsenic in the Environment(As 2010). Boca Raton:CRC Press:254-255.

Wang S, Gao B, Li Y. 2016. Enhanced arsenic removal by biochar modified with nickel (Ni) and manganese (Mn) oxyhydroxides. Journal of Industrial and Engineering Chemistry,37:361-365.

Wang S, Liu C, Wang M, Chuang Y, Chiang P. 2009. Arsenate adsorption by Mg/Al-NO$_3$ layered double hydroxides with varying the Mg/Al ratio. Applied Clay Science,43(1):79-85.

Wang W, Zhou J, Achari G, Yu J, Cai W. 2014. Cr(VI) removal from aqueous solutions by hydrothermal synthetic layered double hydroxides: adsorption performance, coexisting anions and regeneration studies. Colloids and Surfaces A:Physicochemical and Engineering Aspects,457:33-40.

Wang X P, Yu J J, Cheng J, Hao Z P, Xu Z P. 2008. High-temperature adsorption of carbon dioxide on mixed oxides derived from hydrotalcite-like compounds. Environmentalence & Technology, 42(2): 614-618.

Williams G R, Alexander J, Norquist A, O'Hare D. 2004. Time-resolved, in situ X-ray diffraction studies of staging during phosphonic acid intercalation into $[LiAl_2(OH)_6]Cl \cdot H_2O$. Chemistry of Materials, 16(6): 975-981.

Winchester W W. 1993. Hot Dry Rock energy. NASA STI/Recon Technical Report.

Wu P Y, Jia Y, Jiang Y P, Zhang Q Y, Zhou S S, Fang F, Peng D Y. 2014. Enhanced arsenate removal performance of nanostructured goethite with high content of surface hydroxyl groups. Journal of Environmental Chemical Engineering, 2(2): 2312-2320.

Wu X, Tan X, Yang S, Wen T, Guo H, Wang X, Xu A. 2013. Coexistence of adsorption and coagulation processes of both arsenate and NOM from contaminated groundwater by nanocrystallined Mg/Al layered double hydroxides. Water Research, 47(12): 4159-4168.

Wu X, Wang Y, Xu L, Lv L. 2010. Removal of perchlorate contaminants by calcined Zn/Al layered double hydroxides: equilibrium, kinetics, and column studies. Desalination, 256(1-3): 136-140.

Wu X, Zhang Y, Dou X, Yang M. 2007. Fluoride removal performance of a novel Fe-Al-Ce trimetal oxide adsorbent. Chemosphere, 69(11): 1758-1764.

Wu Y, Yu Y, Zhou J Z, Liu J, Chi Y, Xu Z P, Qian G. 2012. Effective removal of pyrophosphate by Ca-Fe-LDH and its mechanism. Chemical Engineering Journal, 179: 72-79.

Xu Y, Zhang J, Qian G, Ren Z, Xu Z P, Wu Y, Liu Q, Qiao S. 2010. Effective Cr(Ⅵ) removal from simulated groundwater through the hydrotalcite-derived adsorbent. Industrial & Engineering Chemistry Research, 49(6): 2752-2758.

Xue L, Gao B, Wan Y, Fang J, Wang S, Li Y, Muñoz-Carpena R, Yang L. 2016. High efficiency and selectivity of MgFe-LDH modified wheat-straw biochar in the removal of nitrate from aqueous solutions. Journal of the Taiwan Institute of Chemical Engineers, 63: 312-317.

Yang K, Yan L G, Yang Y M, Yu S J, Shan R R, Yu H Q, Zhu B C, Du B. 2014. Adsorptive removal of phosphate by Mg-Al and Zn-Al layered double hydroxides: kinetics, isotherms and mechanisms. Separation and Purification Technology, 124: 36-42.

Yang L, Dadwhal M, Shahrivari Z, Ostwal M, Liu P K T, Sahimi M, Tsotsis T T. 2006. Adsorption of arsenic on layered double hydroxides: effect of the particle size. Industrial & Engineering Chemistry Research, 45(13): 4742-4751.

Yang L, Shahrivari Z, Paul K Liu T, Muhammad Sahimi A, Tsotsis T T. 2005. Removal of trace levels of arsenic and selenium from aqueous solutions by calcined and uncalcined layered double hydroxides (LDH). Industrial & Engineering Chemistry Research, 44(17): 6804-6815.

Yang Y, Gao N, Chu W, Zhang Y, Ma Y. 2012. Adsorption of perchlorate from aqueous solution by the calcination product of Mg/(Al-Fe) hydrotalcite-like compounds. Journal of Hazardous Materials, 209-210: 318-325.

Yao W, Yu S, Wang J, Zou Y, Lu S, Ai Y, Alharbi N S, Alsaedi A, Hayat T, Wang X. 2017. Enhanced removal of methyl orange on calcined glycerol- modified nanocrystallined Mg/Al layered double hydroxides. Chemical Engineering Journal,307:476-486.

Ye L,Abdullah F. 2009. High temperature adsorption of carbon dioxide on Cu-Al hydrotalcite-derived mixed oxides: kinetics and equilibria by thermogravimetry. Journal of Thermal Analysis and Calorimetry,97(3):885-889.

Yoshioka T, Kameda T, Miyahara M, Uchida M, Mizoguchi T, Okuwaki A. 2007. Removal of tetrafluoroborate ion from aqueous solution using magnesium-aluminum oxide produced by the thermal decomposition of a hydrotalcite-like compound. Chemosphere,69(5):832-835.

You Y, Vance G F, Zhao H. 2001. Selenium adsorption on Mg-Al and Zn-Al layered double hydroxides. Applied Clay Science,20(1-2):13-25.

Yuan X,Wang Y,Wang J,Zhou C,Tang Q,Rao X. 2013. Calcined graphene/MgAl-layered double hydroxides for enhanced Cr(VI) removal. Chemical Engineering Journal,221:204-213.

Zaghouane–Boudiaf H, Boutahala M, Arab L. 2012. Removal of methyl orange from aqueous solution by uncalcined and calcined MgNiAl layered double hydroxides (LDHs). Chemical Engineering Journal, 187(2): 142-149.

Zaneva S,Stanimirova T. 2004. Crystal chemistry,classification position and nomenclature of layered double hydroxydes. annual scientific conference "Geology 2004".

Zeng H,Fisher B,Giammar D E. 2008. Individual and competitive adsorption of arsenate and phosphate to a high- surface-area iron oxide-based sorbent. Environmental Science & Technology,42(1): 147-152.

Zhan T,Zhang Y,Yang Q,Deng H,Xu J,Hou W. 2016. Ultrathin layered double hydroxide nanosheets prepared from a water-in-ionic liquid surfactant- free microemulsion for phosphate removal from aquatic systems. Chemical Engineering Journal,302:459-465.

Zhang B,Luan L,Gao R,Li F,Li Y,Wu T. 2017. Rapid and effective removal of Cr(VI) from aqueous solution using exfoliated LDH nanosheets. Colloids and Surfaces A:Physicochemical and Engineering Aspects,520:399-408.

Zhang G,Liu C Q,Liu H,Jin Z,Han G,Li L. 2008. Geochemistry of the Rehai and Ruidian geothermal waters,Yunnan Province,China. Geothermics,37(1):73-83.

Zhang G,Liu H,Qu J,Jefferson W. 2012a. Arsenate uptake and arsenite simultaneous sorption and oxidation by Fe-Mn binary oxides:influence of Mn/Fe ratio,pH,Ca^{2+},and humic acid. Journal of Colloid & Interface Science,366(1):141-146.

Zhang M,Gao B,Yao Y,Inyang M. 2013. Phosphate removal ability of biochar/MgAl- LDH ultra- fine composites prepared by liquid-phase deposition. Chemosphere,92(8):1042-1047.

Zhang M,Reardon E J. 2003. Removal of B,Cr,Mo,and Se from wastewater by incorporation into hydrocalumite and ettringite. Environmental Science & Technology,37(37):2947-2952.

Zhang S,Niu H,Cai Y,Zhao X,Shi Y. 2010a. Arsenite and arsenate adsorption on coprecipitated bimetal oxide magnetic nanomaterials:MnFe$_2$O$_4$ and CoFe$_2$O$_4$. Chemical Engineering Journal,158 (3):599-607.

Zhang T,Li Q,Xiao H,Lu H,Zhou Y. 2012b. Synthesis of Li-Al layered double hydroxides (LDHs)for efficient fluoride removal. Industrial & Engineering Chemistry Research,51(35):11490-11498.

Zhang Y,Dou X,Zhao B,Yang M,Takayama T,Kato S. 2010b. Removal of arsenic by a granular Fe-Ce oxide adsorbent:fabrication conditions and performance. Chemical Engineering Journal,162(1): 164-170.

Zhou J,Xu Z P,Qiao S,Liu Q,Xu Y,Qian G. 2011. Enhanced removal of triphosphate by MgCaFe-Cl-LDH:synergism of precipitation with intercalation and surface uptake. Journal of Hazardous Materials,189(1-2):586-594.

Zhu M X,Li Y P,Xie M,Xin H Z. 2005. Sorption of an anionic dye by uncalcined and calcined layered double hydroxides:a case study. Journal of Hazardous Materials,120(1-3):163-171.